海洋戦略論

大国は海でどのように戦うのか

後瀉桂太郎
Ushirogata Keitaro

勁草書房

まえがき

　本書は著者が政策研究大学院大学（GRIPS）安全保障・国際問題プログラム博士課程在籍中に執筆した博士論文を大幅に加筆修正したものである[1]。この論文は社会科学における方法論的な妥当性を担保しつつ，現代の海洋領域における軍事戦略の変遷と主要国の軍事戦略目標を解明するとともに，米国の海洋における軍事的優越を起点として他の主要国がどのような海洋軍事戦略を選択するのか，という点を明らかにするべく因果推論モデルを構築する，というものであった。

　本書は基本的にこの博士論文と同様，海洋国家あるいはシーパワーに分類される米国，英国，日本と，もっぱら大陸国家もしくはランドパワーと見なされるインド，ロシアそして中国という6つの国家について，公文書，関連文献そして実際の戦力組成などから海洋領域における軍事戦略の変遷を明らかにし，各国がどのような軍事戦略を選択しているのか，ということを示すものである。

　上記博士論文は軍事戦略という領域に特有の専門用語が多用され，一般的な読者にとりアクセスが容易ではない。そのため，本書の出版に際してはアルファベットの略語を多用していたものを極力平易な日本語表記に変更した。また，専門性を伴う軍事・安全保障関連用語についても，極力平易な説明を加えるよう心掛けたつもりである。

　戦略研究という領域において，特定の国家に関する研究として，歴史学，社会科学あるいは統計学などさまざまなアプローチによるものが存在する。また，対立する2国間の軍事的優劣を論じるものも従来から珍しいものではない。し

---

[1] 博士論文の原題等は次のとおりである。『海洋領域における軍事戦略の変遷に関する比較研究 1980〜2017年——領域拒否，SLOC防衛／SLOC妨害，戦力投射の観点から』政策研究大学院大学，甲第175号，2017年11月22日。http://www.grips.ac.jp/jp/dtds3/ushirogata_keitaro/

かし本書のように3カ国以上を分析対象として取り上げ，各国の軍事戦略目標の選定について因果推論を立てる，といった内容の研究は管見のかぎりにおいてこれまでにほとんど存在しない。くわえてこれらのうち，海洋領域を中心に据えた上で複数国家を比較分析する，というものはまず見当たらないといっても過言ではない。

国家が戦略を決定するにあたり，そこにはきわめて多くの影響因子が関与する。それだけではなく，一般論として特定の国家が軍事戦略を変更した場合，それは周辺他国の軍事戦略に影響を与え，さらにそれが再び元の国家に影響を及ぼす，といった複雑かつ双方向的な関係にあると考えられるのであるから，これまで戦略研究という研究領域において，社会科学的な因果推論を取り入れようという試みが見られなかったのであろう。したがって上記博士論文は社会科学的アプローチによって軍事戦略を分析し，因果推論モデルを立てる，という意味においてオリジナリティに富むと考えている。こうした点を考慮し，本書はおおよその構成について元となった博士論文を踏襲している。

したがって本書の第1章は学術論文の序論にあたるものであり，一般的な読み物のイントロダクションという位置づけではなく，研究全体の概要を示し，抑止理論などを多用しつつ方法論的妥当性を立証することに重きを置いている。このため一般的な読者にとって第1章，とりわけその後半部分（第3節及び第4節）は難解で，かつその後の議論を理解してもらうために必要不可欠というわけでもない。したがって難しいと感じられた場合については第1章の後半部分は読み飛ばしてもらい，第2章から読み進めていただければ幸いである。

第2章についても同様であり，前半はシーパワーにまつわる各種概念を整理する部分であり，ケーススタディにおける分析手法を理解してもらうために有用であると考える。一方で後半部分（第6節以降）は理論部分のまとめにあたる箇所であるが，この箇所も抑止理論などに関する一定の知識を要求するものとなっており，第3章以降のケーススタディと直接的に関係の薄い議論を含むだけでなく，見慣れない用語や表現が多くなるかもしれない。この点についてはどうかご容赦いただきたい。

ところで，本書は分析対象国（各アクター）が合理的行為者であるということを前提仮定の一つとしている。合理的行為者とは自身の生存を確保しつつ利

まえがき

益を拡大しようとする者であるから，自己の破滅を顧みず他のアクターを攻撃したりしないことが前提となる。これを出発点とし，本書の第Ⅰ部では核抑止が機能することを前提にした「軍事力使用のハードル」，「距離の専制」といったアイデアを提示する。つまり，本書は人類が二度の世界大戦を通じて大量破壊と虐殺を経験し，そして核兵器という人類の存続を左右する破壊力を持った以上，合理的行為者ならば再び敵国を破壊しつくす総力戦のような戦争形態を回避することが双方の利得につながっている，という視点に基づく。

しかしながら人類の生活水準を上昇させてきた近代文明と合理主義そしてそこから発展した科学技術は20世紀において人類史上類を見ない破壊をもたらし，核兵器を生み出した。このことは紛れもない事実である。ホルクハイマー（Max Horkheimer）とアドルノ（Theodor Adorno）は第二次世界大戦中に著した著書の中で「古来，進歩的思想という，もっとも広い意味での啓蒙が追求してきた目標は，人間から恐怖を除き，人間を支配者の地位につけるということであった。しかるに，あます所なく啓蒙された地表は，今，勝ち誇った凶徴に輝いている」と述べる[2]。ナチス・ドイツのユダヤ人迫害から逃れたホルクハイマーとアドルノが抱いた問いとは「何故に人類は，真に人間的な状態に踏み入っていく代わりに，一種の新しい野蛮状態へ落ち込んでいくのか」というものであった[3]。この問いは政治思想において「啓蒙による文明と野蛮の創出」という逆説として知られる。

本書は分析対象とする主権国家群が，双方の存在そのものの消滅につながるような破滅的な軍事力の使用を回避し，国益から逸脱した行動をとらないという前提に立って論じる。しかしながら「啓蒙による文明と野蛮の創出」という逆説が根本的に解決したわけではない以上，「国際社会において，もはや大量破壊や殺戮などが不可逆的に起こり得ない」と言い切ることはできないし，国際システムにおける法や秩序は盤石であると論じるわけでも，あるいは「主権国家は一貫して合理的に軍事力を用いる」と断じることができると考えている

---

2 マックス・ホルクハイマー，テオドール・アドルノ『啓蒙の弁証法』徳永恂訳，岩波書店，1990年，3頁。(Max Horkheimer and Theodor Adorno, *Dialektik der Aufklarung: Philosophische Fragmente*, Querido Verlag, Amsterdam, 1947.)

3 同上，ix頁。

わけでもない。結局のところ「自らが手にした大量破壊兵器を抑止の手段として保有すれば，相手を殺戮することには決して使用しないでいられるのか」という観念的な問いに対して答えを提供し得るものではない。おそらくそこに本書の用いる実証的研究手法の限界が存するのであろう。

　しかしながらこうした「価値」あるいは「規範」につながるような大きな問いに対して答えられないからといって，本書のような実証的な戦略研究に意義はないのかといえばそうではない。戦後の日本において，軍事戦略について正面から向き合い，学術的客観性を担保しつつ議論を展開する文献は多くない。太平洋戦争の敗戦による荒廃を経験した日本人の多くが，軍事について禍々しい，見なくてすむものならば見たくない，という印象を抱くことは至極当然のことであり，このことが現在に至るまで戦略研究という研究領域をマイナーなものたらしめているのであろう。しかし第二次世界大戦後の世界は米ソの軍事的対立を基調にして語られるべきものであるし，冷戦の終結という世界史上のエポックメイキングを経たのちも，軍事は国際社会を理解するための主要要素としてその重要性を減じたわけではなく，国際政治学・国際関係論を学ぶ者が軍事から目を逸らすことは適当ではない。観念的な議論に終始し，善か悪か，是か非か，といった価値判断に根差した対立を続ける前に，実証的な分析の積み上げといささかの理論の提示が必要なのである。

　本書を通じ軍事戦略，とりわけこれまで論理的かつ実証的な議論が不足してきた海洋領域の軍事戦略が国際社会の変化にあわせてどのように変化し，また各国の軍事力が国際システムにどれほどのインパクトを与えてきたのかという点について読者の皆さまにいささかなりとも示唆を与えることができれば幸甚である。なお，本書はGRIPS政策研究センターの2018年度後期出版助成を受けることで初めて日の目を見ることができた。GRIPS学術国際課をはじめ，本書の出版助成に関してご尽力いただいた関係者の方々に心より感謝する。

後瀉　桂太郎

目　次

まえがき

第Ⅰ部　海洋戦略の理論的視座

第1章　海洋戦略とは何を論じるものなのか ——— 5

1. 国際システムと軍事戦略の変遷　5
2. 海洋軍事戦略を構成する3つの要素　7
3. 前提仮定ならびに問題の所在　14
4. 予想される変数の提示ならびに分析対象国の選定　18

第2章　海洋領域における軍事戦略の構成要素と分析枠組み ——— 29

1. 従来のシーパワー論とその問題点　30
2. 分析枠組みの導出過程（1）：冷戦後期の極東戦域　35
3. 分析枠組みの導出過程（2）：21世紀のアジア太平洋　43
4. 制海概念にまつわる議論：古典的シーパワー論　49
5. 海洋における軍事力の役割1：
   第二次世界大戦以降のシーパワー論　56
6. 海洋における軍事力の役割2：通常戦力による抑止　61
7. 軍事力使用のハードル1：人的損害の忌避　68
8. 軍事力使用のハードル2：距離の専制　71
9. 「攻撃−防御」二元論は成り立つのか　74
10. 小結：ここまでに見出された主な論点　77

第Ⅱ部　海洋国家の海洋戦略を読み解く

第3章　米国：制海と戦力投射への依存 ──────── 86
  1 ソ連海軍の台頭と制海重視：冷戦末期（1980～1989年） 88
  2 制海を前提とした戦力投射：ポスト冷戦期（1990～2009年） 91
  3 再び制海へ：中国の海洋進出（2010～2017年） 94
  4 米空軍における戦略目標の変遷：戦略爆撃と遠征軍 101

第4章　英国：低下する戦力と，変わらない戦力組成 ──────── 105
  1 海洋領域における軍事戦略目標の変遷 106
  2 独立核戦力の維持 110
  3 フォークランド紛争までの状況（1980～1981年） 112
  4 フォークランド紛争における作戦能力の限界（1982年） 114
  5 フォークランド紛争以降（1983～2017年） 119

第5章　日本：ソ連・中国に対する領域拒否と制海の追求 ──────── 124
  1 冷戦末期：ソ連に対する領域拒否と制海能力（1980～1989年） 127
  2 ポスト冷戦期：活動領域の拡大と制海能力の向上（1990～2009年） 128
  3 中国の海洋進出：領域拒否への再投資（2010～2017年） 130
  4 海上自衛隊の保有アセットからみた評価 132

第Ⅲ部　大陸国家の海洋戦略を読み解く

第6章　ロシア：一貫した領域拒否と限定的な戦力投射 ──────── 143
  1 冷戦末期の海洋要塞戦略（1980～1989年） 144

- 2　ソ連崩壊以降の戦力低下（1990～2009年）　148
- 3　戦力回復期における領域拒否の優先（2010～2017年）　150
- 4　ロシア政府公文書が示す軍事戦略目標　154

第7章　インド：典型的ランドパワーからインド洋の制海へ ── 157

- 1　米国との潜在的対立と領域拒否の強化（1980～1989年）　160
- 2　冷戦終結後：インド洋における制海能力の強化
  　（1990～2009年）　164
- 3　中国の海洋進出に伴う反応（2010～2017年）　168

第8章　中国：領域拒否から制海と戦力投射へ ── 171

- 1　近代化の開始と近海防御（1980～1992年）　173
- 2　対米領域拒否能力の発展（1993～2009年）　175
- 3　南シナ海の制海と戦力投射能力の拡大（2010～2017年）　180
- 4　米国との比較　183

結論　海洋戦略をめぐる因果推論 ── 187

- 1　6カ国の個別評価　189
- 2　戦略目標の優先順位をパターン化する　194
- 3　現代海洋戦略の因果推論モデル　202
- 4　補論：将来の技術革新は本論を否定し得るのか　207

あとがき（ごく私的な謝辞）　213
引用・参考文献一覧　219
事項索引　231
人名索引　234

図表一覧

第Ⅰ部

第1章
- 表 1-1　海洋領域における軍事戦略を構成する3要素
- 表 1-2　「英国海洋ドクトリン」が示す海洋戦力の役割
- 表 1-3　本論の前提仮定
- 表 1-4　本論のリサーチ・クエスチョン
- 表 1-5　冷戦末期以降の軍事戦略におけるトレンド
- 表 1-6　国内総生産上位20カ国
- 表 1-7　軍事支出上位15カ国

第2章
- 表 1-8　海洋領域における軍事戦略を構成する3要素（表1-1再掲）
- 図 1-1　冷戦後期におけるソ連の領域拒否
- 図 1-2　ソ連の海洋要塞戦略
- 図 1-3　ソ連の海洋要塞戦略に関する日本側の認識
- 図 1-4　2007年時点における中国の領域拒否圏
- 図 1-5　PLAの領域拒否アセット
- 表 1-9　ティルの示す制海の態様
- 図 1-6　ブースの示す海軍の3要素
- 図 1-7　ターナーが示す米海軍の任務
- 図 1-8　ニクソン戦略のイメージ
- 図 1-9　トマホーク巡航ミサイルのペイロード

第Ⅱ部

- 表 2-1　海洋領域における主なアセットとその運用上の性格に基づく分類
- 表 2-2　評価尺度

第3章
- 表 2-3　米海軍主要艦艇隻数の変遷
- 図 2-1　米「海洋戦略」における主要部隊の事前展開状況
- 表 2-4　米空軍の主要航空アセットの変遷
- 表 2-5　米国の評価

第4章
- 表 2-6　英空軍の主要作戦機（固定翼）の数
- 表 2-7　1955年の主要海軍艦艇数の比較
- 表 2-8　英国の海洋領域における軍事戦略目標の変化
- 表 2-9　1981年における英国の主要艦艇の数
- 図 2-2　英国，アルゼンチンとフォークランド諸島の地理的関係
- 図 2-3　アルゼンチン空軍機の作戦行動圏

表 2-10　英海軍の潜水艦保有状況
表 2-11　英国の評価
第 5 章
表 2-12　ポスト冷戦期の海上自衛隊戦略
表 2-13　潜水艦，護衛艦の数的変遷
表 2-14　海上自衛隊主要艦艇の数的変遷
表 2-15　日本の評価

第Ⅲ部
第 6 章
表 3-1　1990 年の米ソ主要通常戦力の数
表 3-2　2015 年のロシア海軍戦力組成
図 3-1　カリーニングラードのロシア軍領域拒否アセットと周辺国への影響
表 3-3　ロシアの評価
第 7 章
表 3-4　冷戦末期から冷戦終結直後におけるインド海軍主要艦艇数の変遷
図 3-2　インド海軍大型水上戦闘艦艇の保有数
表 3-5　2014 年時点のインド海軍主要艦艇就役年ごとの隻数（一部就役見込みを含む）
表 3-6　2020 年におけるインド空軍の戦力組成に関する予測
表 3-7　インドの評価
第 8 章
図 3-3　中国の海洋領域における軍事力の拡大
表 3-8　PLA の「統合防空システム」に関する変遷
図 3-4　PLA 防空能力の覆域に関する変遷
表 3-9　中国海軍の主要艦艇就役ペース
表 3-10　米中間の軍事的優劣関係に関する評価
表 3-11　中国の評価

結　論
表 4-1　評価尺度（表 2-2 再掲）
表 4-2　米国の評価（表 2-5 再掲）
表 4-3　英国の評価（表 2-11 再掲）
表 4-4　日本の評価（表 2-15 再掲）
表 4-5　ロシアの評価（表 3-3 再掲）
表 4-6　インドの評価（表 3-7 再掲）
表 4-7　中国の評価（表 3-11 再掲）
表 4-8　分析結果から導かれた 4 つのパターン
図 4-1　米国の海洋領域における戦略目標設定フロー
図 4-2　海洋戦略の因果推論モデル

略語一覧

A2/AD：anti-access/area-denial（アクセス阻止・エリア拒否）
AAW：anti-air warfare（対空戦）
ACW：anti-career warfare（対空母迎撃戦）
ADC：Air Defense Command（防空コマンド（米国））
AEF：Air and Space Expeditionary Force（航空・宇宙遠征軍（米国））
AEW：airborne early warning（早期空中警戒）
ARG：amphibious ready group（水陸両用即応群）
ASB：Air-Sea Battle（エアシーバトル構想）
ASEAN：Association of South-East Asian Nations（東南アジア諸国連合）
ASROC：anti-submarine rocket（対潜ロケット）
ASUW：anti-surface warfare（対水上戦）
ASW：anti-submarine warfare（対潜戦）
(B)MD：(ballistic) missile defense（(弾道)ミサイル防衛）
C4ISR：command, control, computer, communication, intelligence, surveillance and reconnaissance（指揮・統制・コンピューター・通信・情報・監視・偵察）
CAP：combat air patrol（戦闘航空哨戒）
CEC：cooperative engagement capability（共同交戦能力）
CS21：Cooperative Strategy in the 21st Century Seapower（21世紀の米海軍・海兵隊・沿岸警備隊協調戦略（米国））
CSG：career strike group（空母打撃群）
CTOL：conventional take-off and landing（カタパルト射出－アレスティングワイア拘束式空母）
CVBG：aircraft career vessel battle group（空母戦闘群）
DCA：defensive counter-air（防空戦力）
DEW：directed energy weapon（指向性エネルギー兵器）（LaWSと同義）
DII：Defense Innovation Initiative（防衛革新構想（米国））

DSG：Defense Strategic Guideline（国防戦略指針（米国））
DV：dependent variable（従属変数）
EMCON：emission control（輻射逓減措置）
ESG：expeditionary strike group（遠征打撃群）
EU：European Union（欧州連合）
FI：fighter interceptor（迎撃戦闘機）
GCCS：Global Command Control System（広域指揮統制システム（米国））
GDP：gross domestic products（国内総生産）
GIUK Line：Greenland, Iceland and United Kingdom Line（グリーンランド，アイスランド，英国で囲まれる海域）
HA/DR：humanitarian assistance/disaster relief（人道支援・災害派遣）
ICBM：inter-continental ballistic missile（大陸間弾道ミサイル）
IRBM：intermediate-range ballistic missile（戦域弾道ミサイル）
ISR：intelligence, surveillance and reconnaissance（情報・監視・偵察）
IV：independent variable（独立変数）
JDAM：Joint Direct Attack Munition（統合直接攻撃弾（地上攻撃用精密誘導爆弾））
LaWS：laser weapon system（レーザー武器システム）（DEWと同義）
LCAC：landing craft air cushion（エアクッション型揚陸艇）
MIRV：multiple independently targetable re-entry vehicle（複数独立再突入弾頭）
NATO：North Atlantic Treaty Organization（北大西洋条約機構）
NCW：network centric warfare（ネットワーク中心戦）
NPR：Nuclear Posture Review（核態勢見直し（米国））
OTH RADAR：over the horizon RADAR（超水平線レーダー）
PGM：precision guided munitions（精密誘導兵器）
PKO：peacekeeping operation（平和維持活動）
PLA：People's Liberation Army（中国人民解放軍）
QDR：Quadrennial Defense Review（4年ごとの国防見直し（米国））
RMA：Revolution in Military Affairs（軍事における革命）
SAC：Strategic Air Command（戦略航空コマンド（米国））
SAM：surface to air missile（地対空・艦対空ミサイル）
SDI：Strategic Defense Initiative（戦略防衛構想（米国））

略語一覧

SDR：Strategic Defence Review 1998（1998 年版戦略防衛見直し（英国））
SDSR：National Security Strategy and Strategic Defence and Security Review 2015（2015 年版戦略防衛見直し（英国））
SLBM：submarine-launched ballistic missile（潜水艦発射型弾道ミサイル）
SLOC：sea line of communication（海上交通路）
SS：submarine（通常動力潜水艦）
SSBN：nuclear-powered ballistic missile submarine（弾道ミサイル発射型原子力潜水艦）
SSGN：nuclear-powered guided missile submarine（原子力巡航ミサイル潜水艦）
SSN：nuclear-powered attack submarine（攻撃型原子力潜水艦）
STOBAR：short take-off but arrested recovery（短距離発艦－アレスティングワイア拘束式空母）
STOVL：short take-off and vertical landing（短距離発艦－垂直着陸式空母）
S/VTOL：short/vertical take-off and landing（短距離・垂直離着陸戦闘機）
TAC：Tactical Air Command（戦術航空コマンド（米国））
VLS：vertical launch system（垂直発射装置）
WMD：weapon(s) of mass destruction（大量破壊兵器）
WTO：Warsaw Treaty Organization（ワルシャワ条約機構）

第Ⅰ部

海洋戦略の理論的視座

2018年現在，冷戦終結という世界史上の転換点を経てから30年近くが経過した。冷戦期の主権国家群による対立構造は大きく変化し，国際社会における安全保障上のイシューはグローバル化や非国家主体の台頭といった要因によって，より複雑多岐に広がってきた。また，情報通信分野などにおけるめざましい技術の発展は安全保障領域を拡大させ，宇宙やサイバーといった新しい作戦領域（operational domain）を作り出した。

その一方で21世紀に入り，再び主権国家とりわけ大国間の競争が立ち現れており，これらの競争の多くは海洋という領域を介している。日本とその周辺地域，それはアジア太平洋もしくはインド太平洋などと呼ばれるが，ここは海洋を介して有望な国家群が急激な経済成長を遂げ，海洋を隔てて大国が対立する空間である。

したがって，多極化といった国際システムレベルや科学技術など，現代の国際社会を構成する諸要素を取り入れた戦略研究，とりわけ海洋領域における軍事戦略を精密に分析し，現状を知悉することでわれわれは国際社会の現状の一端を理解することが可能となる。

では，それはどのような理論と分析手法によるべきなのだろうか。古色蒼然とした古典軍事戦略理論で足りるのだろうか。そもそもどのような分析手法が妥当であるといえるのだろうか。本書はこうした疑問を明らかにした後に，冷戦末期から現在（1980年〜2017年）における，海洋領域の軍事戦略について比較分析を行う。これにより現代の海洋領域を中心とする軍事戦略の変遷ならびに主要国の軍事戦略目標を解明するとともに，国際システムを理解する手がかりを提供する。冷戦期の2極構造と同様，多極化する世界においても核抑止が機能することを議論の前提仮定としつつ，低烈度紛争（low-intensive conflict）から高烈度通常戦争（high-intensive conventional war）までの各種事態に対応するため形成されてきた戦力と，その用法に関する戦略レベルの動向を主たる研究対象とする。

本書の分析対象は一般的に海洋国家（シーパワー）と見なされる米国，英国，日本と，大陸国家（ランドパワー）として認識されるロシア，中国，インドの計6カ国であり，これら6カ国の海洋領域における軍事戦略の分析を通じ，次に示す2つの目的を達成することを試みる。

①過去100年あまりの間にわたり原則的に不変であった，海洋領域における軍事戦略の基本的な概念整理に考察を加え，以下のa～cという3点からなる新たな分析枠組みを提示するとともに，その妥当性について明らかにする。
  a. 自国の海岸線からおおむね1000キロメートルから2000キロメートルまでの海域を含む戦域レベルにおいて，海洋領域を通じ自国領土・領域に向けられる軍事的脅威を拒否すること[1]（領域拒否（area denial））
  b. 外洋において軍事的優位を獲得するか，敵の軍事的優位を阻害すること（制海（sea control））
  c. 海洋領域から自国以外が占有する領域に対して軍事力を投射し，軍事的目標を達成すること（戦力投射（power projection））
②戦力建設（force building）の方向性から，分析対象国の海洋領域における長期軍事戦略，とりわけ海洋領域において自国の影響力を高めようとしているのか，あるいは海洋領域を越えて他国／地域に積極的に影響力を行使することを企図しているのかということについて明らかにする。くわえてどの程度高烈度の紛争に耐えられるものであるか，という点について検証することにより，分析対象各国における安全保障戦略・軍事戦略目標を明らかにする。

先に結論の一端を示すが，分析対象期間において米国は原則として海洋領域における軍事的優位を維持し，米国以外の5カ国は，その海洋領域における軍事戦略に関し米国の軍事的優越を受容するのか否か，という点によってその方向性を大きく左右してきた。したがって本書における分析枠組みの多くは米国とその同盟国，あるいは敵対国との関係性から導かれることとなる。

本書で使用する領域拒否，制海，戦力投射，もしくはこれらに類似した概念は従来から軍事戦略領域において存在してきた。従来の海軍戦略では主として制海と戦力投射に基づく議論が一般的であったし，またシーパワーが制海と戦力投射を実施し，ランドパワーはこれを領域拒否で拒否する，といった地政学

---

[1] 領域拒否とは現代戦における作戦レベルの地理的広がり，あるいは戦域全体を広範囲でカバーする能力である。一方でこの「おおむね1000キロメートルから2000キロメートル」という距離を導出した経緯は第2章に記すが，厳密に距離を規定することは企図するものではない。

的な観点に立った議論は珍しいものではない。しかし，これら3つの要素を同列に置き，明確に分析枠組みとして用いた研究はこれまで存在しない。本書はこの3つの要素に基づく比較分析を通じ，海洋領域における軍事戦略を理解するためのより包括的な視座を提供する。

　なお，国家戦略には安全保障，外交，エネルギーなどさまざまな要素が含まれるが，本書は軍事戦略に関して論じるものである。そして，本書における「軍事戦略」とは，国家が掲げる国家目標の達成，あるいは重要な国益の確保に必要な能力を保持するため，比較的長期にわたり国家が実施する軍事に関連する方策と投資の方向性を指す。つまり，本書は原則として純軍事的領域における研究であり，法執行機関，民兵などの専ら低烈度の対立・紛争においてのみ使用されるアセット等は分析対象外である。また，本書は海底資源開発等を含めた広義の海洋戦略全般を包含するものでもない。一方で空軍力，陸軍力ならびに外交的要素，あるいは近隣諸国に対する能力構築支援等をある程度包含するとともに，海洋領域における軍事行動に不可欠な宇宙・サイバー空間という作戦領域を付随的に含めるため，海軍という一軍種の戦略を論じる，純粋な「海軍戦略」よりもある程度広い範疇について論じることになるだろう。

第 1 章

海洋戦略とは何を論じるものなのか

1　国際システムと軍事戦略の変遷

　20世紀末の冷戦終結から四半世紀以上が経過したが，冷戦末期から現代までの間に軍事力の意義や用法，そして先進諸国の軍事戦略は国際社会の構造とともに大きく変化してきた。冷戦末期である1980年代，世界は米ソの2極構造からなり，その軍事力は他を圧倒していた。この2極構造の根幹をなしていたのが戦略核兵器を中心とする抑止の構造である。大陸間弾道ミサイル，潜水艦発射型弾道ミサイルあるいは戦略爆撃機といった核戦力は大量報復を可能とし，東西両陣営が相互に「耐えがたい損害を予期させる」ことによって相手を抑止する，懲罰的抑止（deterrence by punishment）を中心とする軍事バランスが成立していた。いわゆる相互確証破壊（Mutual Assured Destruction: MAD）である。

　抑止理論は核兵器の発展・拡散にあわせて精緻化されてきたが，一方で「核兵器の長期的な役割としては，敵にそれを使わせないこと以外に存在しない」と見なされるまでにさほど時間はかからなかった[1]。核抑止が機能する一方で通常戦力による高烈度の地域紛争，すなわち朝鮮戦争，ヴェトナム戦争あるいはソ連のアフガニスタン侵攻などが発生したのであり，通常戦力の重要性や意

---

[1] Lawrence Freedman, "The First Two Generations of Nuclear Strategists," Peter Paret ed., *Makers of Modern Strategy*, Princeton University Press, 1986, p. 738.

義が失われたわけではない。1980年代,米海軍が対ソ戦略を検討する際に最重視していたのは核抑止が機能することを念頭に置いた上での東西両陣営によるグローバルかつ高烈度の通常戦争に対する備えであり,これに勝利できる態勢を構築するとともにワルシャワ条約機構(Warsaw Treaty Organization: WTO)軍を抑止しようというものであった[2]。このとき,米国の同盟国である英国は独立核戦力を含むある程度包括的な戦力をもって米軍の支援戦力を形成し,日本は極東において米国の制海を補完するとともに,その地理的特性を生かしてソ連海空戦力を封じ,米軍が戦力投射を発揮する基盤となるべく防空戦,対潜戦などといった,領域拒否に関する重要な役割を果たした。核抑止の機能に伴う通常戦力の重要性は大量の人的被害が想定される地上領域においてとりわけ説得力を持つものであって,海洋領域における核兵器の戦術使用に関してその使用プロセス等は各国ごと不明な点も多いが,おおむね冷戦期以来,核兵器の使用に関する閾値はきわめて高いと見なすことができる。

その後1989年のマルタ会談で冷戦の終結が宣言され,1991年にはソビエト連邦が解体するという国際社会が劇的に変動する過程で軍事力の存在理由と用法にも大きな変化が生じた。フクヤマ(Francis Fukuyama)の「リベラルな民主主義が「人類のイデオロギー上の進歩の終点」であり,「人類の最終的な統治形態」になるかもしれない。(中略)リベラルな民主主義には,抜本的な内部矛盾がおそらく存在しない」という主張は[3],ある種の楽観主義とともに旧西側諸国に広く「リベラル・デモクラシーの勝利」として受け入れられた。このイデオロギー闘争の終焉は核戦争リスクの大幅減少をはじめとする「平和の配当」をもたらしたものと見なされたため,1990年代初頭の安全保障に関する主な課題とは軍縮と軍備管理であり,冷戦期における東西対立の最前線であった欧州戦域ではリベラル・デモクラシー国家群の勝利に伴う北大西洋条約機構(North Atlantic Treaty Organization: NATO)の東方拡大,すなわち旧ワルシャワ条約機構加盟国の取り込みが主な議論の対象となっていた。ロシアは経

---

[2] John Hattendorf and Peter Swartz eds., "The Maritime Strategy, 1984," *U. S. Naval Strategy in the 1980s: Selected Documents*, U.S. Naval War College Newport Papers 33, 2008, pp. 48, 53.

[3] Francis Fukuyama, *The End of History and the Last Man*, The Free Press, 1992, p. xi.(フランシス・フクヤマ『歴史の終わり』渡部昇一訳,三笠書房,1992年。)

済的困窮が急速に進む過程でその軍事力と影響力を大幅に低下させ，米国の軍事力は世界中で圧倒的な優越を示した。その結果，米国の海洋領域における軍事的優越を受容するのか，それとも潜在的な対立をはらむのか，という点が主要国の軍事力建設に対して大きな影響をもたらしてきたと考えられる。

一方で冷戦の終結によって軍事力はその重要性を減じることはなく，また米国の1極構造は地域・宗教・民族紛争の発生を抑止することはできなかった。ハンチントン（Samuel Huntington）は「フォルト・ラインの紛争（Fault Line Wars：異なる文明圏の国家や集団のあいだに起こる，共同社会間の紛争）が永久に終結することはほとんどない。一時的に戦闘が休止することがあったとしても，主だった政治的課題を解決するような包括的な平和協定が結ばれることはない」と主張した[4]。冷戦終結直後ほどなく冷戦期に抑圧されてきた民族・宗教上の対立が世界各地で顕在化し，湾岸戦争，ユーゴスラヴィア内戦，コソヴォ紛争，ソマリア介入等といった数々の紛争が発生したのであり，国際社会はハンチントンの主張を証明する形となった。

これらはいずれも米国の政治的，軍事的優越という1極構造のもとで生起した紛争であるが，そこではおおむね共通した軍事力の行使形態を観察することができる。端的に言うとそれは米国もしくはNATOの積極介入であり，制海，すなわち自身の「海洋使用の自由」を前提として積極的な介入を実施するというものである。たとえば1991年の湾岸戦争の場合，有志連合の海上作戦部隊は米軍の制海によって何ら行動を阻害されることなく戦力投射を発揮できる位置，すなわちバグダッドの沖合に集結し，ここから事前の作戦計画どおりに巡航ミサイル，精密誘導爆弾を搭載した攻撃機，そして地上戦力を投射した。

2　海洋軍事戦略を構成する3つの要素

このようにポスト冷戦期では米軍の制海における圧倒的優位に基づく海洋の自由な使用を前提とした戦力投射によって影響力を行使（政治的プレゼンス

---

[4] Samuel Huntington, *The Clash of Civilizations and the Remaking of World Order*, Touchstone, 1997, pp. 252, 291.（サミュエル・ハンチントン『文明の衝突』鈴木主税訳，集英社，1998年。）

等)，あるいは通常戦力を直接使用するものが多く見られ，それらは一般的には積極的な攻勢戦略に分類することができる。この時期，主要国の海洋領域における軍事力建設は米国の提供する「海洋使用の自由」を前提とする「外征軍」(expeditionary force) 指向を強め，戦力投射発揮を優先してきた。20世紀末から21世紀初頭にかけ，先進国間での大規模な戦争が勃発する公算は非常に低いと見なされ，低烈度の紛争・対立もしくは国連平和維持活動 (Peace Keeping Operation: PKO) などの非伝統的安全保障領域に効果的なアセットとして，比較的大型の揚陸艦，ヘリ空母といったシー・ベーシング (sea basing) 機能に重きを置く大型水上艦艇が多数計画・建造された[5]。

これら視認性が高いアセットは高烈度の紛争において有力な敵が潜水艦等を運用することで領域拒否を実行する際はその脆弱性が問題となり，作戦海域における行動はきわめて深刻なレベルで制約される。しかし当時は米海軍が海洋領域における圧倒的な優勢を保持しており，このことは問題とはされなかった。その後21世紀に入り，テロとの戦いと安定化作戦が安全保障上の主要課題となった。しかしテロリストが海洋領域において先進国の戦力投射を阻害するだけの軍事力を保有していたわけではなく，さらに外洋における制海を遂行するだけの自己完結的な海洋軍事力を保有していなかったため，主要国は引き続き自身の「海洋使用の自由」についてほとんど何の制約も受けることなく，自身の意図のままに部隊を展開し，戦力投射を発揮した。

このような制海における圧倒的優位を前提とする攻勢的軍事戦略はテロリスト，あるいは「ならず者国家」と呼ばれる中小国に対して有効であったが，台頭する新たな勢力に対して問題点を露呈した。1990年代後半以降，「軍事における革命」(Revolution in Military Affaires: RMA) とそれらの技術拡散，とくに指揮統制システム，通常型潜水艦や巡航ミサイルなどの関連技術拡散が中国のアクセス阻止・エリア拒否戦略 (Anti-Access / Area Denial Strategy: A2/AD戦略) に代表される領域拒否を可能とした。現代の領域拒否は，地上と沿岸部から1000キロメートル以上離れた外洋をコントロールすることが可能である。

---

5 日本のおおすみ型輸送艦，英国のオーシャン (Ocean)，あるいはロシアによるフランス製ミストラル (Mistral) 級揚陸艦の購入計画 (ロシアのウクライナにおける軍事行動に伴い2014年に引き渡し中止) などである。

歴史上，その大半の期間において，水平線の彼方に広がる海洋は地上戦力が干渉できない領域であり，自己完結的な外洋海軍（blue-water navy）が制海を争ってきた。しかしいまや人工衛星，高高度偵察機，無人機などさまざまな捜索アセットによって外洋の海空アセットはただちに探知・追尾され，地上もしくは沿岸部から飛来する長距離攻撃機，巡航ミサイル等が正確にこれらを打撃するとともに，沿岸部では小型のミサイル艇，通常型潜水艦などによって「海洋使用の自由」を容易に阻害することが可能である。このような状況は冷戦末期である 1980 年代，とくに極東地域においてソ連太平洋軍の戦力が強化され，米海軍による海洋領域の優越が脅かされた時期に類似している。そして現代は冷戦期と比較した場合，よりネットワーク化され，作戦テンポの迅速化が進行しているため，領域拒否によって相手の制海を阻害することはより容易になっているとも考えられる。この状況を克服するため，制海，戦力投射を発揮するためにはより高度な技術に担保された装備体系によって長距離精密攻撃能力を高める必要が生じており，制海そして戦力投射を実行するためのコストは領域拒否と比較して相対的によりいっそう高価となりつつある。

つまり冷戦末期の極東戦域，あるいは現代の海洋領域における状況を敷衍すると，現代の軍事技術は戦域レベルで陸から海に対し影響力を行使することを可能にしている，と理解することができる。人工衛星ならびに早期警戒アセットと戦術データリンクといったC4ISR（command, control, computer, communication, intelligence, surveillance and reconnaissance）ネットワークは作戦区域レベルよりもはるかに広範な戦域レベルでニア・リアルタイムの状況把握を可能とし，これを多数の指揮所・アセット間で共有することができる[6]。これらのネットワークは自軍と友軍の配置を常時把握できるだけでなく，相手国の艦艇や航空機を出港・離陸直後から継続的に探知・追尾し，さらに交戦することを可能にする。このため，ある程度軍事的に優勢な側が従来どおり戦力投射のみに依存した場合，戦力投射のアセットが作戦区域に展開し，軍事行動に移る前に相手の領域拒否によって行動が阻害され，所要のパワーを投射すること

6　ニア・リアルタイム（near-real time）とは探知中の敵味方の海上・水中・航空目標の現在座標，進路，速力などがデータ化され，味方アセット間で数秒以内のタイムレートで共有されることを示す。

は困難である。すなわち現代の領域拒否戦略は外征軍の持つ戦力投射を高い確率で阻害し、戦域の使用を拒否することが可能であり、また領域拒否は戦力投射あるいは制海を構成する空母打撃群（career strike group: CSG）、そして強襲揚陸艦を中心とする遠征打撃群（expeditionary strike group: ESG）などに比べ、相対的に安価な戦力で構成される。

一方、早期警戒システム等からなる先進的C4ISRネットワークの覆域外、すなわち領域拒否エリアの外では様相が異なる。そこでは従来の海戦に近い、空母あるいは大型水上戦闘艦艇ならびに搭載航空機を主体とする、自己完結的な海上作戦部隊による制海が想定されており、その戦略目標は古典的な制海概念（command of the sea / sea control）によって説明される[7]。ただし大規模な空母打撃群を中心とした高烈度の通常戦争に耐えられるだけの戦力は冷戦後一貫して米国のみが維持・発展させてきたのであり、日本、英国、21世紀以降のインドと中国などが保有する制海は地理的に限定的、あるいは低〜中程度の烈度にのみ対応できる、というレベルにとどまる。

過去1世紀以上、海洋領域における軍事戦略は洋上における優越、すなわち制海を主眼とするマハン（Alfred Mahan）的思想と、制海の困難性と、制海を獲得した後の作戦、すなわち海から陸に対する戦力投射に重きを置くコーベット（Julian Corbett）的思考の2つが対立的に論じられてきた。しかし、現実には海洋領域における軍事力がこのような二元論に基づいて明快に区別できる、というわけではない。海洋における軍事力の優劣は領域拒否、制海、戦力投射の3要素をあわせた戦力によって決定されてきたのであり、一般的に優勢な戦力を有する側が海上／航空優勢を確保するとともに地上の戦略目標に対する戦力投射を指向し、自国の国益獲得の手段としてきた。20世紀初頭から冷戦中期までの期間においてこの状況はある程度一定しており、優勢な英米海軍は制海及び戦力投射を指向する一方、第二次世界大戦のドイツ、あるいは冷戦中期ころまでのソ連は制海において劣勢であるがゆえに守勢に回らざるを得ず、敵に戦力投射を発揮させないよう、潜水艦戦力に代表される領域拒否を主用して

---

[7] 「制海」に関して、冷戦末期のソ連海洋要塞戦略のような「自国の聖域確保」という文脈における"sea control"は領域拒否のカテゴリーに、また外洋における"maritime superiority"は制海の範疇に含める必要があるが、この「制海」概念の整理については第2章で論じる。

対抗してきたとされる。このように領域拒否とは自国防衛という軍事力が本質的に最も重視すべき軍事戦略目標を構成するものであるから，この要素が欠落したまま制海と戦力投射の二元論によって海洋領域の軍事戦略を論じることは適切ではない。

さらに，ある種単純な「攻勢－守勢」の枠組みで論じること，あるいは「シーパワーが戦力投射を発揮し，ランドパワーが領域拒否で対抗する」といった議論によったとしても現代の海洋領域における軍事戦略に関する正確な理解を導くことはできない。たとえば近年中国が向上させている領域拒否戦略に対し，日本は潜水艦の増勢，島嶼部への地対艦ミサイル部隊の増強といった領域拒否能力増強という手段で対抗している。つまり中国の領域拒否に対して日本自身も領域拒否で対応することで，自身の海上優勢獲得を断念した上での「次善の策」として相手にも海上優勢をとらせないことを目標としている。その結果当該海域は「海上において双方が行動の自由を有しない」(maritime no-man's-land) という状況を呈することになり[8]，自身の領域拒否を発揮することによる前方展開拠点あるいは戦力投射アセットの防護は，軍事戦略上の必須要件となっている。

優勢な側が制海を確保したうえで戦力投射を発揮し，これにより相手の領土・沿岸を攻撃する。一方で守勢側が領域拒否をもってこれを阻害する。このような単純な図式は冷戦末期，極東戦域においてソ連の領域拒否能力拡大に対し，米軍の制海，戦力投射を期待する日本が米軍来援を企図して防空能力あるいは対潜戦能力といった領域拒否を向上させていた，という経緯に鑑みれば，海洋領域の軍事戦略は「マハンとコーベット」，「シーパワーとランドパワー」あるいは「攻勢－守勢」といった二元論のいずれかによるのではなく，制海，戦力投射そして領域拒否という3要素に基づく分析が適当なのである。

ここまで説明を加えてきた制海，戦力投射，領域拒否の3要素は，パワーの指向方向の違いとしてある程度単純化・イメージ化することが可能である。すなわち領域拒否とは地上もしくは自国沿岸領域から外洋に向かって力を行使し，戦域レベルで海洋から到来する敵の行動を阻害し，排除するという働きであり，

---

8 Jeffrey Kline and Wayne Hughes, Jr, "Between Peace and the Air-Sea Battle: A War at Sea Strategy," *U. S. Naval War College Review*, Vol. 65, No. 4, Autumn 2012, p. 39.

表1-1 海洋領域における軍事戦略を構成する3要素

構成要素	目的	パワーの指向方向
領域拒否	海洋を通じて自己領域にもたらされる脅威の排除	陸・沿岸 ⇒ 海
制海	海洋における敵の排除と，自己の行動の自由の確保	海 ⇒ 海
戦力投射	他国領域に対する影響力の行使	海 ⇒ 陸・沿岸

出典：著者作成

　戦力投射とは海洋領域から他国領域に力を投射するものである，と定義できる。一方で制海とは外洋における優位を獲得することを目的としており，海洋領域における自己完結的なパワーの発揮が必要である。これらをモデル化したものが表1-1である。

　海洋領域における軍事力は長年にわたりマハンが論じた制海概念と，制海獲得後の，地上に対してパワーの行使を重要視するというコーベットの主張を巡る，いわゆる二元論に基づいて論じられてきた。一方で海軍力は平時における外交・警察的役割，あるいは政治的プレゼンスから核戦略の構成要素まで，事態がエスカレートしてゆく各段階（エスカレーションラダー）における種々の役割を担っており，この点においてもマハンとコーベットの主張に基づく二元論をもって海洋領域における軍事力の役割を完全に整理することはできない。本書の対象国の戦略文書においてもこうした海軍力の役割について厳密に区分されることなく，またある程度直観的な議論の中で列挙されている。たとえば2011年に英国防省が公表した「英国海洋ドクトリン」（Joint Doctrine Publication 0-10 British Maritime Doctrine）が示す英国海洋戦力（British Maritime Power）の果たすべき役割とは①戦闘（War-fighting），②海洋安全保障（Maritime Security）そして③対外的関与（International Engagement）であり，これらはさらに表1-2が示すような多様な任務から構成されている。

　このように海洋領域では，平時から戦時まで軍事力に多様な役割を期待すること自体は特異なことではなくむしろ一般的であり，そして歴史的事実である。詳細については後述するが，英国だけでなく米国をはじめ本書で分析対象とする6カ国はみな，平時の人道支援・災害派遣（humanitarian assistance/disaster relief: HA/DR），あるいは演習などを通じた政治的プレゼンスもしくは外交ツールから高烈度の戦闘まで，実に広範かつ包括的な役割を海洋戦力に割り当て

表 1-2 「英国海洋ドクトリン」が示す海洋戦力の役割

役割1「戦闘」	海洋における軍事力使用を形成する原則 　制海（Sea Control）・海洋拒否（Sea Denial）・現存艦隊（Fleet-in-Being）・防御（Cover）・決戦（Decisive Battle） 海洋から使用する軍事力使用を形成する原則 　海洋における機動（Maritime Manoeuvre）・海洋からの戦力投射（Maritime Power Projection）
役割2「海洋安全保障」	英国本土および海外保全 海上貿易 海洋あるいは国境を越えてなされる犯罪への対応 航海の自由（Freedom of Navigation） 軍事情報収集 人道支援・災害派遣（HA/DR） 邦人避難支援
役割3「対外的関与」	紛争の未然防止 抑止 　戦略的抑止（Strategic Deterrence）・通常戦力における抑止（Conventional Deterrence） 友好国に対する安心供与（Reassurance） 強要（Coercion） 封じ込め（Containment） 政治的プレゼンス（Presence） 戦略的インテリジェンス・監視・偵察（Strategic Intelligence, Surveillance and Reconnaissance） 安全保障環境の改善と能力構築支援（Security Sector Reform and Capacity Building） 海洋における安定化作戦（Maritime Stabilization Operation）

出典：UK Ministry of Defence, *Joint Doctrine Publication 0-10: British Maritime Doctrine*, 2011, pp. 2-7, pp. 2-8 より著者作成

ている。

　海軍という単一軍種に関する戦略，すなわち「海軍戦略」を論じる際，従来の「マハンかコーベットか」という二元論は，国土防衛ではなく外洋における制海，そして戦力投射という機能に着目した攻勢作戦主体の海軍について論じるのであれば，それはある程度の完結性を持つだろう。しかし実際には多くの国家が領域拒否を重要な戦略目標に位置づけているとともに，大半の海軍は領域拒否の機能を有しており，また現在では海洋を作戦領域として使用する軍種は海軍だけではなく，空軍あるいは地上戦力が海洋領域のコントロールに大きな影響を持つ以上，海軍戦略のみを論じたとしてもより高位の安全保障・軍事

第Ⅰ部　海洋戦略の理論的視座

戦略の理解に寄与する点は少ない。

　したがって複雑かつ多岐にわたる海洋領域における軍事力の役割についてより有用な分析を試みるのであれば，それは「マハン－コーベット」，「シーパワー－ランドパワー」「攻勢－守勢」といった従来のシンプルな二元論のいずれも適当ではなく，また海軍という単一軍種についてのみ論じたとしても足りない。したがって「パワーの指向方向」に着目した上でこれらを3要素に分類することで，分析対象国の戦力組成についてより明快な分析が可能となる。たとえば平時における政治的プレゼンスは可視的で他国領域に影響力を行使する戦力投射アセットを中心に実施することで効果的にその政治的目標を達成できるのであり，ステルス性に富む無人機，あるいは非可視的な潜水艦ではそもそも相手に自身の存在と意図を伝えることが困難であるから，典型的な領域拒否アセットは政治的プレゼンスには適さない。この3要素に基づいた整理によって戦力組成に基づいた明快な分析が可能となり「当該国家では何が実行可能であり，何を企図して海洋領域における軍事力を整備しているのか」という問いに対する解答を見出すことが可能となるのである。

　以降の第3節，第4節は方法論的妥当性について，抑止理論などを用いて説明する。これらは社会科学領域の学術論文として必要不可欠であり，また「多極化する現代において核抑止は機能するのか否か」といった本書の議論の主要な前提仮定を説明するという，本書の厳密性を議論する上で重要な箇所である。その一方でこれらは第Ⅱ部の各国に関するケーススタディを読み進めるために不可欠，というわけではない。そのため，難解であると感じられた読者の方々はこれらを読み飛ばしてもらい，第2章に進んでもらっても結構である。

3　前提仮定ならびに問題の所在

　本書の先行研究となり得る軍事戦略に関連する文献の大半は，特定の戦域，国家を対象とするか，もしくは2国間の軍事力における優劣を論じるものである。本書のような，一定期間を対象期間とする主要国3カ国以上の軍事戦略について，主として戦力建設の観点を中心として比較分析をする研究は本書の引用，参考文献の中に含まれていない。冷戦期以降，特定国家の軍事戦略に関す

る分析，あるいは2国間の軍事的優劣に関する研究は多数存在するが，比較分析を通じた一定レベルのモデル化，あるいは分析枠組みの提示，さらには国際システムに対する影響の分析などは管見の限りにおいて見当たらない。

そもそも国内における政治的コンセンサスならびに近隣諸国との不必要な緊張を回避するため，軍事に関する透明性が重視されるようになったのはさほど古いことではなく，たとえばロシアやインドなど，米国以外の軍事戦略が公文書レベルで公表されるようになったのは主として冷戦終結後のことである。このことからも，軍事戦略に関する比較研究は近年初めて可能となりつつある。本書が言及する抑止理論，シーパワー論あるいは分析対象国6カ国の軍事戦略に関して，それぞれ有用な先行研究は本書で取り上げたものの他にも多数存在するが，本書のように3カ国以上について単一の分析枠組みに基づき比較分析したものはほとんど見当たらない。

このため，冷戦末期から現代にいたる国際社会の変化をはじめとする諸条件の変化が，現代の軍事戦略における主要な動向ならびに主要国の軍事戦略目標そして戦力組成にどのようなインパクトを与えたのか，という点を解明することは軍事戦略理論の発展に大きな寄与をなす。また，その変化が国際システムに及ぼす，軍事的合理性に基づくインプリケーションについて明らかにすることで，国際関係論の進展にも貢献し得ると考えられる。この目標を達成するため，本書では領域拒否，制海，戦力投射という分析枠組みの提示に加え，表1-3のとおり議論の前提仮定を提示する。その上で次節で示す独立変数ならびにその後の議論を通じて見出されるであろう因果推論に影響を及ぼす要素（影響因子）に基づき，それらと従属変数との関係を論証することも本書における目的の1つとなる。

ここまでの議論を整理することにより，前提仮定として表1-3の3点を示すことができる。このうちとくに②「多極世界における核抑止」に関して，議論を進める前に本書の立場を明らかにしておく必要がある。非戦闘員を大量に殺傷する可能性が高く，そして戦略核兵器の使用へとエスカレートする可能性が否定できない地上領域において，核兵器の戦術レベルにおける使用はきわめて困難であると見なして差し支えはない。しかしながら地上領域から離隔し，非戦闘員を巻き込むおそれが地上領域に比べて著しく低い海洋領域における核兵

第Ⅰ部　海洋戦略の理論的視座

表1-3　本書の前提仮定

①主要アクターが一定レベルの合理的行為者である。
②多極世界においても原則的に核抑止が機能する。
③先進軍事技術が拡散したために各アクターが長距離精密誘導兵器，あるいは高度なC4ISRネットワークを有する。

器の戦術使用について，分析対象国ごとにその使用プロセスは異なると推測されるだけでなく，そもそも不明である。ただし一般論を言えば，非戦闘員を巻き込むおそれがなく，通常戦力のみによって敵に対抗することが困難であるならば，海洋領域における戦術核兵器使用に関する閾値は，地上領域におけるそれと比較して相対的に低いと見なすことも可能である。

したがって本書が提示する諸条件のもとで核抑止が完全かつ絶対に機能すると断定することは適当ではなく，多極世界において核抑止が機能するか否かという命題に関し，厳密に回答することはできない。しかしながら万一核兵器が海洋領域において戦術的に使用されたとしても，それは上記の思考過程を経たものであるとすれば，海洋における作戦領域において使用されるがゆえに人的被害が局限され，対兵力使用（counter force）で完結すると判断されて使用されるケースであると推測できる。つまり海洋領域において戦術核が使用されるケースとは，戦略核の応酬といった事態へのエスカレーションが考えられないと判断したからこそ使用されるケースであるとも考えられる。したがって仮に海洋領域において核兵器の戦術使用に関する蓋然性が排除できないとしても，本書では戦術核兵器の使用可能性はきわめて低いと見なし，そして仮に使用されるケースがあり得たとしても，それは一過性で戦略レベルの核兵器の応酬といったエスカレーションをもたらす公算がきわめて低いと考えられる。そのため以後の検討において核戦力は切り離して議論を進めることとする。

なお，核抑止は米ソ2極構造のもとで有効に機能したと考えられるが，多極化が進行し，かつ核戦力が存在する冷戦後の現代で核抑止が機能するのか否かについて検証することはきわめて困難である。シェリング（Thomas Schelling）は2008年の著書において，緒言の末尾に次のようなコメントを記している[9]。

9　Thomas Schelling, *Arms and Influence: With a New Preface and Afterword*, New Heaven and London Yale University Press, 2008, p. xi.

かつて米ソ間における相互抑止はきわめて成功裏に機能した。われわれはインド，パキスタンがこの教訓を学ぶことを期待する。本書が北朝鮮，イランあるいは抑止のため核兵器の保有を真剣に熟慮し，それを欲する国家を（あきらめるよう）説得する一助になり，そして（核抑止の破たんに伴う）純粋な破壊よりも核兵器保有をやめることにより得られるものが大きいことを知らしめることができるのであれば，それらは彼らにとっても，われわれにとってもより良いことなのである。

シェリングの言説は現在の世界において戦略的安定に向けた具体的な方策を示すことの困難性と，抑止の機能について期待するにとどまらざるを得ないという軍事戦略理論における限界を示している。よって本書においても「多極化世界で核抑止が機能するのか否か」という問いについて厳密な検証を実施するわけではない。

同様にウォルツ（Kenneth Waltz）とセーガン（Scott Sagan）は2003年の著書において核保有国の増加について議論を展開している。セーガンが核保有アクターの増加が国際システムに不安定と悪影響をもたらし「数の増加は事態を悪化させる」（More will be worse）であると主張したのに対し，ウォルツは「もし核兵器が攻勢側を利し，あるいは恫喝的な国家による脅迫の強要性を高めるのであれば，核兵器がより多くのアクターに拡散すればするほど世界に悪影響をもたらすだろう。一方でもし核兵器の拡散によって国家防衛と抑止が容易となるのであれば，全く反対の結果を期待することもできる」とし[10]，核拡散が必ずしも良い影響をもたらすと断言しているわけではないが，「数の増加は良いことなのかもしれない」と核拡散の影響の評価について留保する（More may be better）。これらの理由としてウォルツは以下のような事項を挙げる[11]。

①国際政治は自助のシステムである。

---

[10] Scott Sagan and Kenneth Waltz, *The Spread of Nuclear Weapons: A Debate Renewed*, W. W. Norton & Company, 2003, p. 6.
[11] Ibid, pp. 44-45.

第Ⅰ部　海洋戦略の理論的視座

表1-4　本書のリサーチ・クエスチョン

①各国の海洋領域における軍事戦略を理解するために適した分析枠組みとはどのようなものなのか。
②分析対象期間において，海洋領域における軍事戦略は対象国ごとに，どのように変化しているのか。とくに米国の軍事的優越が他国にどのような影響を及ぼすのか。
③各国の海洋領域における軍事戦略の変化は，それぞれの政策，あるいは戦力組成などからどのように読み取ることができるのか。

②核兵器は実際に使用した場合の深刻な結果から，軍事力行使に関する計算ミスを減少させる。
③核兵器は国家に対し戦争を開始させることを非常に困難なさしめる。

　結局のところ多極世界における核抑止の実効性については，そのような事態を初めて迎えている現代国際社会が現在進行形で変化しつつあり，結論を出す段階に至っていないと考えられる以上，推論の域を出るものではなく，実証的に説明することはできない。よって本書では原則として核戦力を捨象して議論を進めることとし，そのために「多極化世界においても原則的に核抑止が機能する」という前提仮定を設定する。つまり核戦力が現代の軍事戦略においてある種「形而上の存在」であり，戦略的抑止においてのみその存在理由があること，そして現状ではこの抑止が破綻する可能性はきわめて低いことを指す。その結果高烈度の通常戦力が抑止あるいは種々の具体的な用途といった点から軍事戦略の核心となる。
　ここまでの検討を整理すると，本書において分析を進める出発点となる「リサーチ・クエスチョン」は表1-4のとおりとなる。

4　予想される変数の提示ならびに分析対象国の選定

　本節では分析対象国を選定するとともに，第1章以降の分析を通じ明らかになると予想されるおおよその変数を示す。本書は因果推論モデルの構築のみを目的としているわけではないが，因果推論の構築を通じ，本書の示す分析フレームの有用性などを説明することに寄与できることも明らかである。したがっ

て結論において極力シンプルな因果推論モデルの提示を試みるが，その前提として本書が使用する変数として以下の2種が考えられる[12]。

①独立変数（independent variable: IV）（説明変数と同義）：ほかの変数に影響を与える，もしくは影響を与えると仮定される変数
②従属変数（dependent variable: DV）：研究者が説明しようとするもの（因果推論の結果導かれることがら）

　そもそも広く社会科学全般において絶対普遍の理論は存在しないと見なすべきであるが，軍事戦略理論においても確実に勝利するための「一般理論」はこれまで存在せず，また仮にそのようなものを構築することはきわめて困難であろう。当然のことであるが国際社会の構造，技術的革新といった前提条件ならびに独立変数などが変化することによって，その従属変数たる各国の軍事戦略は可変的である。また，多種多様な前提条件の変化がどの程度軍事戦略を変化せしめるのか，それを単一モデル化し，端的に示すことは困難である。
　そして軍事戦略は，そもそも因果推論におけるアローダイアグラム，すなわち「A⇒B」（AによってBが引き起こされる）のような説明が適当ではない場合が多い。それはきわめて複雑な過程と要素から構成されたものであり，第三者から観察し得る要素を列挙すれば，地理的位置，産業力，経済・貿易の形態，埋蔵資源の多寡，人口，国民の教育水準，歴史的背景，宗教あるいは価値観さらに国内政治，政治・軍事指導者のパーソナリティにいたるまで，実に多様な要素が絡まりあっている。そして各国が発展・変化させる軍事戦略は，相互に影響し合うことでさらに各国の軍事戦略に変化をもたらしてゆくと考えられるのであるから，それら軍事戦略に係る諸要素を列挙したとしても，それらは「因果関係」として説明するよりもむしろ「相互依存関係」として理解するほうが適当である。

12　ヘンリー・ブレイディ，デヴィッド・コリアー編『社会科学の方法論争——多様な分析道具と共通の基準』原著第2版，泉川泰博・宮下明聡訳，勁草書房，2014年，363, 378, 381頁。(Henry Brady and David Collier eds., *Rethinking Social Inquiry: Diverse Tools, Shared Standards, Second Edition*, Rowman & Littlefield, 2010.)

グレイ（Colin Gray）は「それぞれの時代や政治形態，保有するテクノロジーは異なる一方で，あらゆる戦略的経験は統一性を有するように思われる。政治的目的達成のための軍事力行使，あるいは軍事力行使の脅しを用いる必要性，もしくは戦略的に行動する必要性というものには永続性があり，それらは普遍的なものである」，つまり軍事戦略には永続性，普遍性を有する要素が存在すると主張する[13]。ひるがえって本書はグレイが探求する，「戦略の一般普遍理論の提示」といったものではない。むしろ本書の前提仮定に関連する歴史上の条件変化，とりわけ核兵器の出現あるいは2度の世界大戦を経た上での軍事力の役割，軍事力行使の困難性などを概観したとき，軍事戦略が扱う対象物の変化の大きさから「軍事戦略における普遍的な一般原則」の存在について疑義を呈する。すなわち本書は何らかの普遍的な戦略理論の確立に向けたものではなく，原則として前提仮定が維持される限りにおいて冷戦末期以降の海洋領域における軍事戦略の変遷を理解するとともに，ある程度有用な分析あるいは近未来の予測に資するものとして意義を有するものである。

つまり本書が論じる軍事戦略の分析枠組みとは，一般普遍の理論構築に向けたものではない。その一方で因果推論が全く成立しない，と主張するのでもない。分析対象期間を通じ，米国の海洋領域全体における軍事的優越と，制海を前提とした戦力投射に基づく攻勢戦略は不変であり，一定している。しかしながらC4ISR能力をはじめとする技術的革新，あるいは競合する他のアクターの経済的・軍事的発展にともなって米国の海洋領域における軍事力の形態は徐々に変化している。米国はエアシーバトル（Air-Sea Battle: ASB[14]）あるいは第3の相殺戦略（The Third Offset Strategy）などといった作戦領域へのアクセス確保と，これを可能ならしめる高度なC4Iネットワーク化，あるいは長距離精密打撃などへの重点投資によって戦力投射，制海を確保し，攻勢戦略を維持してきたといえる。一方で冷戦末期におけるソ連あるいは2010年ころ以降の中国などと比較した場合，その形態と相対的優位の状況に変化をきたしてい

13　Colin Gray, *Modern Strategy*, Oxford University Press, 1999, p. 8.（コリン・グレイ『現代の戦略』奥山真司訳，中央公論新社，2015年。）

14　2015年1月，ASBは名称変更され，正規には"Joint Concept for Access and Maneuver in the Global Commons: JAM-GC"と呼称されるが，JAM-GCが一般に周知されているとは言いがたく，本書では従来どおり「エアシーバトル」と呼称する。

る，と見なすことができる。

　くわえて米国の軍事的優越を受容し敵対を回避しつつ影響力を拡大する国家，あるいは軍事的に対抗することを企図する国家など，いくつかのパターンが考えられる。その分析対象国ごとに，ある程度それらの国家が選択する海洋領域の軍事戦略について因果推論を立てるとともに，分析結果を踏まえたある程度のパターン化は可能である。このように米国の軍事的優越を分析の出発点として捉えた場合，これに基づき分析対象期間である冷戦末期から2017年に至る40年弱における軍事戦略のトレンドとして整理すると，以下の5つの時期に分類することが可能である。

①冷戦末期の米ソ2極構造
②冷戦終結直後の米国1極構造
③宗教・地域・民族紛争とこれに対するコミットメントの時代
④テロとの戦い
⑤多極化と米国の相対的優位の低下

　上記②～④の間を通じ，米国は世界的な軍事的優越すなわち世界の海洋における制海を前提とし，戦力投射が比較的容易に実行可能であった。かつて①においてソ連が進めた高度な領域拒否戦略は，再び⑤において「先進的C4I技術の拡散」によって多くの国で実行可能となり，結果として米軍の優越が局地的に阻害されつつあり，従来の構図に変化を生じた。これを図示したのが表1-5である。

　その結果として優勢な側が攻勢をとって制海及び戦力投射を実行し，劣勢な側が守勢に立って領域拒否を実行する，という単純な攻撃－防御の二元論に沿った構図に変化が生じている。米国の海洋領域における軍事戦略は比較分析対象の1つであるとともに，他国の軍事戦略を変化せしめる最も可視的で大きな要素であり，かつ分析対象期間内でおおむね一定であると見なすことができるため，これを独立変数であると見なすことが可能である。また米国の軍事的優越を受容するのか，あるいは受容しないで潜在的／顕在的に対立する構図となるのか，という点もまた独立変数をなし，従属変数としての各国の軍事戦略の

表 1-5　冷戦末期以降の軍事戦略におけるトレンド（年代は概略の時期を示す）

時　期	第Ⅰ期 冷戦末期 （1980～1989）	第Ⅱ期 冷戦終結直後 （1990 前後）	第Ⅲ期 地域紛争続発 （1991～2000）	第Ⅳ期 非国家主体の出現 （2001～2009）	第Ⅴ期 多極化 （2010～）
トレンド	米軍の海洋領域における優位に対するソ連の挑戦	平和の配当 軍備管理・NATOの東方拡大	宗教・地域・民族紛争に対する積極的コミットメント	テロとの戦い 安定化作戦	米軍の相対的優位が局地的に低下
米軍の状況	制海・戦力投射が阻害	米軍の制海を前提とした積極的な戦力投射を発揮			制海・戦力投射が阻害
米国の対立勢力に関する状況	高度な領域拒否で米軍の制海を阻害可能	米国の対立勢力は米軍の制海に対抗できない			高度な領域拒否で米軍の制海を阻害可能

出典：著者作成

形態，あるいは戦略目標に変化をもたらす，と考えられる。

　くわえて分析対象国ごとに，その国家に対する軍事的脅威の形態と地理的な所在位置が軍事戦略に重大な影響を及ぼす。したがって当該国家が認識する軍事的脅威との地理的関係もまた従属変数に直接的な影響をもたらす因子となると考えられる。

　このような考察を通じ，本書は今後領域拒否，制海，戦力投射という分析枠組みの提示に加え，できるだけシンプルで明快な因果推論モデルを構築することを企図する。ただし，それは単一かつ普遍的な理論といったものではない。

　ウォルツは「理論とは，その成り立ちが簡素で，美しくシンプルなものである」とし，また「理論は『現実世界』を説明し，おそらく多少の予測をするために使われる道具である。その道具を用いるうえでは，さまざまな情報と多くの優れた判断が必要である。理論が予測するのではない。人びとが予測するのである」と述べる[15]。本書はウォルツのいう「美しくシンプルな理論」には及ぶべくもないが，少なくとも冷戦末期から現代までの海洋領域における軍事力や軍事戦略目標といったものとそのなりたちについて実証的な分析手法に沿って推論を示すとともに，将来に向けたいささかのインプリケーションを見出すことができると考えられる。

15　ケネス・ウォルツ『国際政治の理論』河野勝・岡垣知子訳，勁草書房，2010 年，日本語版への序文，iv 頁。

第1章 海洋戦略とは何を論じるものなのか

 このような観点から見て、本書はジョージ（Alexander George）とベネット（Andrew Bennett）が主張する「中範囲理論」（middle-range theory）に類する理論構築を目指すこととなる[16]。ジョージとベネットはウォルツの構造的リアリズムの理論を例示した上で、「きわめて汎用性が高く抽象的な理論は、ある現象のなかに介在するプロセスを無視して、その『スタート地点』と『最終点』の相関関係に注目する。よって、あまりにおおざっぱであり、具体的に理論的予測を立てたり、政策の方向づけをしたりすることができない」と批判し、中範囲理論を「リアリズム、リベラリズム、およびコンストラクティヴィズムなどの広範でパラダイム論的な理論を発展・適用しようとする試みとは明確に区別」する[17]。

 「中範囲理論」は、分析対象を限定すること（「限定的な一般化」）によって現実の「政策に役立つ理論的発見」を主な目的とする。ジョージとベネットは「外交政策を展開するにあたって直面する多くの分野限定的な問題──抑止、圧力外交、危機管理、戦争の終結、予防外交、仲介、和解、協力などの問題──のひとつひとつに具体的に注目」し、「対象領域を意図的に限定し、一般的事象のさまざまな下位分類を説明する」ことの重要性を説く[18]。本書も同様であり、現代の海洋領域における軍事戦略を理解するために必要な前提仮定を示し、その条件下において現実の政策に寄与し得る分析枠組みを示すことを主目的としている。

 次いで分析対象となる国家の選定過程について示す。表1-3に示した前提仮定③における「長距離精密誘導兵器、あるいは高度なC4ISRネットワーク」を有するためには質量両面において高度な軍事力が必要不可欠であり、またそのような高額で先進的な軍事力を担保するだけの経済力を有することが求められる。したがって本書において分析対象となり得るのはこれらの先進的軍事力を保有、開発するとともに、ある程度の高烈度通常戦争を遂行し得るだけの経済力、技術力および軍事力を有する国家ということになる。そのため、本書に

---

[16] アレキサンダー・ジョージ、アンドリュー・ベネット『社会科学のケーススタディ──理論形成のための定性的手法』泉川泰博訳、勁草書房、2013年、14頁。(Alexander George and Andrew Bennett, *Case Studies and Theory Development in the Social Sciences*, MIT Press, 2005.)
[17] 同上、15-16, 76頁。
[18] 同上、76, 295-296頁。

第Ⅰ部　海洋戦略の理論的視座

表 1-6　国内総生産上位 20 カ国

順位	国名	(単位：100 万米ドル)	順位	国名	(単位：100 万米ドル)
1	米国	17,419,000	11	カナダ	1,785,387
2	中国	10,354,832	12	オーストラリア	1,454,675
3	日本	4,601,461	13	韓国	1,410,383
4	ドイツ	3,868,291	14	スペイン	1,381,342
5	英国	2,988,893	15	メキシコ	1,294,690
6	フランス	2,829,192	16	インドネシア	888,538
7	ブラジル	2,416,636	17	オランダ	879,319
8	イタリア	2,141,161	18	トルコ	798,429
9	インド	2,048,517	19	サウジアラビア	753,832
10	ロシア	1,860,598	20	スイス	701,037

出典：World Bank, "World Development Indicators database," April 11, 2016, p. 1.

おける分析対象国は経済規模と国防予算のスケールに基づいて選定することが適当である。表 1-6 のとおり，世界銀行の 2014 年における世界各国の国内総生産（GDP）に関する統計において，分析対象とした 6 カ国はいずれも GDP 世界上位 10 位以内である。

同様に表 1-7 のとおり，ストックホルム国際平和研究所（Stockholm International Peace Research Institute: SIPRI）の統計において，6 カ国は 2014 年の軍事支出において世界上位 10 位以内である。経済的に大国であること，また軍事力に一定以上のリソースを投入している点から，対象となる 6 カ国とも「経済，軍事両面において大きなパワーを有する」と見なすことができる。

そして本書はこのような経済・軍事的規模という全体的な特徴において共通する 6 カ国の軍事戦略の差異と，その原因について明らかにするものである。これはヴァン・エヴェラ（Stephen Van Evera）が「事例の背景的な特徴が類似しているにもかかわらず研究変数（原因あるいは結果を探求している変数）の値が異なる事例を相互に比較し，それらの事例間に存在する別の差異を探求する」方法と説明する，ミル（John Stuart Mill）が提唱した差異法（Method of Difference: most similar systems design）の手法を満たすものと考えられる[19]。

19　Stephen Van Evera, *Guide to Methods for Students of Political Science*, Cornell University Press, 1997, p. 23.（スティーヴン・ヴァン・エヴェラ『政治学のリサーチ・メソッド』野口和彦・渡辺紫乃訳，勁草書房，2009 年。）

第1章　海洋戦略とは何を論じるものなのか

表1-7　軍事支出上位15カ国

順位 2015	順位 2014	国名	支出額（単位：10億米ドル）	全世界の支出に占める割合（％）	国内総生産に占める軍事支出の割合（％） 2015	国内総生産に占める軍事支出の割合（％） 2006
1	1	米国	596	36	3.3	3.8
2	2	中国	[215]	[13]	[1.9]	[2.0]
3	4	サウジアラビア	87.2	5.2	13.7	7.8
4	3	ロシア	66.4	4.0	5.4	3.5
5	6	英国	55.5	3.3	2.0	2.2
6	7	インド	51.3	3.1	2.3	2.5
7	5	フランス	50.9	3.0	2.1	2.3
8	9	日本	40.9	2.4	1.0	1.0
9	8	ドイツ	39.4	2.4	1.2	1.3
10	10	韓国	36.4	2.2	2.6	2.5
11	11	ブラジル	24.6	1.5	1.4	1.5
12	12	イタリア	23.8	1.4	1.3	1.7
13	13	オーストラリア	23.6	1.4	1.9	1.8
14	14	アラブ首長国連邦	[22.8]	[1.4]	[5.7]	[3.2]
15	15	イスラエル	16.1	1.0	5.4	7.5
上位15ヵ国計			1350	81		
全世界総計			1676	100	2.3	2.3

注：[ ] ＝SIPRI 推計。
出典：Sam Perlo-Freeman, Aaude Fleurant, Pieter Wezeman, and Ssiemon Wezeman, "Trends in World Military Expenditure, 2015," *SIPRI Fact Sheet*, Stockholm International Peace Research Institute, April 2016, p. 2.

　なお，ここまで示してきた経済力，軍事支出規模という条件を満たす国家として他にドイツ，フランスがあるが，英独仏ともNATO加盟国として集団防衛の枠組みの中で軍事力を発展させてきた経緯から，この3カ国をすべて取り上げて議論したとしても海洋領域における軍事戦略という観点からみて明快な相違点を見出す意義に乏しい。よって典型的な海洋国家と見なされてきた英国を選択した。

　軍事は作戦・戦術・技術だけでなく戦略レベルにおいてもしばしば秘匿され，アクセスが制限される。しかし本書の分析ならびにその引用元は公表された戦略レベルの公式文書，研究者による著作をはじめ，戦術・技術レベルにおいても一般に公開された資料であり，因果推論に必要な反証可能性を担保し，このために必要な観察可能な含意によって理論が形成されており，研究設計の妥当性においても問題はない[20]。

このような分析手法に従い，第2章ではケーススタディに向けて理論を整理するため，海洋領域における軍事戦略を制海，戦力投射，領域拒否という3つの構成要素に基づく分析枠組みで説明することの妥当性について明らかにする。次いで通常戦力を投射する際に生じる「距離の専制」といった概念に基づいて提示するとともに，「攻撃－防御」という従来軍事戦略において一般的に受け入れられてきた概念の問題性についても言及した上で理論レベルの考察を通じ得られた事項（major findings）を提示する。第Ⅱ部の第3章以降ではこれらの議論を踏まえ，一般的にシーパワーと見なされることが多い米国，英国ならびに日本の海洋領域における軍事戦略について分析を加え，引き続き第Ⅲ部の第6章以降では通常ランドパワーとして認識されるロシア，中国，インドを分析対象とする。そして分析対象となる6カ国について得られた結果に基づき，結論において海洋領域における軍事戦略と，その戦略目標ならびにこれを達成するための能力について比較検討する。

ところで，国家が海洋国家（シーパワー）であるのか，はたまた大陸国家（ランドパワー）であるのかという区別を試みたとしても，そこに厳密な定義は存在しない。たとえば米国は化石燃料や食糧などの自給率において中国よりも海外からの輸入，そして海上交通路に依存する割合は小さい。他方で海軍力の外洋展開に加え，世界各地におかれた米軍基地に依拠した前方展開を重視してきた点など，海外における影響力の行使の度合いから見てシーパワーである，と見なせる要素は数多く存在する。

他方，中国はランドパワーであるというイメージは一般的に強い。しかし20世紀末以降，中国は急激な経済発展の影響によって化石燃料の半分以上を海外からの輸入に頼り，その割合はさらに増加傾向にある。そしてその大半（2011年時点で輸入量の約78パーセント）が中東とアフリカからのものであり，さらにそのうち約80パーセントがマラッカ海峡を経ている[21]。このような観

20　G・キング，R・O・コヘイン，S・ヴァーバ『社会科学のリサーチ・デザイン——定性的研究における科学的推論』真渕勝監訳，勁草書房，2004年，22頁。（Gary King, Robert O. Keohane, Sidney Verba *Designing Social Inquiry: Scientific Inference in Qualitative Research*, Princeton University Press, 1994.）

21　Aaron Friedberg, *Beyond Air-Sea Battle: The Debate over US Military Strategy in Asia*, Routledge, 2014, p. 106.（アーロン・フリードバーグ『アメリカの対中軍事戦略——エアシー・

点から見ればいまや中国はシーパワーである，と論じることも可能である。そしてマラッカ海峡をはじめとする，中国にとり死活的に重要な海上交通路のほぼ全域は米国の軍事的影響下にある。したがって中国は米国の保持する，海洋における軍事的優越に対抗しようと海洋領域における軍事力を飛躍的に拡大させているのである。

　ところで，シーパワー，ランドパワーといった概念は軍事戦略領域のみならず歴史学，政治学，あるいは地政学といったさまざまな分野で用いられる。時にその語源は明確ではなく，またそれぞれの領域において多様な含意を有する。マッキンダー (Halford Mackinder) は古代ギリシャとペルシャの対立について，エーゲ海の支配を巡る「シーパワーとランドパワーが結びついたイシュー」(issue was joined between sea-power and land-power) である，とするが[22]，マッキンダーはアテネをシーパワー，ペルシャをランドパワーと見なしてこの2つの概念を対立的に論じる一方，何をもってシーパワー，あるいはランドパワーと見なすのか，という整理を行っているわけではない。

　また，シーパワーの概念を最初に提示したとされるマハンについても同様であり，「海上権力史論」序文において「本書は，とくにシーパワーがヨーロッパやアメリカの歴史の流れに及ぼした影響との関連において，欧米の一般史を検討することをその目的としている」と述べる一方で，シーパワーに関して明確な定義を示していない[23]。

　クロール (Philip Crowl) によれば「不幸なことに，マハンはいくばくかの正確性をもってシーパワーを定義することを怠った」と述べ，その結果マハンの著作において，シーパワーとは「①海軍力の優位に基づく海洋のコントロール，②海上貿易，海外権益あるいは国家に富と偉大さをもたらす海外市場への特権的なアクセス」という二通りの意味を持つ，と指摘した[24]。この説明における

　バトルの先にあるもの』平山茂敏監訳，芙蓉書房出版，2016年。)

[22] Halford Mackinder, *Democratic Ideals and Realty*, Henry Holt and Company, 1942, p. 35.（ハルフォード・マッキンダー『マッキンダーの地政学——デモクラシーの理想と現実』曽村保信訳，原書房，2008年。）

[23] アルフレッド・マハン『海上権力史論』北村謙一訳，原書房，1982年，1頁。(Alfred Mahan, *Seapower upon History: 1660-1783*, Little Brown, 1890.)

[24] クロールによれば，後年マハンは知人に宛てた手紙の中で「シーパワーという用語は衆人の耳目を引くために自分自身が考え出したものである」と述懐している。Philip Crowl, "Alfred

後者②は，軍事戦略の範疇をはるかに超えた広範な概念である。

このようにシーパワーとランドパワーという用語はさまざまな分野で使用される一方，個々の思想家などが直観的かつ曖昧に使用してきた背景があり，厳密な定義は存在しない。したがって本書ではシーパワーを「軍事戦略目標を達成する際，積極的に海洋領域を利用することを企図する国家」，同様にランドパワーを「軍事戦略目標を達成する際，積極的に海洋領域を利用することを企図せず，地上領域を主たる軍事的活動領域とする国家」と暫定的に規定して議論を進める。

結局のところ，その国家がシーパワーかランドパワーなのか，という議論は個々の文献等において著者の主観的かつ直観的な印象から完全に逃れることが困難であるだけでなく，分析対象となる分野と時代的な変遷に伴い，シーパワーであるのか，あるいはランドパワーなのであるかという評価は可変的である。しかしながら概念として曖昧であるにもかかわらず，「シーパワー」，「ランドパワー」という用語はさまざまな分野で特定の国家を説明する際に用いられてきた。そのため，本書ではシーパワー，ランドパワーといった分析対象国に対する一般的な印象，あるいは歴史学，経済学などにおける評価あるいは使用されてきた文脈とは別に，実証的な軍事戦略分析に基づく議論を通じて学術的貢献を図るものである。

Thayer Mahan: The Naval Historian," Peter Paret ed., *Makers of Modern Strategy: from Machiavelli to the Nuclear Age*, Princeton University Press, 1986, pp. 450-451.

第2章
海洋領域における軍事戦略の構成要素と分析枠組み

　第1章において冷戦期以来核抑止が原則として機能しており、その上で現代の軍事戦略における核心が高烈度の通常戦争にあると述べた。核レベルへのエスカレーションの可能性等を考慮すれば、とくに大国間で高烈度の通常戦争発生の蓋然性はきわめて低いといえるが、それは現代の軍事戦略において高烈度の戦争に対応し得る軍事力の必要性が低下しているからではない。核抑止の機能と軍事力の行使に関するハードルの高まりなどにより、むしろ通常戦力における抑止が軍事戦略の焦点になっており、各国がどの程度高烈度の戦いに耐え得る戦力を保有しているのか、という点が国際関係における各国国力の認識に大きな影響を与える。したがって高烈度通常戦争を念頭に置いた戦力組成は通常戦争における優劣にとどまらず、低烈度の対立や紛争、あるいは平時の国家実行における軍事力の運用に対して大きな影響を及ぼしていることを意味する。

　本章では海洋領域における高烈度の通常戦争を念頭においた軍事戦略を検討するため、領域拒否、制海、戦力投射という3つの概念に基づく分析枠組みを提示するとともにその妥当性について論じる。このため、まず分析枠組みについて示したのち、従来の海洋領域における軍事戦略に関わる主な海軍戦略等（以後、総称して「シーパワー論」という）について検討を加え、その問題点を論じたのちに前提仮定を踏まえた「通常戦力による抑止」、「軍事力使用のハードル」、「距離の専制」そして「攻撃－防御二元論に対する批判」といった関連事項を論じ、本書の分析枠組みの妥当性を明らかにする。その上で第1章ならびに本章における理論レベルの考察を通じ得られた事項（major findings）を

提示する。

1　従来のシーパワー論とその問題点

　実際のところ，これまでシーパワーを論じてきた戦略家の数は多くなく，そしてその大半はマハンとコーベットという19世紀末から20世紀初頭における2人の議論を敷衍したものであった。下記はスローン（Elinor Sloan）による，冷戦後シーパワーを論じた人々に対する評価である[1]。

> 冷戦後，シーパワーにおける戦略思想に関与してきたのはごく一部の人々である。彼らはジェフリー・ティル（Geoffrey Till）のような研究者，ロバート・ワーク（Robert Work）といったアナリスト，そしてチャールズ・クルラック（Charles Krulak），アーサー・セブロウスキー（Arthur Cebrowski），あるいはマイケル・マレン（Michael Mullen）などといった実務者（軍人）である。彼らの発想は，シーパワー論の歴史において最も著名な，アルフレッド・セイヤー・マハンとジュリアン・コーベットの思考を現代化，洗練することで議論を発展させてきた。海洋領域における冷戦後の戦略思想というのは，この2人のどちらかの考え方を主に採用するか，もしくはある程度両者の考えを取り入れながら，それ以前の時代の不完全な洞察において欠落してきた部分を埋めてきたのである（（　）内及び傍点は引用者による，以下同）。

　海洋領域における軍事戦略は，しばしば海軍という単一の軍種の用法に関する，いわゆる海軍戦略として語られてきた。これは限られた沿岸部，あるいは狭隘な海峡といった地理的な例外を除き，地上戦力は有史以来，その大半において大洋を航行する艦船を攻撃することが不可能であったため，そもそも海洋領域に他軍種がコミットできなかったことによる[2]。第二次世界大戦前後，航

---

[1] Elinor Sloan, *Modern Military Strategy: An Introduction*, Routledge, 2012, p. 16.（エリノア・スローン『現代の軍事戦略入門──陸海空からサイバー，核，宇宙まで』奥山真司・関根大助訳，芙蓉書房出版，2015年。）

空機による長距離爆撃が可能となり、冷戦期に長射程の巡航ミサイル等が開発されたが、それまでの間、いかなる巨砲であれ、砲熕武器の射程はせいぜい数十キロメートルにすぎなかったのであり、洋上の敵艦船に干渉することは物理的に不可能であった。逆に洋上にある艦船の立場から見た場合、歴史の大半を通じ、艦船の攻撃目標とは同じく洋上を航行する敵国の艦船もしくは商船であった。マハンが日露戦争における旅順攻防戦を引用しつつ「攻撃の主体となるべき艦艇は、周知のとおり要塞に対しては不利な立場に置かれる」と述べたとおり[3]、地上の堅固な要塞は、海上に浮かぶ艦船の脆弱性からして原則的に攻撃目標となり得なかった。

したがって、海洋領域と地上領域の軍事戦略はその出発点以来おおむね別個に発展し、一部の例外を除いて密接に関連づけられることはなかった。このため、マハンの思想は平時には本国と植民地の間を結ぶ海上交通路の保護を、戦時においては敵艦隊を撃破することに主眼を置くことで海洋の支配、すなわち制海を一義的な目的とした。一方でコーベットはマハンの主張に「制海を達成した状況など原則としてあり得ない」といった批判を加えるとともに「制海を確保した後の作戦」すなわち遠征軍の上陸作戦など、海から陸に対していかにパワーを投射するのか、という命題を重視した。結果的にこれまでのシーパワー論はマハン的な「海洋領域内の『制海』を追求する」のか、あるいはコーベットの主張する「海洋から地上へのパワーの指向」が重要なのか、という二元論に近い議論に終始する傾向が強い。現代においても、特定のシーパワーを論じる際にしばしば「それはマハンかコーベットか」という視座に基づく議論がみられる。米海軍大学（US Naval War College）のホームズ（James Holmes）とヨシハラ（Toshi Yoshihara）は21世紀における中国の海軍戦略に関し、「マハンのシーパワーに関する著作と研究が中国の海軍戦略発展を理解する際に必要

2　近世以来、国家の管轄権が及ぶ範囲である領海と、特定の国家に属さない公海の境界を検討する際、「陸上の支配が及ぶか否か」が論点となった。これを判断する指標として陸上からの砲撃距離が影響を及ぼしてきたとされるが、その結果長きにわたり領海とは沿岸から3海里（約5.5キロメートル）であるとする説が主流であった。これは領海に関する「着弾距離説」と呼ばれ、「陸上の権力は武力の尽くる所に尽く」という発想に基づく。島田征夫「19世紀における領海の幅員問題について」『早稲田法学』第83巻第3号、2008年、44頁。

3　アルフレッド・マハン『マハン海軍戦略』井伊順彦訳、戸高一成監訳、中央公論新社、2005年、394頁。（Alfred Mahan, *Naval Strategy*, Little Brown, 1911.）

不可欠のフレームワークを与えている」という主張を主な仮説として議論を展開する[4]。

このようにシーパワーを主に制海と戦力投射という二元論で捉えてきた背景として、マハン、コーベットを含むシーパワー論の大半は、英国および米国の歴史を議論の対象としてきたことが挙げられる。英国および米国は海洋領域を通じて自国領土に対し他の大国から継続的な脅威を受けた経験に乏しく、本土防衛と密接に関連する自国の領域拒否能力に資源配分する必要性が低かったため、結果的に領域拒否に関する理論が発展しなかったと推測できる。

また第二次世界大戦以降、その米国が海洋において軍事的優越を維持してきたことにより、米国の視点に基づいたシーパワー論が支配的な影響を及ぼした結果、そもそも海洋領域を中心とする軍事力の使用に関するもう1つのケース、すなわち「地上と沿岸域から海洋に対するパワーの指向」はシーパワー論として認識される機会に乏しかった、とも考えられる。しかしながら領域拒否とは元来「自国領域の防衛」に関わる、軍事力において最も本質的な要素である。これを十分に考慮することなく、これまでシーパワー論はその大半が「海軍は何をなすべきか」という単一軍種の戦略、あるいは海軍の役割を説明することに終始してきた。このような点において、従来のシーパワー論は海洋領域の軍事戦略として包括的な議論がなされてきたとはいえない。

20世紀における技術の進展、すなわち航空機の発展、火砲や弾薬の進歩に伴う射程の延伸と破壊力の強化などにより海洋領域と地上領域の軍事戦略は相互に影響を与えることが可能になった。航空母艦から発艦した攻撃機、あるいは水上艦艇から発射された巡航ミサイルは火砲を大きく超える行動半径を持ち、内陸部を打撃することが可能である。逆に陸上航空基地から発進する攻撃機、あるいは長射程の巡航ミサイルは水平線のはるか彼方の敵艦船を直接打撃する能力を持つ。したがって冷戦中期以降、地上戦力が洋上のほとんどあらゆる海

---

4 James Holmes and Toshi Yoshihara, *Chinese Naval Strategy in the 21st Century: Turn to Mahan*, Routledge, 2008, p. 5. その後、さらにホームズとヨシハラは「近年、中国海軍はマハンとコーベットの理論の両方を採用している」という論文を発表している。この中で、「米海軍大学において、われわれはしばしば学生に対しマハンとコーベット、いずれの理論を支持するのかを問う」と述べる。James Holmes and Toshi Yoshihara, "China's Navy: A Turn to Corbett?," U. S. Naval Institute, *Proceedings*, Vol. 135, No. 12, December 2010, p. 44.

域における海洋戦力を直接打撃することは，原理的には可能である。

これらの長距離精密攻撃力の実効性をより高めたのは，レーダー，高高度偵察機，人工衛星そして無人機といった捜索アセットの発展と，正確な情報共有を可能とする，現在C4ISRと呼ばれる情報通信能力の発展である。ギャディス（John Lewis Gaddis）は，核抑止は核兵器の破壊力を唯一のメカニズムとして機能してきたわけではない，と述べる。核抑止は核兵器自体に加え，核兵器を地球上のどこにでも運ぶことを可能としたテクノロジーが奇襲攻撃の危険性を低下させるという役割を果たし，さらに敵の能力について過去と比べ非常に多くを知ることが可能になった結果であり，これらが抑止の機能に必要な自己調節をもたらした，とする。すなわち核抑止は長距離爆撃機やミサイルといった運搬手段と，高高度偵察機や人工衛星などによって相手の核ミサイルサイロ，指揮通信設備あるいは重要な工場といった戦略目標を正確に把握することが可能となった「偵察革命」（reconnaissance revolution）によって初めて有効に機能した，ということになる。ギャディスはこの偵察革命について，以下のとおり記している[5]。

米国人やロシア人がお互いの意図を識別する技術が向上した，というような馬鹿げた話ではない。米国のグレナダ侵攻についてモスクワは驚き，同様にソビエトのアフガニスタン侵攻にワシントンは驚いた。自身の振る舞いについて完全に論理的であると見なしていても，相手から見て全く不可解でしかない，という様相は冷戦全体を通じ不変である。しかし，過去20年間にわたり，これまでの大国間の関係に関わる歴史上類を見ないほどのレベルで相手の能力を評価するだけの能力を有している。

その結果，ギャディスは「このインテリジェンス活動の結果，奇襲先制攻撃の公算は全くなくなった，というわけではないものの，少なくとも超大国の間でこれが生起する可能性はきわめて低くなった」と論じる[6]。技術的発展によ

---

5 John Lewis Gaddis, *The Long Peace: Inquiring into the History of the Cold War*, Oxford University Press, 1987, p. 232.（ジョン・ギャディス『ロング・ピース——冷戦史の証言「核・緊張・平和」』五味俊樹ほか訳，芦書房，2002年。）

る軍事戦略の変革は歴史上たびたび生起し、画期的な軍事技術が戦略環境を変革する、いわゆる「軍事における革命」(Revolution in Military Affairs: RMA) が生起してきた。クレピネヴィッチ (Andrew Krepinevich) は、14世紀の百年戦争において歩兵戦闘に関する発展が重騎兵を駆逐するという事象が発生して以降、20世紀半ばにおける核兵器の誕生まで10回の軍事における革命が生起した、と論じる。そして11回目として「冷戦期と比較して、軍事力はより正確、広域そして短時間において探知・識別・追尾・交戦する能力を保有する」ようになった現代が該当する、と主張する[7]。

冷戦中米ソ両大国のみが保持してきたC4Iシステムなど先進軍事技術の多くが冷戦後各国に拡散した結果、多くの国家が通常戦力の近代化を進め、これに関連して地上戦力は洋上の海洋戦力について従来考えられなかった正確性で情報を収集し、捜索、捕捉、追尾そして攻撃が可能となった。つまり20世紀半ば以降、それまで相互に干渉する機会に乏しかった地上戦力と海洋戦力が密接に関わりあう作戦環境が現れたと考えられる。このため、現代の海洋領域の軍事戦略は従来の「海洋完結型」(制海) あるいは「海から地上へのパワー投射」(戦力投射) に加え、「地上とその沿岸域から海洋へのパワー投射」(領域拒否) という3つの分析枠組みで議論することが適当なのである。表1-8は第1章で示した分析枠組みの再掲である。

一般的に第二次世界大戦後、世界の海洋における優越は、原則として冷戦下の同盟国である英国から米国へと、比較的平和裏に移行した。冷戦初期のソビエトが保有していた海空戦力は自国の沿岸防備を超えて外洋に指向し得るものではなく、海洋領域において米国に対抗し得るレベルになかった。また、米国はその地理的条件から他国による大規模攻撃を想定する状況になく、自身の領域拒否を発展させる必要に乏しかった。したがってソビエト海軍が核抑止と相互確証破壊における重要な役割を果たすこととなった結果、海洋領域における軍事力が著しく発展し、米国に対して有効な領域拒否が可能となる冷戦中期まで、海洋領域における軍事戦略とは従来のシーパワー論における「制海もしく

---

6 Ibid., p. 233.
7 Andrew Krepinevich, "Cavalry to Computer: The Pattern of Military Revolutions," *The National Interest*, No. 37, Fall 1994.

第 2 章 海洋領域における軍事戦略の構成要素と分析枠組み

表 1-8 海洋領域における軍事戦略を構成する 3 要素（表 1-1 再掲）

構成要素	目的	パワーの指向方向
領域拒否	海洋を通じて自己領域にもたらされる脅威の排除	陸・沿岸 ⇒ 海
制海	海洋における敵の排除と，自己の行動の自由の確保	海 ⇒ 海
戦力投射	他国領域に対する影響力の行使	海 ⇒ 陸・沿岸

出典：著者作成

は戦力投射」という文脈でおおむね問題はなかった。

しかし1980年ころまでにこの状況が変化し，とりわけ極東戦域でオホーツク海の「海洋要塞戦略」を発展させる過程で領域拒否，制海，戦力投射という3つの分析枠組みによって分析するべき必要性が生じた。そして2010年ころ以降顕著となった中国の海洋進出に伴う日米中の関係は，冷戦後期における日米ソの関係と同様，領域拒否，制海，戦力投射の枠組みで説明することが適当なのであり，この2つのケースを通じ，本書の主張する分析枠組みの妥当性が検証できる。

また，この分析枠組みは海洋領域における軍事力を，おおむねそのパワーの指向方向と有事における使用目的によって区分することを試みている。従来のシーパワー論は大きく分けて2つの傾向を持つ。その1つ目がマハンとコーベットの古典理論に端を発する，「特定国家が，どの程度海洋を支配しているのか」という海洋支配の程度に関する議論であり，支配の度合いに応じて「制海」，あるいは「海洋拒否」といった状況を説明するパターンである。もう1つが平時の外交・警察的機能と有事における純軍事的機能について，シーパワーの使用目的を列挙してゆくというものである。

2　分析枠組みの導出過程（1）：冷戦後期の極東戦域

1979年，ソビエトがアフガニスタンで成立した社会主義政権を支援するために軍事力を展開することで東西陣営間の対立は再び激化し，いわゆる新冷戦と呼ばれる時代となった。このころまでにソ連海軍は海中発射型弾道ミサイル（submarine-launched ballistic missile: SLBM）とこれを運用する戦略原潜（SSBN）を実用化していた。地上の固定サイロに格納された大陸間弾道ミサイル（inter-continental ballistic missile: ICBM）と比較して，海中で隠密裏に行動し，かつ機動性に富む戦略原潜は，その残存性，抗堪性ゆえに核抑止を確実なものとする「第二撃能力」（second strike capability）として，きわめて重要なアセットである。その結果ソ連海軍は沿岸防備による地上軍の補助的役割から，戦略軍種へと位置づけが変化した。ゴルシコフ（Sergei Gorshkov）ソ連海軍元帥は「海軍の特殊性は，そのすぐれた機動性と，密かに集中し，敵の意表を衝いて強力な戦闘隊形を形成し得る能力にある」と述べる[8]。

　すなわち，ソ連海軍の戦略原潜は米国の第一撃から残存し，確実な反撃を加えることが期待されたのであり，その懲罰的抑止力は米ソ間の戦略的安定を維持するために最も重要なアセットであると見なされた。ゴルシコフ元帥によれば「ソ連共産党中央委員会の意思によってわが国では海洋艦隊建設の方針が採用された。この艦隊の中心は各種任務の原子力潜水艦」である[9]。

　そしてソ連海軍は戦略原潜の戦略パトロールエリアを確保するため，欧州戦域では北海及びバレンツ海，極東戦域ではオホーツク海を平時からコントロールすることを重視し，優勢な米海軍を中心とする西側海空戦力の脅威から戦略原潜を防護することが必要であった。このためソ連海軍は4つの艦隊のうち，北海艦隊と太平洋艦隊を継続的に強化したが，戦略原潜の防護戦力は主として攻撃型原潜（SSN），あるいは長距離攻撃機及び水上艦艇とこれらが装備する長距離巡航ミサイル等から構成されていた。一般的な大型水上艦艇の任務とは，外洋において自国の海上交通路を保護し，有事において敵海洋戦力を撃破すること，すなわち制海である。しかしソ連海軍ではゴルシコフの「潜水艦の行動に対する（航空機および）水上艦による支援」という表現にみられるとおり，水上戦闘艦艇を領域拒否の構成アセットとして運用する傾向が強い[10]。

　したがって戦略原潜の防護と，これの行動エリアに対する米海軍戦力の進入を阻止することが戦略軍種としてのソ連海軍の主任務であり，このようなソ連海軍の軍事力建設の主たる方向性は「海洋拒否」（sea denial）と呼ばれたが[11]，

8　セルゲイ・ゴルシコフ『ゴルシコフ ロシア・ソ連海軍戦略』宮内邦子訳，原書房，2010年，3頁。
9　同上，248-249頁。
10　同上，249頁。
11　Roger Barnett, "Soviet Maritime Strategy," Colin Gray and Roger Barnett eds., *Seapower and*

これは本書が定義する領域拒否と原則的に同義である。海洋拒否を遂行する主なアセットとは「（攻撃型）原潜，水上艦艇，ミサイル搭載もしくは対潜航空戦力，海軍陸戦隊あるいは沿岸配備のミサイル砲兵部隊」である[12]。ソ連海軍は 1970 年代後半までに空母以外の艦艇について数的に米海軍を凌駕し，さらに Tu-122 バックファイア（Backfire）のような超音速長距離爆撃機といった強力な航空アセットの実用化を進めており，その領域拒否能力は米軍の作戦行動を大きく阻害し得るレベルに達していたと考えることができる[13]。

冷戦後期の極東戦域における，ソ連の海洋領域を中心とした軍事戦略は，戦略原潜の行動エリアを保全することを最重要視したことから要塞を意味する「バスチョン」すなわち「海洋要塞戦略」(maritime bastion strategy）と呼ばれ[14]，有事に際してこの閉鎖された海域を攻略し得る能力を確保することが，米国はじめ西側諸国にとり優先順位の高い戦略目標となった。1980 年代初頭，米海軍は「海洋戦略」（Maritime Strategy）を採用したが，そこではソ連が戦略的に重要な海域をコントロールするだけでなく，その周辺海域においても米国とその同盟国の軍事力に対して行使する強力な領域拒否をいかに突破するのか，ということに重点が置かれていた。図 1-1 は 1984 年版の海洋戦略における，ソ連の海洋拒否能力に関する地理的な認識が示されている。当時米海軍はソ連軍が自国周辺海域において「制海」(sea control）を達成し，そのシー・コントロールエリアの外縁およそ 2000 キロメートルに及ぶ海域で海洋拒否を遂行可能である，と認識していた。

なお，「海洋戦略」が示すソ連の「制海」とは，オホーツク海，北海，バレンツ海あるいは北極海といった地理的・気候的に閉鎖された海域を排他的に使用する状態を示している。これは特定海域を，その外縁において遂行する海洋拒否以上に強力な状態で占有する，という地上領域における特定領域の占拠に類似した意味合いを強く持つ。したがってこれは他のシーパワー論においてし

Strategy, US Naval Institute Press, 1989, p. 314.
12　Ibid, pp. 319-320.
13　吉田真吾「『51 大綱』下の防衛力整備――シーレーン防衛を中心に，1977-1987 年」『国際安全保障』第 44 巻第 3 号，2016 年 12 月，37 頁。
14　Michael MccGwire, *Military Objectives in Soviet Foreign Policy*, The Brookings Institution, 1987, p. 171.

図1-1 冷戦後期におけるソ連の領域拒否

■ 占有する海域
▨ 相手を拒否できる海域
▩ 米国の同盟国／前方展開する地上・空軍

出典：John Hattendorf and Peter Swartz eds., "The Maritime Strategy, 1984," *U. S. Naval Strategy in the 1980s: Selected Documents*, U. S. Naval War College Newport Papers 33, 2008, p. 61.

ばしば使用される，外洋における自国の優越と海上通商，海洋資源開発等における「海洋利用の自由」といった文脈における「制海」とは意味するところが異なる。詳細は後述するが，ソ連の海洋領域における軍事戦略とは優勢な米海軍部隊の自国領土近傍への進攻をいかに拒否するのか，ということを主眼においていた。このためソ連の海洋要塞戦略にみられる閉鎖海の占有について，従来の文献等で「制海」と定義されていたとしても，本書の分析枠組みにしたがって区分した場合，これは制海ではなく，領域拒否の範疇に含めることとなる。

このような広大な領域拒否領域を確保するため，欧州戦域においてソ連海軍はグリーンランド，アイスランド，英国で囲まれるエリア（GIUKライン）を超えてNATO海洋戦力が侵入することを阻止するとともに，ソ連潜水艦は逆にGIUKラインを突破し，大西洋の開かれた海域においてNATO側の海上交通を遮断すると考えられた[15]。

---

15 この結果，タングレディ（Sam Tangredi）によれば冷戦中期では米国とその同盟国がソ連潜水艦の進出に対して領域拒否を実行する必要があったとし，これを米英による「アクセス阻止」（anti-access）であると説明している。Sam Tangredi, *Anti-Access Warfare: Countering A2/AD*

第 2 章　海洋領域における軍事戦略の構成要素と分析枠組み

図 1-2　ソ連の海洋要塞戦略

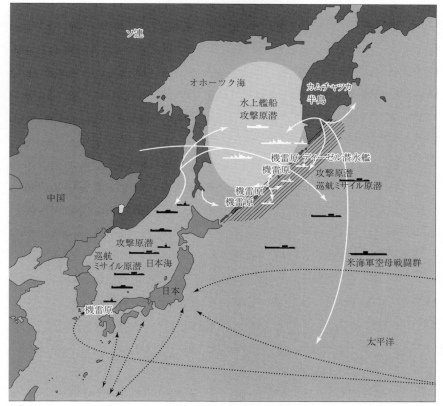

出典：US Department of Defense, *Soviet Military Power: Prospect for Change*, 1989, US Government Printing Office, 1989, p. 116.

　一方で極東戦域においては米海洋戦力のオホーツク海に対する進入を阻止するため、ソ連海空戦力は有事に際してカムチャツカ半島からアリューシャン列島を超える広域に展開すると予想されていた。図 1-2 は冷戦末期の、極東戦域における米ソの作戦と部隊の展開に関するイメージである。
　この図ではカムチャツカ半島の潜水艦基地から西太平洋へソ連原潜が展開す

るとともにソ連内陸部から長距離爆撃機が進出し、日本海ならびにオホーツク海南側にウラジオストクから進出した水上艦艇部隊が展開する状況が示されている。また、アリューシャン列島と対馬周辺海域などに機雷が敷設され、米海軍空母戦闘群（CVBG）などの進入を拒否する態勢がとられていた。

　1970年代末、米国はヴェトナム戦争の終結に伴う米国内の厭戦気運、あるいは「同盟国の安全保障は一義的にそれぞれの国家において責任を負うべき」とする、いわゆる「ニクソン・ドクトリン」などにみられるとおり、軍事的プレゼンスを相対的に低下させている、と見なされていた。ソ連の軍事力強化と米国の相対的な軍事プレゼンスの低下を補完するため、欧州戦域においてはNATO構成諸国の国防予算拡大が求められ、極東では経済的に発展した日本に対し「応分の負担」が期待されたが、日米間の役割分担に関する形態は、いわゆる「盾と矛」と呼ばれる、米国が攻撃的な戦力を運用し、日本は防御的な戦力に限定して防衛努力を行う、というアイデアに基づくものであった。1976年（昭和51年）に策定された「防衛計画の大綱」（51大綱）では米国が核戦力を中心とする拡大抑止を提供することが期待されていた[16]。そして米国は核戦力だけでなく、「日本から離れた遠洋におけるSLOC確保、および攻勢作戦（米第7艦隊の空母戦闘群などの戦力投射によるソ連軍基地への打撃や、オホーツク海要塞化の阻止と戦略原潜への攻撃）を担う」ことが想定されていた[17]。その一方で日本は防空と対潜作戦を中心に、日本周辺海域で防勢作戦を担当することを念頭に、1980年代後半には防空戦闘機（F-15J）、哨戒機（P-3C）、イージス戦闘システム搭載護衛艦といった先進的装備の導入が計画された[18]。

　日米間の防衛力役割分担に関する協議を通じ、日本の重視すべき方針とは一般に「シーレーン防衛」と呼ばれ、鈴木善幸政権のもと「日本本土周辺数百海里の海域と、1000海里のSLOC防衛」、いわゆる「1000海里シーレーン防衛」というスローガンが提示された。しかしながら、そのような広大な海域において日本が独力でソ連太平洋軍を完全に排除する、ということは現実的ではなく、

16　『防衛計画の大綱』、昭和51年10月29日国防会議決定、同日閣議決定、第三項。
17　吉田「『51大綱』下の防衛力整備」、37頁。
18　防衛庁編『昭和61年版　防衛白書』大蔵省印刷局、1986年8月、123, 134頁、及び同『昭和63年版　防衛白書』、1988年9月、123頁。

実態として自衛隊は海上自衛隊が洋上防空と広域対潜戦能力によって米国の制海を補完する役割を果たしたほかは，基本的に有事に際しオホーツク海防衛の領域拒否戦略の一環として日本海から北西太平洋において防衛圏の構築を図るソ連軍の展開を阻止することで米軍の来援基盤を確保し，その後米軍による戦力投射を容易ならしめることを企図していた。このような思考に基づき，海上自衛隊は宗谷，津軽，対馬という海峡においてソ連水上艦艇及び潜水艦を阻止することを重視し，航空自衛隊については日本周辺空域を経て太平洋に進出するソ連空軍機に対する防空作戦を主要任務とした。また，陸上自衛隊はソ連地上軍を内陸奥深くに引き込んで持久戦に持ち込むという「内陸持久戦略」を転換し，「北方前方防衛」戦略，すなわち宗谷，津軽海峡と北海道北部の防護と，地対艦ミサイル部隊の導入などによる水際防御を重視することとなった[19]。図1-3が示すとおり，北海道ならびに宗谷，津軽海峡はソ連の海洋要塞戦略における「内部防衛圏」の要衝にあたると認識されていた。

当時の日米防衛当局では，米空母戦闘群による攻勢作戦が日本防衛に不可欠であるにもかかわらず米軍来援の困難性が問題となっていた。すなわちソ連海空戦力が高密度に展開した場合には空母戦闘群をはじめとする米軍は一度脅威圏外へと後退することを余儀なくされる可能性が認識されており[20]，米軍が戦力投射を発揮するためには，対ソ戦初期において日本が領土および周辺海域においてソ連海空戦力をいかに排除し，コントロールできるのか，という能力に依存する部分が大きかった。

このような日米間の役割分担は，日本が安全保障，防衛政策の原則とする「専守防衛」すなわち戦略守勢にとどまるという，一義的に政治的な要因に基づく。一方で軍事戦略の観点から見た場合，「米国の制海と戦力投射」に対抗する「ソ連の領域拒否」，そして「米国の制海，戦力投射を発揮させる拠点を確保するために実行する日本の領域拒否」という構図として理解することができる。ハワイ以西の西太平洋は，地理的に見て日本のほかに人的，あるいは産

---

19 当時，日米ではソ連が海洋要塞戦略のため，主として宗谷，津軽海峡のコントロールを目的として北海道北端への地上侵攻を行う可能性について議論されていた。西村繁樹「日本の防衛戦略を考える──グローバル・アプローチによる北方前方防衛論」『新防衛論集』第12巻第1号，1984年，63頁。

20 吉田「『51大綱』下の防衛力整備」，39頁。

第Ⅰ部　海洋戦略の理論的視座

図1-3　ソ連の海洋要塞戦略に関する日本側の認識

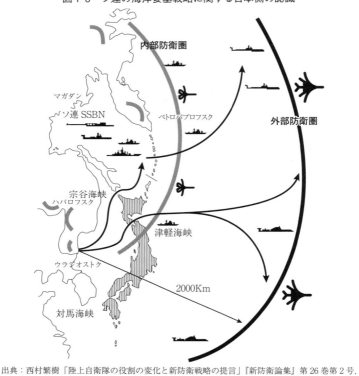

出典：西村繁樹「陸上自衛隊の役割の変化と新防衛戦略の提言」『新防衛論集』第26巻第2号，1998年，4頁

業・技術基盤までを含む大規模かつ高度な基地機能を維持できる場所はなく，他はグアムをはじめ，いずれも一時的な食糧，燃料等の補給以上の機能を持たない。「海洋要塞戦略」というソ連の強力な領域拒否戦略を攻略するためには米国が戦力投射を発揮する必要があるが，被攻撃のリスクを低減するためにアウトレンジを図った場合，後述する「距離の専制」によって通常戦力の投射能力は進出距離に反比例して低下する。これを克服するためには，有事における被攻撃のリスクを引き受けつつ，日本本土とその周辺海域において日本もしくは米国が領域拒否戦略を遂行してソ連の影響力を排除することが不可欠であった。

すなわち，日本を拠点とする領域拒否が機能することによって初めて米国の攻勢作戦，すなわち制海と戦力投射の実施が可能となる公算が高まるのであり，領域拒否からアウトレンジし，遠洋から制海と戦力投射を直接実施することは想定される損害が拡大するために結果が受容しがたいという点に加え，投射可能なパワーが距離に比例して低下するために作戦が成功する公算が低下するということになる。

3　分析枠組みの導出過程（2）：21世紀のアジア太平洋

急速な経済発展と比例して軍事力の近代化を進めてきた中国が，「A2/AD戦略」と呼ばれる領域拒否を発展させており，アジア太平洋地域における米国の軍事的優越に挑戦しているという認識が一般化したのは2000年代後半以降である。米国のシンクタンク，ランド研究所（RAND Corporation）は2007年に公表したレポートにおいて中国は米国に正面から挑戦するのではなく，奇襲先制攻撃能力を向上させ，米軍の脆弱性を衝く「アクセス阻止戦略」（anti-access strategy）を採用する，としている[21]。

1991年に勃発した湾岸戦争において，米国をはじめとする有志連合がイラクに対して発揮した軍事的優越，あるいは1996年の台湾海峡危機において米海軍が台湾周辺に展開させた空母打撃群に対し，中国人民解放軍（People's Liberation Army: PLA）が有効な対抗措置を保有していなかったことが「ハイ・テクノロジー局地戦争」（high-technology local wars）において勝利するためのPLA改革を惹起した。それは主としてC4ISRの近代化を軸として進展するとともに自国領域内への他国の「アクセス阻止」を主眼として進められてきたが，ランド研究所のレポートにおいて，「アクセス阻止能力」とは米軍を正面から打倒するものではなく，米軍の作戦行動に大きなコストを強要するものであり，米軍の対中軍事カードを無効化することによって米国の課する抑止を破綻させることを目的としている，と見なしている[22]。

21　Roger Cliff, Mark Burles, Michael Chase, Derek Eaton, and Kevin L. Pollpeter, *Entering Dragon's Lair: Chinese Antiaccess Strategies and Their Implications for the United States*, RAND, 2007, pp. 27-28.

PLAのA2/AD戦略とは、冷戦後、米軍が世界において軍事的優越を維持する基盤である前方展開戦力と、空母打撃群ならびに強襲揚陸艦艇からなる遠征打撃群を中心とする遠征軍という、2つの戦力投射基盤の機能を阻害することが戦略目標であると考えられる。下記は2013年5月に米国防省が公表した「エアシーバトル構想」関連文書が示す、A2/ADに関する定義である[23]。

A2：友軍の戦域内への展開を遅延させ、あるいは本来望ましい位置よりも遠方から作戦させることを意図した活動であり、戦域への機動に影響する。

AD：敵対者が（当方の）アクセスを阻止できない、あるいは阻止しないであろう戦域において、友軍の作戦を妨害することを意図した行動であり、戦域内の機動に影響する。

ここまで示してきた中国のA2/AD戦略を整理すると、それは空母打撃群など、米国の保有するアセットとは非対称の戦力をもって米国の戦力投射を拒否することを戦略目標としている。その概念は相当の部分において冷戦期のソ連海洋要塞戦略に共通するとともに本書の分析枠組みにおける領域拒否に該当する。

ところで、冷戦終結直後の米国において、すでに一部の軍事専門家は、潜在的敵対国がソ連に引き続いて領域拒否戦略を採用した場合に米国の戦力投射が阻害されるリスクについて認識していた。米国防省ネットアセスメント局は1992年の段階で「マルタ、シンガポール、スービック湾、クラーク空軍基地、ダーランなど、巨大で無秩序に広がる複合体である前進基地は、貴重な資産ではなく、大きな負債になるだろう。（中略）第三世界の国々がかなりの数の長距離攻撃システム（弾道・巡航ミサイル、高性能爆撃機など）やはるかに効果的な軍需品（スマート爆弾、核兵器、化学兵器、生物兵器など）を手に入れれ

---

22 Ibid, pp. 21-22. 当該レポートでは湾岸戦争を契機として、「ハイ・テクノロジー」という用語がPLAで公的に使用されることとなった、とする。

23 Air-Sea Battle Office, *Air-Sea Battle: Service Collaboration to Address Anti-Access & Area Denial Challenges*, May 2013, p. 2.

ば，これらの基地は格好の標的になる」と予測するとともに，1991年の湾岸戦争で戦力投射を発揮した空母打撃群などに関して「従来型の輸送特殊部隊や水上戦闘群は，強引な侵入作戦の槍の先端として機能する機動力もステルス技術も持たない」とし，先進的な領域拒否戦略に正面から対峙できないと分析していた[24]。

しかしながら1990年代から2010年ころまでの間，このような指摘に対応して米国防省，あるいは米軍が組織全体として積極的に対応したとは考えられない。フリードバーグ（Aaron Friedberg）は「多くの軍事的分野において米国が大きな優位を維持しており，当初から中国の軍事力拡大の深刻性，重要性に関する認識が甘かったことなどが重なり，中国の軍事力拡大への対応に関し，しばらくの間緊急性は認識されていなかった。（中略）もし「9.11」テロ攻撃（とこれに続いた2つの大きな戦争）あるいは2008年の金融危機がなければ，中国の変化に対し，米国はより速やかに対応していたことは間違いない」と述べる[25]。

米国が主として中東におけるテロとの戦いに集中する一方で，米中は経済的には相互依存関係にあったことから，中国の軍事的発展とその影響が米国の安全保障関係者の中で最優先の課題であると認識されていたとはいえない。そのため，中国の軍事力に関する分析と対応は，PLAの軍事力がさらに発展し，中国の強硬な外交姿勢がより鮮明になった2010年前後まで限定的であった。現に米国内で中国の軍事的発展に関心が高まり，米国防省が議会に対し，PLAの軍事力発展に関する年次レポートを提出するのは2010年会計年度以降のことである[26]。

その間，PLAはA2/AD戦略を飛躍的に発展させてきた。図1-4のとおり，ランド研究所によれば2007年時点で「ドラゴンの棲家」，すなわちPLAのア

---

[24] 当該分析は当初ネットアセスメント局内の非公表文書であった。Andrew Krepinevich and Barry Watts, *The Last Warrior: Andrew Marshall and the Shaping of Modern American Defense Strategy*, Basic Books, 2015, pp. 208-209.（アンドリュー・クレピネヴィッチ，バリー・ワッツ，『帝国の参謀——アンドリュー・マーシャルと米国の軍事戦略』北川知子訳，日経BP社，2016年。）

[25] Friedberg, *Beyond Air-Sea Battle*, p. 13.

[26] US Office of the Secretary of Defense, *Annual Report to Congress: Military and Security Developments Involving the People's Republic of China*, 2010.

図1-4　2007年時点における中国の領域拒否圏

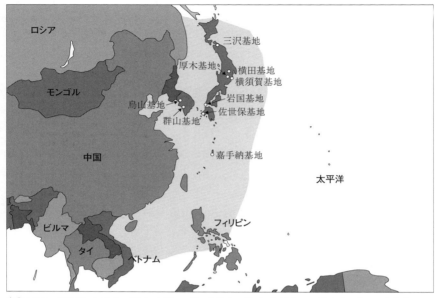

出典：Roger Cliff, Mark Burles, Michael Chase, Derek Eaton, Kevin L. Pollpeter, *Entering Dragon's Lair: Chinese Antiaccess Strategies and Their Implications for the United States*, RAND, 2007, pp. 111-113.

クセス阻止能力はおおむね中国沿岸部から1500キロメートル圏内で確立され，本州のほぼ全土，南西諸島，台湾ならびにフィリピン諸島の北半分が含まれる，とする。したがって日本国内に所在する米軍の前方展開基地は，そのすべてがPLAの領域拒否圏内に入ることを意味するが，これらはアジア太平洋地域において代替させる拠点が存在せず，また「距離の専制」から逃れて戦力投射を発揮するためには，冷戦後期におけるソ連領域拒否と同様，被攻撃のリスクを受容した上で対応手段を講じることによって今後も維持する必要がある。

　このようなA2/AD戦略を構成する具体的要素として，「弾道ミサイル，巡航ミサイル，対衛星兵器，防空システム，潜水艦，機雷など」がある[27]。図1-5は米国「戦略予算評価センター」（Center for Strategic and Budgetary Assess-

---

[27] 防衛省編『平成25年度版　日本の防衛』2013年，8頁。

第 2 章　海洋領域における軍事戦略の構成要素と分析枠組み

図 1-5　PLA の領域拒否アセット

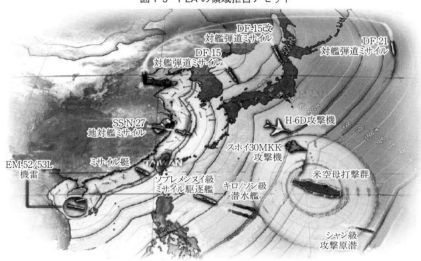

出典：Andrew Krepinevich, *Why AirSea Battle?*, CSBA, 2010, p. 24.

ments: CSBA）からクレピネヴィッチが刊行したレポートの引用であり，図 1-1 で示した，冷戦末期におけるソ連の海洋拒否エリアと同様に，PLA の A2/AD 戦略構成アセットは中国本土から離れた海空域において米軍の戦力投射を阻害し得る状況を示している。

ここまで述べてきたとおり，中国の A2/AD 戦略は地上もしくは沿岸域からのパワーの指向によって米国の戦力投射を阻害するため，東アジアの一部海空領域において局地的な優勢を確保することを企図していると理解できる。これは前節で示した，冷戦後期にソ連が米国の海洋における優勢に対抗するべく採用した領域拒否戦略である海洋拒否，とりわけ極東戦域においてオホーツク海の聖域化を企図した海洋要塞戦略と多くの共通点を持っており，本書の分析枠組みにおける領域拒否の一例であると見なすことができる[28]。

28　詳細は第 8 章で記すが，中国の領域拒否は軍事的劣勢にある日米の通常戦力に対抗する，という戦略目標に対応するものであり，PLA の海洋領域における軍事戦略がすべて領域拒否に該当するというわけではない。2012 年ころ以降，南シナ海における海洋進出に対応して "PLA Navy"（以後「中国海軍」と表記する。）は空母をはじめとする大型水上艦艇の建造ペースを早めていると考えられ，これは ASEAN 諸国など南シナ海近隣諸国に対し当該海域における制海を実行し

47

2010年ころ以降，エアシーバトルをはじめ中国のA2/ADへの対応についてさまざまな議論が展開されている。フリードバーグは米国が戦力投射を発揮するための方策であるエアシーバトルを中国のA2/AD戦略に対する「直接的アプローチ」であると定義する[29]。そしてエアシーバトルに対する批判と代替戦略に関するさまざまな議論を総括した上で「間接的代替策」を提示し，その具体的な方策を「遠距離海上封鎖」（distant blockade）と「海洋拒否」（maritime denial）という2つのカテゴリーに分類する[30]。遠距離海上封鎖とはA2/ADの威力圏外において原油タンカーをはじめとする中国への海上交通を封鎖し，経済的に疲弊させることを目的としている。海洋拒否戦略は潜水艦，機雷，ステルス機あるいは無人機などを主用して中国の海空アセットの展開を拒否することを主眼とする。日本は潜水艦の増勢，島嶼部への地対艦ミサイル部隊の増強といった日本の領域拒否を強化することで中国の領域拒否に対抗しているが，これは自身の海上優勢獲得を断念した上での「次善の策」として相手にも海上優勢をとらせないことを戦略目標としている。その結果当該海域は「海上において双方が行動の自由を有しない」（maritime no-man's-land）状況を形成することとなる[31]。このようにフリードバーグの分析枠組みは米国の対中軍事戦略という観点から中国本土に直接打撃するのか否か，という視点に立ち，期待成果と中国の反応，あるいは核戦力を含む事態のエスカレーションに関するリスク等を分析・評価するものである。

一方，フリードバーグが提示した方策を本書の分析枠組みに割り当てた場合，中国の領域拒否に対する米国と同盟国の方策は，①中国の領域拒否を相殺するために日本本土及び周辺海域において実施する領域拒否としての海洋拒否，②中国本土から離れた外洋における制海によって米国の海洋領域における優勢を獲得することで実施する遠距離海上封鎖，③エアシーバトルによって制海における優位を確立し，その後空母打撃群などによって実施される戦力投射，と整理することができる。

ているものと結論づけられる。
29　Friedberg, *Beyond Air-Sea Battle*, pp. 73-104.
30　Ibid, pp. 105-132.
31　Ibid, p. 117. この文言は脚注9に示す論文からフリードバーグが引用したものである。

冷戦末期の日米ソの関係は、ソ連の海洋拒否エリアがおおむねソ連本土ならびに周辺の閉鎖海域から2000キロメートル程度であると見積もった上で、「米国の制海と戦力投射」に対抗する「ソ連の領域拒否」、そして「米国の制海、戦力投射を発揮させる拠点を確保するために実行する日本の領域拒否」というものであった。この分析と比較すると、中国の海洋進出と軍事力強化に対応する日米中の関係は、中国のA2/ADエリアがおおむね中国本土から1500キロメートル以上であると見積もった上で、「米国の制海と戦力投射」に対抗する「中国の領域拒否」、そして「米国の制海、戦力投射を発揮させる拠点を確保するために実行する日本の領域拒否」という類似の枠組みとして整理することができる。

このように参加アクターがそれぞれ先進的な軍事技術を有する場合、陸地から1000キロメートルを超えた遠方の海域において高烈度の領域拒否を実行することが可能である。それは冷戦期のオホーツク海、現代の黄海、渤海あるいは南シナ海といった地理的に閉鎖性の高い海域だけでなく、西太平洋のような地理的に開けており、本来あらゆるアクターが容易にアクセス可能な外洋においても、かなりの領域において効果的に他国の行動を阻害することが可能である。したがって海洋領域における軍事戦略を論じる際に「地上もしくは沿岸域から外洋に指向するパワー」という要素を除外すべきではない。したがって従来の海洋領域における軍事戦略を構成してきた制海と戦力投射だけでなく、領域拒否を加えた分析枠組みによることが不可欠なのである。

4　制海概念にまつわる議論：古典的シーパワー論

本来軍事戦略は国土の防衛あるいは他国への侵攻を主要な命題としているが、海洋領域における軍事戦略はこの点において異質である。近代シーパワー論はマハンの思考から出発しており、「海洋が政治的、社会的見地から、最も重要かつ明白な点は、それが一大公路であるということである」とし、「海軍は通商保護のために存在する」という主張にみられるとおり[32]、シーパワー論の出

32　マハン『海上権力史論』41-43頁。

発点は植民地支配に資するべく海洋における優越を目的していたのであって，自国領土の防衛もしくは他国への進攻ではない。よってマハンのシーパワー論とは近代国家が植民地からもたらされる資源を安全に輸送するため，植民地一本国間の海上交通をいかに保護するのか，という命題を出発点としていた。

すなわち「生産，海運及び植民地の3つの中に，海に臨む国家の政策のみならず歴史の鍵が見いだされる」のであり，「シーパワーとは，武力によって海洋ないしその一部分を支配する海上の軍事力のみならず，平和的な通商及び海運をも含んでいる」ということになる[33]。このため，マハンにとり海軍戦略とは「戦時のみならず平時においても国家のシーパワーを建設し，支援し，そして増強することを目的」とする[34]。

このような背景から，マハンの著作は17世紀以降，20世紀初頭の日露戦争までを含む時期の，平時と有事を問わずシーパワーに関する幅広い議論が展開される。このことが軍事戦略の観点において評価され，世界の主要海軍に多大な影響を及ぼした。マハンの議論はいくつかの論点に集約されて評価あるいは批判されることとなったが，それらのうち，最も大きな影響を与えてきた命題とは「制海」（"command of the sea" あるいは "sea control"）であり，制海獲得の手段としてマハンが主張した「兵力の集中」と「洋上決戦」であった。

マハンは議論の過程で「シーパワー」など，重要な概念について厳密な定義を与えなかった。これは最も重要とされる制海概念についても同様であり，制海とは海洋を地上と同様の，「特定の海域を完全に占拠した状態」であるのか否か，という点は古来さまざまな論争を惹起してきた。『海上権力史論』の翻訳にあたった北村謙一は，マハンが著書の中で敵艦隊を撃破した後に敵の通商破壊等を完全に阻止できなかった事例を繰り返し示していることなどを踏まえた上で，マハンが示す制海概念について以下のような解釈を加えている[35]。

（マハンの思考における制海とは）完全な制海はあり得ないことを認めた上での「制海」はつまるところ程度の問題であろう。すなわち地理的には，広

---

33 同上，46頁。
34 同上，125-126頁。
35 同上，訳者解説9頁。

い戦域全般についてか，あるいはその中の比較的広い海域についてか，ないしは限られた局地水域についてであるかということであろう。またそれぞれの地理的範囲において，味方の艦船はどの程度安全に（自由もしくは大きな危険を冒してか，大規模ないし小規模にか）行動することができ，また味方は敵の艦船の行動をどの程度に妨害することができるかということであろう。

図1-1に示すとおり，冷戦後期にソ連が地理的，気候的に閉鎖性の高い一部の海洋において排他的な力を発揮した状態は，米海洋戦略では「制海領域」(sea control areas) と分類し，その外縁を「海洋拒否領域」(sea denial areas) と定義した。これはシーパワー論において海洋をどの程度コントロールするのか，という説明を与える際の一例であるが，制海をはじめとする概念の定義，あるいは用語の用法について一定のコンセンサスが得られているわけではなく，論者あるいは文献の解釈に応じてさまざまな捉え方がある。たとえばティル (Geoffrey Till) は，地理的範囲と時間という観点に基づき，制海概念 (control of the sea) を表1-9のとおり整理している[36]。

図1-1の制海領域 (sea control areas) は，ソ連の立場から見ておおむね表1-9における「絶対的制海」に相当する一方で，ティルの示す概念のとおり絶対的あるいは恒常的なものとまでは断言できない。なぜならば米国の「海洋戦略」は，有事においてこの制海領域に空母戦闘群をはじめとする戦力を投射することを意図していたのであり，そもそも地上における領土の占有と比較して海洋支配は流動性が高い。また，制海領域の外縁を海洋拒否領域とするが，これを表1-9に対応させるとすれば，その大部分は「暫定的制海」の状態にあたる。そして図1-1において，「制海の争奪」について対応する概念は示されていない。

ティルが示すのは地理的条件あるいは彼我の軍事バランスなどが作用した結果として，自身が特定の海域においてどの程度海洋を支配しているのか，とい

---

[36] そもそも制海と訳される英語には "command of the sea"，"sea control" あるいは "control of the sea" など複数の表現があり，それぞれに一定の定義が付されているわけではない。Geoffrey Till, *Seapower: A Guide for the Twenty-First Century Revised and Updated Third Edition*, Routledge, 2013, p. 150.

表1-9 ティルの示す制海の態様

	名　称	態　様
1	絶対的制海 (Absolute control)	敵は作戦行動が不可能であり、我が完全に行動の自由を保持している。
2	暫定的制海 (Working control)	我が相当レベルの作戦行動の自由を維持しており、敵は行動に際して高いリスクを負う。
3	制海の争奪 (Control on dispute)	彼我双方が作戦行動に際してかなりのリスクを負う。
4	敵の暫定的制海	敵が2の状態にある。
5	敵の絶対的制海	敵が1の状態にある。

出典：Geoffrey Till, *Seapower: A Guide for the Twenty-First Century Revised and Updated Third Edition*, Routledge, 2013, p. 150.

う支配の程度に基づく区分を示すものであり、海洋支配の程度もしくは状態に関する、ある程度主観的な評価である。これは前述した北村の解釈と同様、マハンの提示した制海概念の厳密化を試みるものであり、シーパワー論において最も重要であるとされ、また議論を惹起してきた制海概念に関して、より正確に議論を展開しようというものであろう。一方でこのような海洋支配の状態を評価することを厳密化したとしても、それはあくまである時点における彼我の軍事バランス等の作用の結果に過ぎず、各国の軍事戦略目標などを把握することも、軍事バランスに関するその後の動向を推測することも困難である。

　このように制海概念はシーパワー論における中心命題であり続け、多くの議論を惹起してきた。その定義に関する揺らぎはともかく、少なくとも海洋領域における軍事戦略において、制海概念がきわめて重要な意味を持ってきたことは明らかである。マハンは「通商の戦略的中枢を長期にわたって支配して軍事的に海洋を管制することによってのみ、（海上通商破壊のような）攻撃を致命的なものとすることができる。そしてこのような制海能力は、強力な海軍と戦いそれに打ち勝つことによってのみその海軍から無理に奪い取ることができるのである」と述べるとおり[37]、制海のため洋上で敵艦隊を撃破する「洋上決戦」の重要性を主張し、これが英米海軍のみならず日本帝国海軍をはじめ、主要国の海軍戦略に多大な影響を及ぼした。

　洋上で敵艦隊を撃破するためには、まず自身の艦隊を決戦に備えて集中する

37　マハン『海上権力史論』327頁。

必要がある。マハンはクラウゼヴィッツ（Carl Clausewitz）が陸戦に関して述べた「防御は攻撃にまして強き戦闘形態なり」という文言を引用しつつ、海戦においては逆に「防御側が根本的に不利なことは明らか」なのであり[38]、「海軍を純守勢的防御（pure passive defense）の具とすべしという主張は、一定の基準に従えば誤謬である」と断じる[39]。よって戦力の分散配置を「保安を担う警察にふさわしく、軍事面を担うべく設立された組織には向かない」と批判した上で、20世紀初頭の海軍戦略では「『分散』に代わって『集中』の原則が普及している」と述べる[40]。

このようにマハンの思考は各国海軍に「地上と異なり機動性に富む洋上の艦船を集中させ、いかに敵艦隊を撃破するのか、その結果いかに制海を獲得するのか」、という攻勢的な「洋上決戦思想」へと集約的に理解されることとなった。いうまでもなく洋上決戦思想自体は大艦巨砲主義などとともに過去のものであるが、マハンが示唆したシーパワーの柔軟性あるいは機動性と、自身が海洋を利用できることによって大きな利益を享受できる、といういくつかの原則については普遍性があると考えられる。グレイはルトワック（Edward Luttwak）の主張を引用しつつ、マハンのシーパワー論が持つ戦略的重要性について、その根本的な部分には妥当性があるとして「マハンは（おおむね）正しかった」（Mahan was (mainly) right）と題して以下のとおり述べる[41]。

> シーパワーの柔軟性は地政学的な特徴により、世界の陸地が実質的には「島」であるという事実から由来する（中略）のであり、地球上の表面の71パーセントは水で、全人口の大部分が海から200キロ以内に住み、海軍力はさまざまな手段を使いながら、味方や潜在的な敵が支配している土地へ侵入することなく長期にわたって展開することができる。
> （マハンの思考は）20世紀を通じシーパワーを柔軟性、適応力、そして軍事力の機動性を強化するものとして戦略における優位を説明する際に有用である。

38　マハン『マハン海軍戦略』254-255頁。
39　同上、141頁。
40　同上、8頁。
41　Gray, *Modern Strategy*, pp. 217, 220-221.

マハンの思考は，本書の分析枠組みの１つである，海上交通路を巡る争奪すなわち制海を説明する視座となる。上記のとおりマハンの主張は制海と戦力の集中，あるいは洋上決戦という概念に集約的に理解され，各国海軍に強い影響を与えてきたが，その一方でマハンの展開した議論は海洋領域の中でほぼ完結するものであったため，さまざまな批判を惹起することとなった。スローンは「以前から研究者たちはマハンの思考の中に『海から地上への戦力投射』，あるいは『戦時において陸軍と海軍が相互依存関係にあったこと』などが考慮されていないと指摘してきた」と述べる[42]。また，シーパワーはそれのみによって地上の国家主体を決定的に打倒することはできない。グレイは上記のとおりシーパワーの有用性を論じると同時に，「（シーパワー）単独では大陸の強国と対峙して勝利する見込みは立たない。（中略）英国海軍は単独でナポレオンのフランス，ヴィルヘルム皇帝の帝政ドイツ，あるいはナチス・ドイツを打倒することはできなかったし，独仏海軍を外洋に引き出して沈めることもできなかったであろう」とその不完全性を指摘する[43]。

このような観点から，最初にマハンのシーパワー論についてその不完全性を指摘したのはコーベットであった。コーベットは「海軍戦闘の目的は，つねに直接もしくは間接的に制海を確保するとともに敵が制海を確保することを阻止することにおかれなければならない」と論じ，制海の重要性について否定しているわけではない[44]。一方で「海戦における最も一般的な状況では，彼我のいずれも制海を保持していない。通常はどちらかが海を支配するのではなく，誰も支配していない」のであり，「一方が制海を失った場合，相手側に制海が移行する，という一般的な仮定は誤りである」とする。すなわちコーベットの主張は制海を獲得するという状況自体を原則的に実現し得ないものとし，「いずれか一方が制海を獲得したとき，純粋な意味での海軍戦略は終結する」というものである[45]。

---

42 Sloan, *Modern Military Strategy*, p. 7.
43 Gray, *Modern Strategy*, p. 221.
44 Julian Corbett, *Principles of Maritime Strategy*, Dover Publications, 2004, p. 87.（Republication of *Some Principles of Maritime Strategy*, by Longmans, 1911.）（ジュリアン・スタフォード・コーベット『海洋戦略の諸原則』エリック・グロウ編，矢吹啓訳，原書房，2016年。）
45 Ibid.

このようにコーベットは「制海を争奪する状態」が海洋領域における軍事戦略の常態であるという前提条件を示した上で、海洋領域における戦闘の遂行にあたって次のとおり3つの領域を示す。まず、「制海を確保する方法」（Methods of securing command）として洋上決戦を実現することと海上封鎖を挙げる。次いで「制海を争奪する方法」（Methods of disputing command）として、防御的な海軍作戦としての「現存艦隊」（fleet in being）と限定的な反撃作戦について論じ、その上で制海を確保した上での「制海を行使する方法」（Methods of exercising command）として侵略に対する防衛、海上通商における攻防、遠征作戦における攻防と支援作戦などの重要性について述べる[46]。そして「われわれは自身が海洋を利用することと、（これを阻害する状況である）敵が海洋を利用することに干渉するのであって、海洋の利用を確保することや、敵がこれを確保することを阻止すること自体のために努力を払っているわけではない」と主張するとおり、海洋を支配する制海自体そのものではなく、制海を獲得した上で何をなすのか、という点を重視している[47]。

このようにコーベットは海洋領域で軍事戦略が完結し得るものではないという前提に立ち、マハンを批判する視座を提示した[48]。コーベットは「海洋戦略とは、海洋が主たる要素となる戦争を統制するということが原則である」と述べた上で下記のとおり論じる[49]。

> 海軍戦略とは、海洋戦略が地上軍の行動に関連して艦隊が果たすべき役割を決定した際、艦隊がどのように動くのかを決定するという海洋戦略の一部をなすものでしかない。海軍のみによって戦争の帰趨が決する、などということはほとんど不可能であるといっても過言ではない。

---

[46] Ibid, p. 168.
[47] Ibid, p. 235.
[48] ただし、「政治的に不安定な地域に陸軍が到達するためには（陸路によることができないため）海軍の力を必要とする。海軍が制海を確保してこそ陸軍は作戦行動に出られる」と論じるとおり、マハンは海洋領域における海軍の行動によって軍事が完結すると考えていたわけではなく、軍事戦略のうち海洋領域で完結する部分にのみ焦点を当てて議論した、とも考えられる。マハン『マハン海軍戦略』115頁。
[49] Corbett, *Principles of Maritime Strategy*, p. 13.

コーベットの論考は海軍という一軍種で完結するものではなかったため，海軍戦略（naval strategy）ではなく海洋戦略（maritime strategy）と題された。また「制海を行使する作戦」すなわち「制海を確保した上で，海洋領域から何をなすのか」を重視した。マハンが海洋領域の中で原則的に完結する議論を展開したことに対し，この点においてコーベットの議論はマハンの主張を批判あるいは補完するだけでなく，海洋領域の軍事戦略における2つ目の重要な要素である「海から地上と沿岸域に対するパワーの指向」を説明するための視座を提供したという点で非常に重要である。冷戦後米国が軍事戦略を大きく転換するにあたり，その理論的視座はコーベットによってもたらされるところが大きい。

一方でマハンとコーベットが議論を展開した時期，有用な航空機はまだ出現していない。その後の世界では核兵器，長距離航空攻撃を可能とする航空機やミサイル，先進的指揮統制通信システムなど，軍事戦略を大きく変革する軍事における革命がいくつも起こった以上，海洋領域における軍事戦略を論じる際，従前と同様にマハンとコーベットの議論を二項対立的に論じることは妥当ではない[50]。本章冒頭で述べたとおり，これらの軍事における革命を経て「地上・沿岸域から海洋に対するパワーの指向」が陸地から1000キロメートル以上離れた外洋において現実化している現在，海洋領域における軍事戦略とは領域拒否，制海，戦力投射というパワーの指向方向と，その目的に基づく3つの分析枠組みによって論じられるべきなのである。

5　海洋における軍事力の役割1：
　　第二次世界大戦以降のシーパワー論

本章冒頭で引用したスローンの一節にあるとおり，現在に至るまでほぼすべてのシーパワー論は，マハンの制海とコーベットが示唆した制海獲得後の作戦，すなわち本書における制海と戦力投射という二元論を出発点としてきた。一方，冷戦期以降のシーパワー論が主として発展させてきた概念とは，その多くが純

---

[50] 仮に現代の「海軍戦略」という単一軍種の戦略を論じるとしても，海軍力の持つ長距離巡航ミサイルなど，外洋から侵攻する戦力投射を拒否する領域拒否は戦域レベルで影響を及ぼし得るのであり，制海と戦力投射の二元論で議論を完結させるべきではない。

第 2 章　海洋領域における軍事戦略の構成要素と分析枠組み

図 1-6　ブースの示す海軍の 3 要素

出典：Ken Booth, *Navies and Foreign Policy*, Routledge, 2014, p. 16.

粋な戦闘以外の局面におけるシーパワーの用法に関するものであった。冷戦期以降、核兵器の登場あるいは 2 度の世界大戦などを通じて軍事力の使用に関するハードルは徐々に高くなっていると考えられ、とりわけ大国間での高烈度の戦争が生起する可能性はきわめて低い。その結果、軍事力は抑止を主たる目的とし、加えて平時や低烈度の紛争・対立においては国際法に基づく合法性、あるいは国際世論における支持を通して得られる正当性といったものに縛られ、限定的な使用などが主たる役割となる傾向が強まっている。そしてその基調は冷戦終結後現在に至るまで原則として変化していない。

　ブース（Ken Booth）によれば、図 1-6 のとおり海軍には軍事的役割（military role）、警察的役割（policing role）、外交的役割（diplomatic role）という 3 つの役割（3 要素）がある。ブースの議論における軍事的役割には戦略核抑止、通常戦力における抑止と防衛、拡大抑止と防衛、国際秩序の維持が含まれ[51]、警察的役割には沿岸警備任務である主権維持、海洋資源の確保、秩序の維持、あるいは国家建設的任務として国内の安定と発展への寄与を挙げる[52]。ブースの示した「海軍の 3 要素」は現在も世界各国海軍で非常によく認知されており、海軍間の国際会議では、ほぼ毎回参加者の誰かがブースを引用しつつ自国海軍の活動を紹介する様子がみられる。

　たとえば英国海洋ドクトリンの「英国のシーパワーが果たす役割」（The roles

---

[51]　Ken Booth, *Navies and Foreign Policy*, Routledge, 2014, pp. 20-21.
[52]　Ibid, p. 17.

of British maritime power）と題する箇所には，「ブースはマハンとコーベットの業績を取り入れつつ，海軍における目的に応じた軍事，外交そして警察的機能という3つの特徴的な行動形態を示す（中略）これらの機能は本ドクトリンの示す（英国海洋軍事力の）役割，すなわち戦闘（war-fighting），海洋安全保障（maritime security），国際的関与（international engagement）に置き換えることができる」という記述がみられる[53]。

ブースの海軍力に関する解釈は，シーパワーが平時から有事までの幅広い事態において，地上領域と比較して柔軟に用いられてきたことを示す。地上戦力が自国領土を越えて運用された場合，それは原則的に他国への侵攻という有事を意味するが，マハンが平時の海軍が通商保護のために存在すると述べて以来，平時にもさまざまな任務を有し，地理的に広く運用することが可能であるというシーパワーの柔軟性は広く世界で受け入れられてきた。

同様にルトワックは「海軍部隊には，他の軍種と同様（有事の）戦闘力に加えて平時の政治的機能が備わっており，その機能は他軍種に比べ大きいと考えられる」と述べる[54]。ルトワックによれば，海軍力の政治利用目的について総括した場合，それは国家意思を相手に対し「勧告すること」（suasion）である。そして米海軍が第二次世界大戦後，1970年代初めまでに，全世界において70回以上にわたりさまざまな形態で勧告を行ってきたとする[55]。ルトワックの定義によれば，勧告には海軍部隊の継続的な展開あるいは存在自体によって周辺国に何らかの影響を及ぼす「間接的勧告」（latent suasion）と，具体的な行動を起こすことによって国家意思を示す「能動的勧告」（active suasion）という2つの形態がある[56]。

冷戦期以降，シーパワーは戦時以外における役割についてさまざまな議論を経て，その活動領域を平時へと広げるとともに多くの国家からその用法について支持を得てきた。この傾向はシーパワーの研究者だけでなく，海軍軍人の立場からもたびたび表明されてきた。米海軍大学校長であったターナー（Stansfield

---

[53] UK Ministry of Defence, *Joint Doctrine Publication 0-10: British Maritime Doctrine*, pp. 2-7.
[54] Edward Luttwak, *The Political Uses of Sea Power*, The Johns Hopkins University Press, 1974, p. 1.
[55] Ibid, p. 38.
[56] Ibid, pp. 11-38.

図1-7 ターナーが示す米海軍の任務

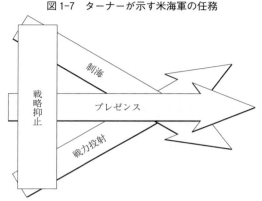

出典：Stansfield Turner, "Missions of the U.S. Navy," *US Naval War College Review*, Vol. XXVI, Number 5, March-April 1974, 1974, p. 2.）

Turner）中将は，米海軍の任務は「戦略抑止」（strategic deterrence），「制海」（sea control），「地上への戦力投射」（projection of power ashore）そして「プレゼンス」（naval presence）の4つから構成される，とした[57]。ターナーは，「初期の海軍にとり唯一の任務とは制海であった」が，「19世紀に『砲艦外交』（gunboat diplomacy）が海軍の辞書に加わった」とし，戦時以外におけるシーパワーの用法が古くから認められてきたとともに，主たる任務の一環をなしていることについて言及している[58]。図1-7は，国家生存の根幹に関わる戦略的抑止が基軸にあり，そこに制海，プレゼンス，戦力投射が加わって米海軍の任務が構成されていることを示す。

海軍の戦時以外での外交や治安維持などにおける貢献を説くことは，海軍自身の任務を説明し，その行動の正当性を主張する際に有用であるため，類似した説明手法は一般的かつ頻繁に用いられてきた。2015年に改訂された米海軍，海兵隊及び沿岸警備隊「21世紀のための協調戦略」（CS21 revised）は，「国家安全保障に資するシーパワー」が優先すべき能力として「A2/ADの挑戦に対応する全領域アクセス（all domain access）」，「抑止」，「制海と戦力投射」に加

---

[57] Stansfield Turner, "Missions of the U.S. Navy," *US Naval War College Review*, Vol. XXVI, Number 5, March-April 1974, 1974, p. 2.

[58] Ibid, p. 4.

えテロとの戦い，密輸あるいは海賊への対応そして海洋領域における航行の自由への脅威への対応という「海洋安全保障」の4点を挙げる[59]。

ところで，ルトワックによれば相手に効果的な勧告を行うためには，自身の海軍部隊が行動していることを相手に感知されることが必須となる。このため，平時に海軍力を政治利用する場合，それは誰の目にもとまるような形で，かつ相手に自身の意図と能力を伝達するために威圧的な体裁をとって行動させることが必要となる[60]。

一方，誰の目にもすぐとまるようなアセットは平時の政治的プレゼンスには有用であるが，戦時においてその利点は被攻撃のリスクを高め，残存性を低下させるという欠点ともなる。ルトワックは「政治的な効果を決定する能力と，戦闘時の「生存能力」(viability) との間に生じる違いは，近年実質的に拡大している。これはセンサーやデータ解析システムなどといった「可視性」(visibility) とは異なる要素が重要性を増していることによる」と述べる[61]。より具体的には「4門の砲を搭載したシリアの駆逐艦が，砲を1門しか持たない米国の護衛駆逐艦と比べて能力的に劣っている，と一般的に評価される。これは見かけの火力の差を無視し，実際の戦闘能力を見積もったことによる」とする[62]。

上記ルトワックの主張は1970年代のものであるが，これを現代に当てはめると，見た目に派手な大砲を満載した艦艇は政治的なプレゼンスを発揮するために有用であるかもしれないが，それは超音速ミサイルなどが飛び交う現代の戦闘に対応し得るものではない。逆に視認性の低い潜水艦やステルス機などは，戦時において被探知の可能性を低減することで自身の残存性と攻撃の成功率を高めているが，このために平時の政治的プレゼンスという観点からみて必ずしも効率の良いアセットとはいえない。

つまり平時の政治的プレゼンスもしくは勧告などを通じて発揮される影響力

---

59 U.S. Department of the Navy, Marine Corps, and U.S. Coast Guard, *A Cooperative Strategy for the 21st Century Seapower*, March 2015, pp. 33-36. なお，同名の文書は当初2007年に公表されており，これはその改訂版であるため，本書では2007年版を「CS21」，2015年改訂版を「CS21Revised」と表記する。
60 Luttwak, *The Political Uses of Sea Power*, pp. 41-43.
61 Ibid, p. 41.
62 Ibid, pp. 41-42.

と，戦時の戦闘力や残存性は比例しない。そしてこの視点は各国の海洋領域における軍事力を分析する際，非常に重要である。一国の海洋領域における軍事力は，高烈度の通常戦争にまで対応し得るものなのか，その能力は地理的に自国近傍のみで発揮することが可能なのか，それとも地理的に離れた外洋にまで及ぶのか，逆に一見してインパクトのある大型水上艦艇を配備していたとしても，それは高烈度の戦いにおいて用をなさず，平時の人道支援・災害派遣あるいは低烈度の対立・紛争のレベルにしか用いることができないのか，といった観点に基づいて分析することが適当である。このような分析を通じ，その国が海洋領域を通じて独力でどこまで影響力を行使しようとしているのか，それとも米国の海洋における優越を前提に国益を拡大しようとしているのか，はたまた自国近傍における米国の軍事的影響力を排除しようとしているのか，といった高位の軍事戦略目標を明らかにすることが可能となる。

シーパワーの戦時以外における用法について論じることは，国家が自身のシーパワーをどのように用いるのかという点について説明する際に有効である。一方でその国家が海洋領域における軍事力をどのような目的に基づいて建設してきたのかという点に関して客観的な分析を試みる場合，それがどのような地理的範囲で，またどの程度高烈度の戦争に耐え得るものであるのか，という点について厳密に分析するためには，このように平時の用法と戦時の能力を混同して議論することは適当ではない。あくまで高烈度の通常戦争までを念頭においた能力ベースでの分析によるべきなのであり，その枠組みとして妥当なのは政治的，外交的な役割云々ではなく，領域拒否，制海，戦力投射という海洋領域における軍事力の使用目的に重点を置くことが適当なのである[63]。

6　海洋における軍事力の役割２：通常戦力による抑止

ここまで通常戦力に関するシーパワー論などに関して議論を行ってきたが，本節では第１章で述べた３つの前提仮定のうち２点，すなわち「①主要アクターが一定レベルで合理的な行為者である」，「②多極世界においても原則的に核

---

[63] 結果として高烈度の通常戦争に耐え得るイージス戦闘システム搭載駆逐艦が平時の「航行の自由作戦」などを通じ政治的プレゼンスなど幅広い用途に転用が可能である，ということになる。

抑止が機能する」という事項に関連し，次章以降のケーススタディに必要な含意を導く。ここでの検討はシーパワー論に限らず，純粋な地上戦力を含めた通常戦力全般についておおむね共通するものである。

　2014年10月に米シンクタンク「アトランティック・カウンシル」が公表した拡大抑止に関する報告書では，「核から在来戦力までを含む，米国のアジアにおける拡大抑止は新たな挑戦に直面」[64]しており，また抑止の概念は従来の純軍事的要素だけでなく，経済制裁等の経済的役割をも包含しているとする[65]。また，2015年4月に見直された「日米防衛協力のための指針」（日米ガイドライン）において以下の一文がみられる[66]。

　　米国は，引き続き，その核戦力を含むあらゆる種類の能力を通じ，日本に対して拡大抑止を提供する（傍点は著者による）。

　つまり日米両政府の共通理解として，米国の拡大抑止は単に「核の傘」を提供するのではなく，より広い領域にわたる，ということになる。このように核戦力以外の通常戦力，さらには非軍事的パワーに抑止を期待できるとする認識は最近示されたわけではなく，冷戦期からある程度共有されてきた。抑止力としての通常戦力が公的に議論されはじめたのはケネディ政権期である。核の大量報復により耐えがたい損害を予期させることによって相手を抑止する，いわゆる懲罰的抑止力を前提とするアイゼンハワー政権期の戦略は全面的な核戦争に至らないレベルの危機に際して対応できないという，大量報復戦略の硬直性に対する批判から提唱されたのが柔軟反応戦略であり，核攻撃に至らない大量の非核攻撃の準備を最優先していた[67]。

64　Robert Manning, *The Future of US Extended Deterrence in Asia to 2025*, Atlantic Council, Brent Scowcroft Center on International Security, October 2014, Executive Summary.
65　Ibid.
66　「日米防衛協力のための指針」，2015年4月27日，1頁。
67　アイゼンハワー政権は核戦力による大量報復戦略を優先し，陸軍を削減したほか通常戦力は原則として据え置きされた。一方でケネディ政権では通常戦力の建設に重きがおかれ，実際にキューバ危機において軍事的リアクションは通常戦力に依存していた。Robert Slusser, "The Berlin Crises of 1958-59 and 1961," Barry Blechman et al., *Force without War: U. S. Armed Forces as a Political Instrument*, The Brookings Institution, 1978, p. 435.

アイゼンハワー政権期からケネディ政権期にかけ，核兵器の戦術的使用，すなわち「限定的核戦争」の可能性について議論されたが，結局のところひとたび核兵器を使用した場合，全面的な「熱核交換」へのエスカレートを防ぐめぼしい手だては見当たらず，「大半の学識者と戦略家が限定的核戦争の可能性について熱意を喪失するまでに長い時間は要しなかった」[68]とされる。

この点についてスナイダー（Glenn Snyder）は1961年の著書において「懲罰的抑止と拒否的抑止の区分は厳密でも絶対的なものでもない。（中略）核兵器の戦術的使用を拒否的対応に含めるとした場合，非常に高いコスト，つまり双方に核の懲罰を与えるという究極的なリスクをもたらす。」と述べている[69]。核抑止理論が精緻化される過程で「結論として核兵器の長期的な役割としては，敵にそれを使わせないこと以外に存在しない」と見なされるまでにさほど時間はかからず[70]，核抑止が機能しているという前提で通常戦力による紛争に対応する必要性が生じた。ただし，これらの議論は欧州戦域あるいは地上領域における戦術核兵器の使用を念頭においたものであるとも考えられ，地上領域と海洋領域に峻別して論じられているわけではない。しかしながら非戦闘員を巻き込むことで人的被害が拡大する公算の低い海洋領域において核保有国ごとの戦術核兵器の使用プロセスについては不明な点が多いものの，仮に海洋領域において戦術核兵器の使用に関する閾値が地上領域と比較して相対的に低いとしても，それはあくまで一過性でかつそれ以上のエスカレーションがないという判断を前提とするものであると推測される。

1971年の米国防予算関連文書を見ると，冷戦初期から1970年代初頭にかけての米国防省の戦略構想と抑止概念の変遷を知ることができる。この文書では「アイゼンハワー戦略」（いわゆるニュールック戦略），「ケネディ－ジョンソン戦略」（柔軟反応戦略），「ニクソン平和戦略」（グアム・ドクトリンに基づく戦略構想，ニクソン戦略）をイメージ図として示している。図1-8はこのうちニクソン戦略のイメージである。

68　Freedman, "The First Two Generations of Nuclear Strategists," p. 748.
69　Glenn Snyder, *Deterrence and Defense: Toward A Theory of National Security*, Princeton University Press, 1961, p. 15.
70　Freedman, "The First Two Generations of Nuclear Strategists," p. 738.

第 I 部　海洋戦略の理論的視座

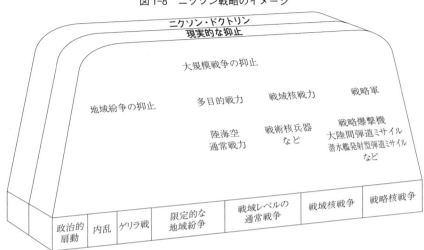

図 1-8　ニクソン戦略のイメージ

出典：U. S. Department of Defense, *Statement of Secretary of Defense Melvin R. Laird on the FY 1972-76 Defense Program and the 1972 Defense Budget*, March 9, 1971, p. 161.

　ニュールック戦略では陸海軍通常戦力が欧州戦域における核戦争の「導火線」（tripwire）と位置づけられているが、これが柔軟反応戦略では他国の内乱鎮圧や軍事支援などを含む「多目的戦力」（General Purpose Forces）へと変化し、核戦力からなる「戦略的抑止」（Strategic Deterrence）とは別の「柔軟反応戦争」（Flexible Response War）に対応するものとされている[71]。ニクソン戦略においても引き続き通常戦力に抑止を期待しているが、そこでは低烈度の紛争から全面核戦争までを「地域紛争の抑止」、「大規模戦争の抑止（Major War Deterrence）」、「戦略的抑止」の3カテゴリーに分類して抑止することとしている。「大規模戦争の抑止」に対応する戦力には一部戦域核戦力が含まれているが、柔軟反応戦略と同様、その主体は陸・海・空・海兵隊 4 軍の通常戦力である。

　ミアシャイマー（John Mearsheimer）は 1983 年の著書『通常戦力による抑止』において、通常戦力による抑止の具体例として欧州戦域における地上戦を

71　U. S. Department of Defense, *Statement of Secretary of Defense Melvin R. Laird on the FY 1972-76 Defense Program and the 1972 Defense Budget*, pp. 155, 157.

取り上げ、これを攻勢戦略としての電撃戦（Blitzkrieg）と、消耗戦略（Attrition Strategy）の二項比較によって論じる[72]。冷戦初期以来、機甲師団を主体とするワルシャワ条約機構（WTO）軍の通常戦力はNATO側よりもはるかに優勢であり、開戦劈頭において電撃戦を実施して縦深侵攻を成功させ、欧州正面での決定的勝利という戦略目標を達成する公算が高い、とされてきた。しかしミアシャイマーはこの点に疑義を呈し、NATOの通常戦力は劣勢であるにせよ、これを有効に展開すればワルシャワ条約機構軍の電撃戦がNATOを完全に打倒することは不可能である、と見積もった。この見積もりに従い、ワルシャワ条約機構側は限定的な作戦目標を達成した時点で獲得した版図を確保するべく防御に回らざるを得ない、と考えられた。その結果、以降は消耗戦に突入するということが予期され、結論としてソ連は西欧への地上侵攻を思いとどまるであろう、と主張する[73]。よってNATOの通常戦力は（たとえそれが劣勢であったとしても）拒否的抑止の機能が期待できること、さらに精密誘導兵器（precision guided munitions: PGM）は今後状況をより好転させることができると結論づけている[74]。ミアシャイマーの主張は非核地上戦力を単に会戦・作戦レベルにおける優劣から論じるのではなく、通常戦力の持つ拒否的抑止という観点から見れば、政治的・戦略的目標達成の成否と、その見積もりが東西両陣営の認識ならびに意思決定に影響を与える要素であると捉えていたことに意味がある。

　1980年代初頭とはいわゆる新冷戦の時代であり、この時期米ソの核戦力は拮抗するとともに核戦力使用のハードルはこれまで以上に高まる一方であった。このため、従来から優位にあるとされたワルシャワ条約機構の地上戦力に対するNATO通常戦力の劣勢をどのようにして埋め合わせるのか、という点が欧州戦域における主な問題点であった。このため当時のブラウン（Harold Brown）米国防長官が提唱したのが「相殺戦略」（Offset Strategy）である。相殺戦略は優勢なワルシャワ条約機構側との正面対決を避け、NATO側にアドバンテージのある情報・監視・偵察能力（ISR能力）、航空機動力、前方展開

72　John Mearsheimer, *Conventional Deterrence*, Cornell University Press, 1983.
73　Ibid, p. 188.
74　Ibid, pp. 14-15, 200-201.

能力を活用して相手の補給線ならびに指揮系統を破壊・混乱させる能力を向上させることにより，通常戦におけるワルシャワ条約機構軍の優位を相殺し，戦略目標が達成できないと東側に認識させることにあった[75]。

このように米国は自身の核戦力の優位が失われた（と認識した）後，少なくとも核戦力の均衡を維持するために努力を継続する一方，通常戦力の範疇でワルシャワ条約機構側を抑止することを企図してきたし，それは理論家の間でも共有された概念であった。ケネディ政権期以降，通常戦力による抑止には継続的にリソースが割り当てられてきた。

この傾向は冷戦後においても同様である。英国防省が1998年に発表した「戦略防衛見直し」（Strategic Defence Review: SDR1998）では，「核戦力，通常戦力はそれぞれ敵の行動に比例した対応に必要なだけの信頼に足るオプションを提供し得る，という点においてともに抑止に貢献する」とされている[76]。第1章で述べたとおり抑止が機能するメカニズムとは，自身の能力と意図を相手に伝達し，認識させることである。

冷戦終結に伴うソ連の消滅は，米国はじめNATO諸国にとり，その能力と意図を伝達すべき相手が消失したことを意味する。言うまでもなく抑止理論は米ソの核戦力を出発点にして進化してきた概念であったから，ソ連の核戦力という唯一最大の脅威が消え，その後地域・宗教紛争やテロとの戦いといった課題が出現した以上，抑止理論の存在理由，あるいは目的は当然のことながら大きく変化した[77]。フリードマン（Lawrence Freedman）は冷戦終結後のマインド・セットについて，2004年の著書で次のように述べている[78]。

---

75 相殺戦略が生み出した作戦構想が「エアランド・バトル構想」であり，湾岸戦争でその有効性を実証することとなった。Secretary of Defense Chuck Hagel, *The Defense Innovation Initiative*, November 15, 2014, p. 2 ; Robert Martinage, *Toward A New Offset Strategy: Exploiting U. S. Long-Term Advantages to Restore U. S. Global Power Projection Capability*, Center for Strategic and Budgetary Assessments, 2014, pp. 13-16.

76 UK Secretary of State for Defence, *Strategic Defence Review*, July 1998, Supporting Essay Five, Paragraph 2.

77 スローンは抑止概念の変化における最大の理由が，「米国とその同盟国が（ソ連という）唯一最大の脅威に集中すればよい，というわけにいかなくなったこと」であるとする。Sloan, *Modern Military Strategy*, p. 102.

78 Lawrence Freedman, *Deterrence*, Polity Press, 2004, p. 24.

核兵器は西側諸国の戦略において、もはや中心的役割を演じることはない。安全保障上の要求の大半は通常戦力によってまかなわれ、核兵器の使用に関する論理構築の必要すらなくなった。

前述したとおり米国はケネディ政権期以降通常戦力を抑止力として期待する構想を維持してきた。しかし抑止の最大の柱が核戦力の懲罰的抑止機能であり続けたこともまた明らかである。しかし冷戦後世界で多発した宗教・民族紛争、あるいはテロリズムを抑止する、すなわち中小国や非国家主体にコミットする際、現実的に見て核兵器は有用であるとはいえない。このため、9.11 の直後である 2001 年末に米国は戦略核態勢の見直しを表明した。「核態勢見直し」(Nuclear Posture Review 2001: NPR2001) は従来戦略核態勢の 3 本柱 (Triad) すなわち「長距離爆撃機・大陸間弾道ミサイル (ICBM)、潜水艦発射弾道ミサイル (SLBM)」を改め、以下の 3 点を新たな 3 本柱 (A New Triad) とした[79]。

①攻撃的打撃システム（核・非核の両方を含む。）
②防御（積極的・受動的）
③新たに出現した脅威に対応する、時代に適応した新しい能力を供給するべく再生した防衛産業基盤

NPR2001 の緒言にはラムズフェルド (Donald Rumsfeld) 国防長官による「通常打撃力と情報作戦能力を含む非核打撃戦力の追加は、米国がこれまで攻撃的抑止力を提供してきた核戦力に対する依存を今後軽減することを意味する」、という一文が付されている[80]。この NPR2001 について、スローンは「防御を戦略ドクトリンと対兵力能力 (counterforce capabilities) に包含することにより、NPR は懲罰的抑止を重視する姿勢から、より顕著に拒否的抑止をフォーカスする方向へと概念を転換させ、（中略）核戦力と抑止に関する戦略的思考の境

---

79 ただし、NPR2010 において「核の 3 本柱」は従前の「長距離爆撃機、ICBM、SLBM」に戻されている。U.S. Secretary of Defense Donald Rumsfeld, "Nuclear Posture Review Foreword," January 8, 2002.
80 Rumsfeld, "Nuclear Posture Review Foreword."

界を広げた」と評する[81]。このように抑止概念は冷戦終結を経てより多層化し、また核戦力から通常戦力、あるいは非軍事的手段へと重心を移動させることとなったのである。

7　軍事力使用のハードル1：人的損害の忌避

ここまで主として「敵にそれを使わせないこと以外に存在しない」核兵器が安定的な核抑止をもたらし、結果として通常兵器に抑止の大きな部分を期待することに至る経緯について述べた。これに加えて冷戦後の軍事作戦を概観した場合、通常兵器の使用についても、そのハードルはいっそう高まっていると考えられる。本節では「人的損害の忌避」という観点から大規模な通常戦力の使用に関するハードルについて論じる。

冷戦の終結はイデオロギー対立の下で抑圧されてきた宗教・民族・領土主権を巡る対立と紛争を顕在化させ、冷戦終結当初期待された「平和の配当」を世界にもたらすことはなかった[82]。しかしながら核戦力を使用する蓋然性は、少なくとも1990年代からテロとの戦いが中心であった21世紀初頭にかけ、冷戦期と比較して著しく低下した。ソ連崩壊とその技術拡散に伴う大量破壊兵器（weapons of mass destruction: WMD）の製造技術拡散に関する懸念がこの時期の安全保障における主要な論題の1つであったが、これはあくまで軍備管理の問題であり、顕在化した対立、紛争へ実際に対応したのは通常戦力、とりわけ湾岸戦争で実証された、ISR（情報・監視・偵察）ネットワークと精密誘導兵器を主とする航空打撃力であった。

逆説的に述べるならば、これは先進諸国が地上戦を極力回避したことを意味する。ボスニア・ヘルツェゴビナ紛争における国連軍司令官であったスミス（Rupert Smith）元英陸軍大将は、軍事力とりわけ地上軍の投入をNATO構成国の政治指導者達が強く忌避し、非常に多くの制約を伴って軍事作戦を遂行したという経験から、現代の軍事作戦の特徴の1つとして、「戦力を温存し、損耗しないように戦うこと」を挙げている。その要因をまとめるとおおむね下記

81　Sloan, *Modern Military Strategy: An Introduction*, p. 104.
82　UK Secretary of State for Defence, *Strategic Defence Review*, Chapter 1, Paragraph 11.

のとおりである[83]。

① 21世紀，多くの国家では人的損害によって国民国家が軍事行動をとる際に必要な「国家・国民・軍隊の3つの同期」，いわゆるクラウゼヴィッツの三位一体概念（Trinity of War）のうち国民の支持が失われる公算が高く，軍事行動が継続できなくなる。
② 徴兵制度が廃止された大半の国家では大量の人員を徴発することはできないうえ，そもそも現代戦を遂行するために必要な高度なスキルを持つ兵士を喪失することは費用便益上間違っている。
③ たとえ徴兵制を敷く国家であっても，国外の軍事行動に志願するような兵士は貴重であり，容易に損耗するような作戦は選択できない。
④ 兵士・部隊の携行する装備品はハイ・テクノロジー化・高額化しており，損耗したとしても簡単に再生産，補給できるようなものではない。

このように大規模な人的損害を伴う地上戦を忌避する傾向は欧州に限ったことではなく，米軍についても同様である。米国のオバマ（Barack Obama）政権は2012年以降中東における安定化作戦を終結させ，国防予算削減とアジア太平洋地域へのリバランスを軸とした米軍の改革を提唱している。その嚆矢となった「国防戦略指針」（Defense Strategic Guideline: DSG）は「米軍はもはや長期間かつ大規模な安定化作戦を実施し得る規模とはならない」と記しており，このフレーズは『4年ごとの国防見直し2014年』（Quadrennial Defence Review 2014: QDR 2014）等でも繰り返し強調されている[84]。

ルトワックもスミスと同様に，冷戦後世界各地で発生した紛争において各国政治指導者が人的損害を強く忌避したことを示し，「ポストヒロイック（＝ヒーローのいない）戦争の時代」が到来したと述べる[85]。ルトワックによれば，これは必ずしも民主主義国家であること，あるいはテレビ報道に伴う世論の影

---

83 Rupert Smith, *The Utility of Force: The Art of War in the Modern World*, Penguin Books, 2006, pp. 292-297.
84 DSGは通称であり，文書の正式名称は以下のとおりである。U.S. Department of Defense, *Sustaining U.S. Global Leadership: Priorities for 21st Century Defense*, January 2012, p. 6.; U.S. Department of Defense, *Quadrennial Defense Review Report 2014*, March 4, 2014, p. VII.

響によるものではない[86]。なぜならばソ連のアフガニスタン侵攻において全体主義国家であり、厳格な報道統制を敷いていたソ連軍の戦略がきわめて消極的であり、人的損耗を極端に忌避したからである。そしてそれは現地司令官がモスクワから犠牲を回避するために全力を尽くすよう圧力をかけられていたためであったと指摘している。

　ルトワックは冷戦後、各国が人的損害をより回避する傾向が強まっていることの理由について、先進国のみならず途上国においても少子化が進み、若い家族を喪失することに耐えられないからだ、と見なす[87]。このように冷戦後期からポスト冷戦期にかけ、軍事作戦における人的損害を極力回避しようとする傾向は、民主制あるいは報道の自由の有無、さらには先進国か否かに限らず多くの国家・地域においてみられる傾向である。これは大変複雑で多岐にわたる要素が絡み合った結果であると考えられ、厳密な検証は困難であろう。また冷戦後も旧ユーゴスラヴィアやスーダンといった地域で大量虐殺を含む地上戦、内戦は複数発生しており、人的損害を伴う軍事力使用のハードルが普遍的に高まっているとまで断言することはできない。

　しかしながら、このような甚大な人的損害を伴う地上戦は互いに隣接し、宗教・民族・歴史的に複雑な経緯を持つ集団間で感情的な対立要因によって発生しており、紛争の要因は相当部分で一般的に合理的であると理解できる範囲から逸脱していると考えられる。ひるがえってソ連であれNATOであれ、一定レベルの合理的行為者であり、かつ彼らが空爆その他の地上戦以外に目標を達成可能な手段を保有している場合、原則として彼らは地上戦を回避する傾向があり、それは人的損害を回避するためである。よって大規模地上戦に代表される、人的損害を伴う軍事力行使に対するハードルは冷戦中期以降継続的に高まってきているというスミスとルトワックの主張は、ポスト冷戦期の軍事的原則あるいは傾向としておおむね首肯できると考えられる。

　その結果、核兵器の使用はいうまでもなく、通常戦力を使用するためのハー

85　Edward Luttwak, *Strategy: The Logic of War and Peace: Revised and Enlarged Edition*, The Belknap Press of Harvard University Press, 2001, p. 68.
86　Luttwak, *Strategy*, pp. 70-71.
87　Ibid.

ドルは徐々に高くなっており、国内的なコンセンサス、国際社会への説明責任など、さまざまな合法性と正当性の審査を受けなければならない。前節で通常戦力における抑止について論じたが、本節の議論を踏まえた場合、通常戦力の使用に関してもその政治的、経済的コストは大きく上昇していると理解されるべきである。このため「使用できない」核戦力に続き、「使用するために高額のコストを要する」通常戦力のレベルでも安定・均衡が生じやすい。このため、純軍事的オプションと比較した場合、使用に際してのコストが相対的に低い非軍事的手段、すなわち経済制裁や外交といった分野におけるオプションは合理的行為者間が通常使用する意思疎通手段として使用頻度が高まっているということは至極当然の状況である。

8　軍事力使用のハードル2：距離の専制

核戦力が原則として抑止のためにのみ存在し、実際の使用に際してきわめて高いハードルが存在するとすれば、必然的に通常戦力が抑止ならびに軍事力行使の核心を構成する。軍事力行使が通常戦力の使用にとどまり、核へのエスカレートが基本的に起こり得ないとする場合、作戦区域に投入するまでの距離に反比例して投入し得る戦力が量的に制限されることは明らかな事実である。これはしばしば「距離の専制」(tyranny of distance) と呼ばれ、通常戦力による軍事戦略の分析・検討ならびに軍事作戦遂行に際して重要な要素となる。

通常敵の脅威が高い場合、自身の被害を局限するためには相手の威力圏外で戦力を温存し、アウトレンジするという方策が定石となる。しかし相手が偵察衛星や高高度偵察機などを含む先進的な指揮統制通信ネットワークに加え、長距離攻撃機あるいは巡航ミサイルなどの現代的な領域拒否能力を保持する場合、先進的領域拒否のカバーするレンジは1000キロメートルを超える[88]。したがって戦域レベルの領域拒否戦略に対し作戦レベルで攻勢に出るためには、長距離精密誘導攻撃能力によって領域拒否圏外の遠距離から攻撃目標に対し正確かつ迅速な攻撃を可能とする必要がある。

88　Cliff et al., *Entering Dragon's Lair*, pp. 111-112.

アウトレンジする距離が遠距離になるほど距離の専制が及ぼす影響は大きくなるが，これは通常戦力に関して該当するのであり，核戦力の場合はさほど問題ではない。たとえば米国の保有する大陸間弾道ミサイル（ICBM）・ミニットマンⅢ（Minuteman III）は総重量35トン弱のミサイルであるが，TNT火薬に換算して100万トン以上（335キロトン核弾頭3発）に匹敵する核弾頭を1万3000キロメートル運搬することができる[89]。これら大陸間弾道ミサイルならびに潜水艦発射型弾道ミサイル（SLBM）は敵の脅威が及ばない米国本土ならびに周辺海域からほぼ地球半球を射程圏内に収めており，核戦力は相手の領域拒否圏外からその一撃において圧倒的な戦力投射が可能である。現代のICBM/SLBMは基本的にMIRV（multiple independently-targetable reentry vehicle：複数独立再突入弾頭）化されている。成層圏から大気圏内に再突入した複数の弾頭は，おとり弾頭（デコイ）を伴いつつ迎撃不可能な速度で目的地に向かう。双方が相手の第一撃から残存可能な戦略核戦力を保有する以上，戦略核を保有する敵に対し先制核攻撃を実施することは，ほぼ確実に核による大量報復を受けることを意味するのであり，この懲罰的抑止のメカニズムに従って核抑止は原則的に機能すると見積もることができる。

　一方で核抑止が機能するということは，戦力投射は非核通常戦力のみによって実行されることを意味するが，通常戦力による戦力投射には自ずと限界がある。米軍が戦力投射において多用する戦術巡航ミサイル・トマホーク（Tomahawk）は1000キロメートル前後の遠距離から複数の誘導方式を組み合わせることによって地理的座標に対し精密誘導攻撃を実施できるが，図1-9に示すとおり，その搭載量（ペイロード）は核であれば200キロトンに達する一方，通常型の高性能炸薬（high explosion: HE）の場合450キログラムあまりであり，中小規模の建造物あるいは数両の車両を破壊するレベルにすぎない。よって遠距離精密誘導攻撃能力は特定の攻撃目標に対しピンポイントで打撃する際にきわめて有効であるが，大規模な戦力投射を実施する際，その量的要求を満たすためには数百以上の高額なミサイルを費消しなくてはならず，物量的，財政的にきわめて大きな負担をもたらす。

89　Duncan Lennox ed., *Jane's Strategic Weapon Systems*, Jane's Information Group, January 1999, Issue 29.

図 1-9　トマホーク巡航ミサイルのペイロード

	核弾頭型（TLAM-N）	対艦攻撃型	通常弾頭型（TLAM-C/D）
全　長	6.25 m	6.25 m	6.25 m
幅	0.52 m	0.52 m	0.52 m
重　量	1,452 kg	1,452 kg	1,452 kg
弾　頭	単弾頭	単弾頭	単弾頭
炸薬量	核 200 キロトン	高性能炸薬 454 kg	Submunitions

出典：Duncan Lennox ed., *Jane's Strategic Weapon Systems*, Jane's Information Group, January 1999, Issue 29.

　距離の専制は核抑止が機能し，通常戦力が軍事戦略の重心となる場合において重要な要素となる。そして所要の戦力投射を発揮するためには領域拒否圏内において一定のリスクをとりつつ前方展開する，という方策が考えられる。オハンロン（Michael O'Hanlon）は米軍のアジア太平洋戦域における前方展開に関し，在日米軍基地に関する費用便益について考察している。オハンロンの結論として横須賀を事実上の定係港とする米空母は，アジア太平洋地域における米国のプレゼンス発揮のため絶対に不可欠であり，「米本土から当該戦域に空母を常時展開しようとすれば，4 個の空母打撃群ならびに搭載機を増強する必要があり，毎年 100 億ドルの出費が増える」という財政上の負担，ならびに「在日米空軍基地を代替すると仮定した場合，韓国の基地機能を強化し，常時 4～5 個の空母打撃群をアジア太平洋戦域に常時展開させる必要がある」という作戦上の負担について述べる[90]。

　とりわけ後者は距離の専制が戦力投射に直接及ぼす影響について明快な例示となる。アジア太平洋に展開する米軍，とりわけ高度な修理・補給機能を要求する海空軍アセットを満足に稼働させる場合，日本に所在する整備・補給機能が期待できないのであれば，作戦部隊はハワイもしくは太平洋を隔てた米本土に修理の都度帰投する必要を生じる。その際米軍は現状のコミットメントのレベルを確保するためにその数倍に及ぶ戦力をもって順次アジア太平洋戦域に本国から展開させる必要があり，きわめて大きな財政的，人的負担を強いられる。オハンロンによれば在日米軍の役割は「日本防衛」，「朝鮮半島有事における戦略物資を供給する前方展開基地」，「朝鮮半島における海空軍の戦闘哨戒」，「ア

---

[90] Michael O'Hanlon, "Restructuring U.S. Forces and Bases in Japan," Mike Mochizuki ed., *Toward A True Alliance*, Brookings Institution Press, 1997, p. 151.

ジア太平洋戦域における前方展開拠点」,「ペルシャ湾等,遠方戦域へ展開する際のコスト低減」である[91]。

　これらの戦略目標達成のため,在日米軍基地が中国の領域拒否の威力圏内にあるとしても基地機能の維持を断念することはできない。したがってできるだけリスクを低減しつつ,在日米軍基地機能を確保することが米国の戦力投射を前提とした攻勢戦略に不可欠である,ということになる。リスクの低減とはすなわち相手の領域拒否能力を極力拒否することであり,戦力投射を発揮する基盤としての基地機能を防護し,作戦上の聖域を確保することが必要となる。そのためには「相手の領域拒否を拒否し,聖域を確保するための自身の領域拒否能力」が必要となる。つまり戦力投射は従来のように外洋における制海のみを前提条件とするのではない,ということになる。

9　「攻撃−防御」二元論は成り立つのか

　軍事とは戦略・作戦・戦術そして技術レベルに至る複雑かつ多層的な検討からなっており,ここまでの考察にも戦略レベルから個々のミサイルやアセットなどの性能に関するものまで,多様な要素が含まれる。一方で軍事戦略を論じる際,一般的にイメージされるのは「どちらが攻撃的か,どちらが防御的なのか」,という「攻防二元論」であろう。これは戦略レベルのみならず作戦から戦術レベルに至るまで,軍事を分析する際に用いられる,ごく一般的な概念であるといえる。ヴァン・エヴェラは戦争の起こりやすさ,ひるがえって平和はどのような国家間関係（あるいは国際社会の状況）あるいは国内情勢によって崩れる傾向が強いのか,という国際関係の大きな論点について,シンプルかつ大きな援用範囲を有する理論,すなわち一般理論の構築を試みている。

　ヴァン・エヴェラは国家間関係について相手国の征服が比較的容易な「攻勢優位」(offense dominant) と,領土征服が非常に困難な「防御優位」(defense dominant) に二分し,この「攻勢−防御のバランス」が戦争勃発のリスクについて大きな影響を与えているとし[92],「攻勢−防御理論」における主要な仮説

91　Ibid, pp. 156-157.

として以下の3点を提唱する[93]。
① 戦争は国家が相手国を征服することが容易である，あるいはそうであると認識される場合により起こりやすく，その反対では発生しにくい。
② 国家が，自分は周辺国を攻撃する良い機会を得ている，あるいは防御上の脆弱性に脅かされていると認識した場合，戦争に踏み切る公算が高まる。
③ 国家は自分が攻勢に出る機会と防御するだけの能力があると考える場合に戦争を主導する。

　一般に軍事・安全保障を論じる場合，それが国家政策レベルであれ兵器の性質に関わるものであれ，それが「攻撃的か防御的か」という論点で語られるケースはままある。しかしながら攻防の関係は戦争の局面中でも頻繁に入れ替わるものであり，また戦略レベルでは防御的であっても，作戦レベルで攻勢に出るということは珍しいことではない。たとえば前述したエアランド・バトルは，機甲師団など地上戦力において優勢なワルシャワ条約機構軍の先制攻撃に対し，NATO側の縦深航空攻撃によってその補給路を寸断するというものであった。想定される戦争はワルシャワ条約機構側の地上侵攻に端を発する防御的なものであるが，作戦構想は戦域内においてワルシャワ条約機構側の領域を含む広範な領域に航空攻撃を行うという攻勢作戦を主体とするものであった。
　このような攻撃－防御の分析枠組みは今後いっそう複雑なものとなる。なぜならば20世紀後半以降の技術革新によってオペレーショナル・テンポはいっそう早くなっており，攻撃－防御，という観点で軍事を分析したとしても，戦略レベル，会戦・作戦レベルなどといった切り口によって結論はいかようにも可変的となりかねない。第1章で述べたとおり，現代の軍事戦略は「優勢な側が攻勢をとり，制海と戦力投射を実行し，劣勢な側が守勢をとって領域拒否を選択する」というシンプルな構図で理解すべきではない。現代の領域拒否は戦域レベルで海洋をコントロールすることが可能なのである。

92　Stephen Van Evera, "Offense, Defense, and Causes of War," Michael Brown et al. eds., *Theories of War and Peace*, The MIT Press, 1998, pp. 55-57.（First published in *International Security*, Vol. 22, No. 4（Spring 1998）.）
93　Ibid, p. 72.

くわえて上記3つの仮説はいずれも政治指導者の認識レベルに依拠する部分が大きく，兵力整備ならびに軍事戦略の分析等に反映させることが困難である。さまざまなアセット（艦艇，航空機，ミサイルシステム等）は，運用する位置，用法によって戦術的には攻撃－防御両方に使用可能であるものが大半であるため，単純に攻撃型もしくは防御的，と断定することも適当ではない。

また，経済力あるいは工業生産力などと異なり，軍事力は使用しないことによって価値が下がるわけではない，という点にも注目する必要がある。ウォルツは「パワーの保持は軍事力行使と同義であると見なされるべきではなく，軍事力の有用性（usefulness）はその使用可能性（usability）と混同されるべきではない」と述べるが[94]，軍事力の効用に関するウォルツの見解は軍事力ならびに軍事戦略を抑止その他の多角的な視点から分析することの重要性を示唆するものであり，単なる数的・質的優劣と勝敗の見通しによって軍事を語ることがすべてではない，ということを意味している。

つまり核兵器の出現を機に精緻化した抑止概念など，現代の軍事戦略を論じるために必要な諸条件を踏まえて総合的に軍事力の存在理由や役割について検討しなければならないのであり，結果として攻撃をしたか否か，あるいは特定の局面を捉えて攻撃的であるか，防御的なのか，という評価によって軍事戦略を分析することは適当ではない。付言するならば，ヴァン・エヴェラは「攻勢－防御理論」における3点の仮説を1789年（フランス革命）以降の近現代欧州，春秋～戦国時代の古代中国，そして1789年以降の米国の3つのケーススタディによって論証を試みているが[95]，核兵器のみならず時代背景，社会システム等一切の前提仮定などを捨象して構築された理論は，仮に一般性を持っていたとしても援用性に乏しい。これは第1章で示したジョージとベネットによる，汎用性が高く抽象的な，いわゆる「一般理論」が具体的な政策立案などへの寄与に乏しい，という批判が当てはまる理論であるといえ，実証的な軍事戦略の分析に寄与するものといえない[96]。

---

94 Kenneth Waltz, *Theory of International Politics*, Waveland Press, 2010, p. 185.（ケネス・ウォルツ『国際政治の理論』河野勝・岡垣知子訳，勁草書房，2010年。）
95 Stephen Van Evera, "Offense, Defense and Causes of War," Brown et al. eds., *Theories of War and Peace*, pp. 72-73.

10 小結：ここまでに見出された主な論点

　ここまで主として理論レベルの分析を行い，領域拒否，制海そして戦力投射という分析枠組みの妥当性を明らかにした。この際，今後ケーススタディとこれに基づく評価を進める際に影響を及ぼすさまざまな論点が見出されたが，これらについて以下の 6 つの項目に集約して示す。本書が見出した論点（major findings）のうちいくつかは純軍事的領域にとどまるのではなく，国際関係あるいは国際システムに影響し得ると考えられるものである。

a. 戦力投射の難易度

　従来海洋領域では優勢な側が制海を前提とした戦力投射によって攻勢をとり，劣勢側が領域拒否を採用するとされてきたが，現在は彼我の相対戦力ならびに地理的状況によって戦域レベルで相手が正確な C4ISR ネットワークを維持しつつ領域拒否を実行するかぎり，戦力投射が戦略目的を達成する公算は低下するとともに，想定される被害規模が受容し得ないレベルに達することが予想されるため，戦力投射の実行可能性は減少している。

　これは「軍事力使用のハードル」に関わるものであり，冷戦末期のソ連海洋要塞戦略，あるいは 21 世紀の中国 A2/AD 戦略といった強力な領域拒否に対し，米国とその同盟国はこれを攻略し得る制海を有することはあったとしても，ソ連あるいは中国本土に大規模な戦力投射を行使する可能性は基本的に存在しない。これは核へのエスカレーションを防ぐことだけでなく，そのような沿岸部から内陸にわたる地理的縦深にめぐらされた強力な領域拒否を排除する際の被害が受容できるレベルでなく，そもそも戦力投射が成功するという公算が立たないからである。

b. 距離の専制

　戦力投射の範囲を領域拒否からアウトレンジさせる場合，核抑止が機能する以上，「距離の専制」によってその能力は著しく減じる。冷戦末期の米国はソ連と対峙するため，欧州と日本などの前方展開拠点を欠いて大規模な作

96　ジョージ，ベネット『社会科学のケーススタディ』15 頁。

戦行動をとることはコスト的に受容できないものであり，同様の理由から米国が21世紀のアジア太平洋において中国と対峙する際に日本の基地機能が必要不可欠である。

c. 相互領域拒否

　自身の制海を実現することが困難な場合，次善の策として自身の領域拒否によって敵の領域拒否を拒否し，相手に行動の自由を与えないようにすることが考えられる。結果として領域拒否が相互に発揮される境界領域では「海上において双方が行動の自由を有しない」（maritime no-man's land）状況が生じる。

　これは本章第2節及び第3節で示したとおり，ソ連あるいは中国の領域拒否に対し，その影響圏内に入った日本が米国とともに戦力投射を保有するよりも領域拒否を向上させることで日本国内に所在するアセットと基地機能の残存性を高めることを優先したことによって明らかである。

d. 海洋領域における手詰まりと「安定 – 不安定のパラドクス」

　上記cから，海洋領域において有力な軍事力を有するアクター同士の影響圏が重なるエリアでは相互に領域拒否を行使する形をとる。領域拒否は相手を拒否するためには有効であるが，自身の戦略目標を達成するため相手に現状変更を強制する力は弱い。

　したがって現代の海洋領域では現状変更がきわめて困難な「手詰まり状態」（stalemate）をもたらすため，高烈度通常戦争に移行したとしても政治目的あるいは戦略目標を達成する公算がきわめて低くなる。これは各アクターが核抑止の破綻による核戦争へのエスカレーション回避を指向するという認識とは別に，通常戦力による戦略目標達成の公算が大幅に低下することにより，そもそも高烈度通常戦争に踏み切る可能性が低下することを意味する。よって高烈度通常戦争レベルでの抑止が機能するとともに，軍事力行使のハードルが高くなった結果として，長期的な対立と低烈度の紛争が継続する。

　このようにエスカレーションラダーの高位において抑止が機能し，均衡がとれることにより[97]，「これ以上事態のエスカレートがない」という確信が生じ，その結果として低烈度の段階における不安定を惹起する，という状況は「安定 – 不安定のパラドクス」と呼ばれる。スナイダーは「戦略レベルで

の恐怖の均衡が安定すればするほど、そのエスカレーションラダーの下位レベルの安定性は低下する」と述べたが[98]、その意味するところは、冷戦期は核戦略レベルでの均衡と抑止のメカニズムが確固としたものであるがゆえに朝鮮戦争、ヴェトナム戦争、あるいはソ連のアフガニスタン侵攻のような通常戦争を引き起こすハードルがむしろ低下した、という状況である[99]。

この議論を本書のうち、とりわけ冷戦後の状況に適用した場合、核ならびに高烈度通常戦争レベルの安定(多少の対立・紛争を起こしたとしても大国間の核戦争や高烈度通常戦争にエスカレートするはずがない、という各アクターの確信)によって低烈度の対立と紛争が継続し、当面の間、低烈度の紛争・対立が安全保障の中心的な問題となることを意味する。

e. グローバル化における制海

本書における前提仮定を加味した上で現代のシーパワーについて検討を加えた場合においても、マハンの制海概念などの理論は一定の有用性を維持している。まず海上貿易に依存するアクターは、国益の維持・拡大を企図して制海能力を維持する必要があるということはある程度普遍的な論点であると断じて問題はなく、むしろグローバル化が進行する過程でこの論点はより説得力を増す。詳細はそれぞれのケーススタディにおいて示すが、かつてランドパワーとしての性格が強かったインドや中国は、グローバル経済システムの中で経済発展を遂げる過程で制海への投資を増加させている。

---

97 エスカレーションラダーとは事態のエスカレーションのレベルを垂直的な梯子のイメージで捉えたものである。Herman Kahn, *On Escalation: Metaphors and Scenarios*, Frederick A. Praeger, 1965, p. 39.

98 Glenn Snyder, "The *Balance of Power* and the Balance of Terror," Paul Seabury ed., *Balance of Power*, Chandler Publishing Company, 1965, pp. 198-199.

99 栗田真広はこの概念が今日の東アジアの文脈ではもう少し緩やかな定義で用いられているとし、「現状変更を企図する国家の核戦力が伸張することで、当該国と東アジア各国に拡大核抑止を提供する米国との間で相互の核抑止が成立する一方、エスカレーションの段階、すなわちエスカレーション・ラダーのより低いレベルでの挑発行動等、たとえば準軍事組織等の領海等への侵入や、単発的かつ被害が限定的な軍事攻撃等が起こりやすくなるとするものである。(中略)低次のレベルでの挑発行動等は、エスカレーション・ラダーのより高いレベルでの抑止の信頼性が揺らいだ結果ではない。むしろ、その高次のレベルにおいて安定が成立したことで、現状変更を企図する側は、エスカレーションの危険をあまり感じることなく、それら低次のレベルでの行動を遂行することが可能になったものである。」と述べる。栗田真広「同盟と抑止──集団的自衛権議論の前提として」『レファレンス』2015年3月, 21頁。

f. 制海と自己完結的な海軍力

　　領域拒否圏外の外洋では地上航空基地戦力などによる早期警戒ネットワークの支援が十分に期待できない。その結果，太平洋，大西洋，インド洋などの外洋で軍事的優越を発揮するためには空母打撃群などに代表される自己完結的な海軍戦力が必要不可欠であり，この領域では純粋な海軍力が制海における優劣を決する。

第Ⅱ部
海洋国家の海洋戦略を読み解く

第2章では海洋領域の軍事戦略における領域拒否，制海，戦力投射という3つの分析枠組みについて，その妥当性を説明するとともに現代の軍事戦略における重心が通常戦力にあり，また冷戦期以降大規模な軍事力行使のハードルはきわめて高いこと，そして「距離の専制」などについて示した。

　ここまでの理論レベルでの分析結果をもとに，第Ⅱ部では一般的にシーパワー（海洋国家）と見なされることが多い米国，英国及び日本について，その海洋領域における軍事戦略の変遷に関して分析を加えるが，その分析結果は3カ国それぞれの特色を示すこととなる。その一端を示すと，冷戦終結後の米国ならびに英国は自国近傍の海洋領域において切迫した脅威があるとは認識していないため，領域拒否への意図的な資源配分があまりみられないが，日本は周辺国の中で冷戦末期におけるソ連，2010年ころ以降の中国に対応するため，自身の海上交通路防衛もしくは米国の補完としての制海だけでなく，領域拒否について相応の投資を行っている。

　第1章で述べたとおり，各国の軍事戦略とは本質的にきわめて多様な地理・歴史・政治・経済あるいは産業・技術基盤などの要素に左右されるだけでなく，同盟・友好国あるいは脅威と認識する相手国の選択した軍事戦略によって影響を受け，さらにそれが再び他国に影響を与えるという「相互依存」的な環境下にある，もしくは「双方向的」に影響し合う性質が強い，と見なすべきであり，一方向のアローダイアグラムで示し得る単純な因果推論モデルに基づいて分析対象となる6カ国を包括的に説明することは容易ではない。

　さらに，本書の提示する領域拒否，制海ならびに戦力投射という分析枠組みは，特定のアセットの保有数や調達数などを画一的に比較した上で優劣を明確にするといったシンプルなものともなり得ない。まず，最高速度や搭載兵装の量など，カタログデータ上ではほぼ同等の戦闘機であったとしても，それがC4ISRなど先進的な技術に基づくネットワーク化された作戦環境で運用されるケースと，早期警戒機あるいは地上レーダーサイトなどの情報通信などが遮断され，外洋上で運用される場合とでは発揮される能力は全く異なる。したがって特定の兵器保有数などの多寡をもって画一的に比較することはむしろ正確な能力あるいは意図を把握することを阻害することとなる。

　くわえて多くのアセットは保有国の運用構想によって異なる用法で用いられ

表 2-1　海洋領域における主なアセットとその運用上の性格に基づく分類
(◎：最適，○：適合，△：対応可能であるが限定的，×：不適，－：本書の対象外)

	領域拒否	制海	戦力投射
攻撃型原子力潜水艦（SSN）	○	◎	△
通常型潜水艦（SS）	◎	△	△
通常型空母[1]（CTOL）	○	◎	◎
軽空母[2]（STOVL, STOBAR）	○	○	×
大型水上戦闘艦（巡洋艦，駆逐艦，フリゲート艦）	△	◎	○
揚陸艦	×	×	◎
地上配備型長距離攻撃機[3]	◎	○	－
地上配備型防空戦闘機	◎	△	－
防空ミサイルシステム	◎	△	－
対艦攻撃用巡航／弾道ミサイルシステム（地上配備）	◎	△	×

注1：蒸気カタパルトによって搭載航空機を発艦させる，"conventional take-off and landing"（CTOL）空母を指す。米海軍の保有する空母，あるいはフランス海軍のシャルル・ド・ゴール（Charles de Gaulle）などがこれにあたる。

注2：英国が保有したインヴィンシブル（Invincible）級軽空母のように，スキー・ジャンプ甲板などから発艦させ，垂直着艦させる，"short take-off and vertical landing"（STOVL）空母及びロシア，中国が運用するスキー・ジャンプ甲板からの発艦とアレスティング・ワイアによって着艦拘束する形式 "short take-off but arrested recovery"（STOBAR）空母を指す。

注3：本書は海洋領域における軍事戦略に関する分析であり，地上領域から直接他国への戦力投射を実施するケース，つまり地上配備型長距離攻撃機などによる対地攻撃などについて分析から除外している。

出典：著者作成

るのであり，この点に関してもケーススタディは各国ごとに慎重に進める必要がある。本章ならびに次章のケーススタディで比較対象となる主なアセットの，領域拒否，制海，戦力投射という3つの分析枠組みにおける分類は原則として表2-1のとおりである。しかしながらこれがすべてそのまま適用されるわけではなく，ケーススタディでは各国ごと詳細な検討を加える必要がある。

たとえば，攻撃型原子力潜水艦（攻撃原潜：SSN）は，米国では敵戦略原潜の攻撃あるいはソ連艦隊の攻撃という制海だけでなく，空母打撃群（career strike group: CSG）の構成アセットとして空母の前程哨戒にあたる，いわば戦力投射の構成要素としての性格を持つが，フォークランド紛争における英攻撃原潜，あるいは冷戦後期において米国と潜在的に対立していたインドにおける攻撃原潜は，敵水上部隊を拒否する領域拒否アセットとして類別することが適当である。さらにロシアにおいて攻撃原潜は米戦略原潜の追尾・攻撃とともに，自国領域に近接する米水上艦隊を迎撃するという領域拒否に専従してきたと考

えられる。

　ミサイル駆逐艦などの大型水上艦艇は基本的に制海を構成するが、対地攻撃巡航ミサイルなどを運用する場合には戦力投射の範疇に入ることとなる。第1章で述べたとおり、冷戦後期にソ連は「海洋要塞戦略」を遂行するにあたり、大型水上艦艇を外部防衛ラインの構成要素、すなわち領域拒否アセットと見なしていたと理解できる。しかし敵に海洋利用の自由があるのであれば、水上艦艇はその脆弱性、残存性からみて領域拒否実施に際し効率の良いアセットとはいえない。通常型空母は防空戦闘機を運用することで経空脅威を排除し、作戦海域における行動の自由を確保すること、すなわち制海の構成要素であるとともに、搭載攻撃機の対地攻撃能力とともに戦力投射の主たるアセットともなる。

　なお、本書において大型水上戦闘艦艇とは満載排水量3000トン以上を指す。これは外洋における長期行動能力を持ち、かつ対空ミサイルなどの装備により地上航空戦力によるエアカバーに頼ることなくある程度高烈度戦争における残存性を維持するためには一定の船体規模が必要となることによる[1]。

　このように、各国の政策過程などを捨象し、アウトプットとしての軍事戦略を分析する際についても、国ごとの歴史的背景、地理的位置あるいは軍事力を構成するアセットの運用手法、あるいは数値で表しにくい指揮通信能力などを考慮した上で個別に観察し、慎重に議論を進めることが必要となる。結果的に本章ならびに次章のケーススタディではそれぞれの国家ごとに、その海洋領域における軍事戦略を理解するために最も適当であると考えられる手法に基づいて比較分析することとなる。また、具体的な分析対象年代はあくまで1980年ごろから2017年までであるが、一方で各国の歴史的経緯については必要と思われる範囲で対象年代よりも広く論じる必要がある。

　また、各国のケーススタディでは表2-2の評価尺度に従い、領域拒否、制海、戦力投射の分析枠組みに沿った評価を付す。この際、戦略目標の大きな変化がもたらす要因とその時期は各国ごと異なるため、時期に関する区分のしかたは6カ国ごとにそれぞれ異なる。

1 　一般的に空母（career vessel）、戦艦（battle ship）、巡洋艦（cruiser）、駆逐艦（destroyer）といった艦種が該当する。一方でフリゲート（frigate）については国ごとに排水量あるいは能力などは大きく異なるなど、必ずしも厳密な定義が存在するわけではない。

表 2-2　評価尺度

5	高烈度通常戦争において卓越しており，他のあらゆる国家の軍事的挑戦を排除する力を有する。
4	高烈度通常戦争において高い能力を有し，強力な他国と軍事的優越を争奪する状況にある。
3	高烈度通常戦争にある程度対応可能であるが，地理的に限定的であるか，他の同盟国の持つ当該能力を補完する程度にとどまる。
2	当該能力に関して限定的で低烈度の紛争などに対応するレベルであり，高烈度通常戦争を遂行することはできない。
1	当該能力をほとんど有しない。

出典：著者作成

　また，評価尺度は1から5の5段階で示されるが，一部の項目においては評価の移行期にあると考えられ，単一の数字で示すことが困難な場合については「2⇒3」と表記する場合がある。

第3章
米国：制海と戦力投射への依存

　第二次世界大戦以降，米国は英国から海洋領域における軍事的優越を引き継ぎ，広い意味で現在まで世界の大半の海洋領域において軍事的覇権を維持してきたといっても過言ではない。冷戦中期以降，ソ連から海洋軍事戦力に関し質量両面にわたる挑戦を受けたため，当時米海軍は制海に主眼を置いてきた。一方で冷戦末期においてもソビエトの海外展開基地は数的にも能力的にもごく限られており，外洋展開能力は米国のそれと比較して継続性に乏しかった。そのため，米国の相対的な軍事的優越は太平洋，大西洋の広域でおおむね保持されてきたと考えられ，前章で述べたとおりソビエトが米国と制海を争うことができた海域は自国領土から一定の範囲に限られていた。また，冷戦終結以降については，中国の軍事的発展が顕在化するまでの間，海洋領域において米国に挑戦する国家／非国家は存在しなかった。したがって冷戦終結後約四半世紀の間，米国の海洋領域における軍事戦略は原則として自身の制海を前提とした戦力投射に優先順位を置いてきた。これは唯一の超大国として世界秩序を維持し，自由，民主主義といった政治的規範概念に基づく他国への関与が米国自身にとりきわめて重要な国益であり，これを具現するものであったといえる。

　一方で2010年ころまでに中国はA2/AD戦略，すなわちアジア太平洋戦域において局地的に米国の軍事力を阻害することを企図した領域拒否を基調とする軍事戦略を確立するとともに，軍事的にみて圧倒的な優位にあるASEAN諸国に対しては，南シナ海において制海を確立しつつ，強襲揚陸能力をはじめとする戦力投射を徐々に向上させている。このため，米国は中国を念頭におい

表 2-3　米海軍主要艦艇隻数の変遷

艦　種	1985	1990	1995	2000	2005	2010	2015
攻撃原潜等	95	90	82	55	56	57	59
通常型潜水艦	4	1	—	—	—	—	—
空　母	14	14	12	12	12	11	10
大型水上戦闘艦（戦艦，巡洋艦，駆逐艦，フリゲート）	200	206	127	114	106	101	95
揚陸艦	61	65	41	41	38	31	31

出典：The International Institute for Strategic Studies (IISS), *The Military Balance 1985-1986*, Autumn 1985, pp. 9-11; *The Military Balance 1990-1991*, Autumn 1990, pp. 19-22; *The Military Balance 1995-1996*, October 1995, pp. 25-28; *The Military Balance 2000-2001*, October 2000, pp. 26-29; *The Military Balance 2005-2006*, October 2005, pp. 22-26; *The Military Balance 2010*, February 2010, pp. 33-36; *The Military Balance 2015*, February 2015, pp. 43-46 より著者作成

た，先進的領域拒否への対抗手段確立と戦力投射の発揮，さらには再び制海を主要戦略目標として再設定すべきという認識が生じつつある。

　このように分析対象期間において，米国は安全保障環境の変化に応じて制海と戦力投射のいずれに重心を置くか，二元論的に判断してきたと理解するのが適当である。逆にいえば太平洋と大西洋によって他の主要国と地理的に隔離され，周辺に軍事的脅威となり得る国家が存在しないため，歴史的に一貫して領域拒否を重視する必要性に欠けている。冷戦期にソビエトと向き合う中でアラスカなどでは核抑止の文脈で早期警戒と防空能力がきわめて重要であった。冷戦終結後も，北朝鮮などによる弾道ミサイルの潜在的脅威が顕在化する過程で弾道ミサイル防衛システムを開発してきたが，これは原則として核抑止に直結する文脈で理解すべきであり，本書のカバーする領域とは一致しない。

　表 2-3 は 1985 年から 2015 年における，米海軍の主要艦艇の隻数を 5 年ごとに示したものである[1]。冷戦終結後，すべての艦種についておおむね減少基調にあるが，これは冷戦終結に伴う予算削減に加え，技術的革新に伴うコストの急騰が主な影響であると考えられる。そして主力艦艇の保有比率，あるいは組成が大きく変化することなく，全体的に減少しているということは大きな戦略的転換を図っていないことを示す。

　ところで冷戦期から現在に至るまで，米国は世界中に点在する前方展開基地を防護する必要があり，これらの防護に関わる領域拒否能力を全く捨象してき

1　攻撃原潜等の項目には攻撃原潜（SSN）と巡航ミサイル原潜（SSGN）が含まれる。

たわけではない。しかし，これについても基地の所在する同盟国に依存する部分が多く，米軍の規模と能力の中で領域拒否を構成し得るアセットが占める割合は，後述する英国とならび，際立って少ない。よって本書で論じる，「到来する敵を排除するため，自国領土と沿岸海域から外洋に対して行うパワーの指向」という意味での領域拒否について，米国自身が軍事戦略レベルで積極的に投資を行ってきたとは考えられない。たとえば米国は典型的な領域拒否アセットである，静粛性に富みチョークポイント防御に適した通常動力（ディーゼル電池推進）潜水艦を 1950 年代末以降建造していない。このような点を踏まえ，米国については冷戦末期の制海優先とポスト冷戦期の戦力投射優先，そして中国の海洋領域における台頭による，制海への再投資に向けたトレンドという 3 つのセクションに分けて論じるとともに，戦術航空戦力を中心に米空軍の戦力組成について分析を加える。

1　ソ連海軍の台頭と制海重視：冷戦末期（1980 ～ 1989 年）

第 2 章で引用したとおり，米海軍大学校長であったターナーは米海軍の主要任務について「戦略抑止」，「制海」，「地上への戦力投射」そして「プレゼンス」の 4 点であると述べた[2]。これらの用語についてターナーは「海軍作戦部長（のイニシアティブに基づいて）確立した」ものであるとし，「単に新しい専門用語（jargon）のように見なされるかもしれないが，そうではない。1970 年以降米海軍は伝統的な役割と任務について再定義を図ってきた」とする[3]。つまりターナーの著作は単に個人的見解を示したものではなく，当時の米海軍の中でオーソライズされた検討結果の一部であったことを示す。シュウォーツ（Peter Swartz）によれば，ターナーの著作は 1970 年に当時の米海軍作戦部長であったズムウォルト（Elmo Zumwalt）大将が主導した米海軍戦略に関する公式文書「プロジェクト 60」（Project Sixty）から秘密事項等を削除したものを元に執筆されたものである[4]。

2　Turner, "Missions of the U.S. Navy," p. 2.
3　Ibid.
4　Peter Swartz with Karin Duggan, *U. S. Navy Capstone Strategies and Concepts (1970-2010):*

第 3 章 米国：制海と戦力投射への依存

　シュウォーツによれば，「プロジェクト 60」はソビエトの脅威に対抗するために米海軍を再適合させるものであり，核抑止レベル（戦略抑止）から平時（プレゼンス）まで，高低いずれのエスカレーションラダーにも対応し得る（ハイ・ローミックス）4 つの任務からなり，戦力投射よりも制海を優先していたとされる[5]。これは当時ソ連海軍が潜水艦と大型水上艦艇の質量両面における向上により急速に外洋展開能力を高めつつあったことから，海洋領域における米国の優位を維持するために制海を重視する必要があったことに加え，そもそも核戦略レベルで抑止を機能させ，現状維持を図ることが戦略目標である以上，核へのエスカレーションを考慮した場合，ソ連領域への大規模な戦力投射は現実的な任務となり得なかったからであると考えられる。ソ連の海洋領域における能力拡大への対抗と，これに伴う制海重視という基本的な傾向は「プロジェクト 60」以降，1970 年代末にかけて策定された「米海軍戦略概念」(Strategic Concept of the U.S. Navy)，あるいは「シー・プラン 2000」(Sea Plan 2000) などを通じ原則として維持され，1980 年代の「海洋戦略」へと継承されていった[6]。

　冷戦末期のソ連海軍は沿岸部からおよそ 2000 キロメートルの圏内で海洋拒否（sea denial）エリアを構築し，核抑止における第二撃能力の根幹である戦略原潜が安全に戦略パトロールに従事可能な聖域を確保するという海洋要塞戦略を進めた。したがってソ連海軍は戦略原潜の防護に最も高い優先順位を置き，次いで欧州戦域における地上戦の支援及び外洋における西側海上交通路の妨害を企図していると考えられていた[7]。

　ソ連海軍は海洋要塞戦略による縦深性の維持，戦域核戦力，あるいは対水上戦，機雷戦などにおいて優位を維持する一方で，地上航空戦力の行動圏外における航空作戦能力，対潜戦，対艦巡航ミサイル防御などの点で弱点を抱えるとともに，地理的に戦力が分散しており，いずれもボスポラス海峡あるいは宗

　A Brief Summary, Center for Naval Analysis (CNA), December 2011, pp. 2-4. なお，本文献は論文ではなく，パワーポイントスライド資料である。

5　Ibid, p. 3.

6　Ibid, pp. 5-11. これらの多くは機密（Top Secret），あるいは極秘（Secret）に指定された秘密文書であった。

7　Hattendorf and Swartz eds., *U. S. Naval Strategy in the 1980s*, pp. 59-61.

第Ⅱ部　海洋国家の海洋戦略を読み解く

図2-1　米「海洋戦略」における主要部隊の事前展開状況

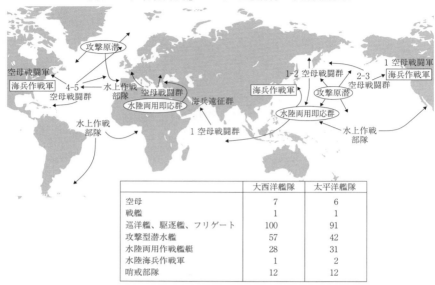

出典：John Hattendorf and Peter Swartz eds., "The Maritime Strategy, 1984," *U. S. Naval Strategy in the 1980s: Selected Documents*, U. S. Naval War College Newport Papers 33, 2008, p. 70.

谷・津軽海峡などのチョークポイントを越えて外洋に展開するまでにコストを要する点などが問題点として認識されていた[8]。

このような情勢認識に基づき，米「海洋戦略」はひとたび米ソ間で危機が発生した場合，それはグローバル通常戦争へとエスカレートする公算が高いと判断しており，高烈度通常戦争への対応力を最も重視した[9]。そして図2-1が示すとおり，空母戦闘群（Aircraft career battle group: CVBG），水陸両用即応群（amphibious ready group: ARG）を中心とする前方展開能力を重視しており，事前に13個空母戦闘群のうち，修理期を除く11個群が中心となって対ソ「海洋戦略」を実施することとされていた。

ここにみられるとおり，米海軍は4個空母戦闘群を北海，同数を北太平洋，2〜3個＋仏空母部隊を地中海から黒海方面攻撃にあて，場合により1個をア

8　Ibid, p. 62.
9　Ibid, pp. 52–53.

ラビア海に展開させることとしていたが，一方でこれらの水上艦艇部隊は作戦劈頭で直ちにソ連の海洋拒否領域に突入するわけではなく，作戦開始当初はトマホーク巡航ミサイルなどによるアウトレンジからの打撃が想定されていた[10]。そして主要作戦目標は「ソ連の脇腹」すなわち戦略原潜行動エリアであるバスチョン攻撃，欧州戦域における地上戦の支援作戦としての戦力投射，あるいは海上通商路の保全といったものであった。

このように「海洋戦略」では強力なソ連の領域拒否能力に対し，軍事作戦初期段階においてはアウトレンジからの精密打撃，次いで空母艦載機などによるソ連海洋拒否領域の突破を想定していた。極東戦域では海兵隊によるカムチャツカ半島への上陸作戦が想定されていたが，あくまでソ連領域拒否の牽制であって補助的な作戦であるとともに蓋然性が高いとも考えられず，原則としてソ連本土への戦力投射ではなく海洋における優勢の獲得，すなわち制海を重視していたと見なすことが適当である。

2 制海を前提とした戦力投射：ポスト冷戦期（1990～2009年）

米ソ首脳によって1989年に冷戦終結が宣言され，1991年にソビエト連邦が消滅することにより，米国は唯一の超大国として決定的な軍事的優越を有した。イデオロギー対立に基づく2極構造の消失は，長期的にみて政治的もしくは文化的な多元性を肯定し，のちに21世紀の多極化国際社会へとつながっていったとも考えられる。しかし冷戦終結直後の国際社会では第1章に示したフクヤマの議論にみられるとおり，民主主義という価値の勝利と，これの普遍性を肯定する議論が支配的であった。メイヨール（James Mayall）は冷戦後国際社会の問題について，2000年の著書で次のとおり述べる[11]。

1989年以降，文化的・政治的分裂の問題が国際社会に再浮上してきた。（中

---

10 Ibid., p. 63. ソ連の強力な領域拒否に対し，最初から水上艦艇部隊を突入させることは想定される被害の大きさは受容困難であるというだけでなく，戦闘被害によって作戦行動自体が失敗する公算が高い。

11 James Mayall, *World Politics: Progress and its Limits*, Polity Press, 2000, p. 7.（ジェームズ・メイヨール『世界政治——進歩と限界』田所昌幸訳，勁草書房，2009年）

略）それは主権，民主主義，そして介入に関する論争である。より正確には，それらは主権の意味と適切性，そして主権のナショナルアイデンティティあるいは自決の原則に対する関係性に関するものである。この議論は，民主主義が世界秩序の基礎を構成すべきであり，また必然的帰結として民主化が紛争解決の目的となり，かつ主要な手段でもあるという主張を伴う。さらにこの議論は，介入が人道目的であるとして正当化されるという前提に基づき，単に攻撃を防ぐためだけではなく内戦をやめさせるために自国以外の武力を利用することに関する実行可能性を含む。

冷戦は西側の勝利に終わり，それは自由あるいは民主主義といった価値の勝利であったのであるから，冷戦後の世界では残された非民主主義国家についても順次民主化するべきである，という関与と介入が正当化される議論が強い影響力を持つこととなった。米国とその同盟国の軍事力は海洋において優越し，制海を争う相手は存在しない。そして米国とその同盟国が有する軍事力とは，制海の優位を前提に国際社会における関与と介入を具現する手段なのであり，必然的にこのことは，米海軍は海洋を越えて相手国に物理的にコミット可能な戦力投射へと比重を移すことを意味した。1994年に米海軍省が公表した「フォワード・フロム・ザ・シー」は，1992年に米海軍機関紙上で発表された「フロム・ザ・シー」の内容を修正した戦略文書である。当該文書冒頭には冷戦終結直後の米海軍の認識について，「根本的な変化とは，戦略的情勢の変化に伴う直接的な結果である。すなわち，（米海軍の戦略目標において）海洋領域においてグローバルな脅威に対応するような状況は遠くに去り，地域レベルの軍事的挑戦に対応するべく，海洋を越えて戦力を投射し，影響力を行使する形態へと向かっている」と記されているとおり，国際政治レベルでの自由，民主主義を実現するための関与と介入という文脈に，冷戦終結後の国際情勢と米海軍の戦略的方向性が整合されていったと理解することができる[12]。

このように制海に関して米国に対抗する相手が見当たらない状況下において，米国は海洋領域において安定した優越を確保した上で戦力投射を重視する方向

---

[12] U.S. Department of the Navy, ...*Forward from the sea*, 1994, p. 1.

へとシフトした。その過程で大国間の大規模戦争は考慮されておらず、平時の作戦、危機対応ならびに地域紛争に備えるため、「戦力投射と平時の影響力」が比較的重視された。そのため、沿岸部での作戦行動と海上における補給・基地機能（sea-basing）が作戦レベルの重点事項となった。「平時の前方プレゼンス作戦」（peacetime forward presence operations）においては、多用性に富む空母戦闘群と水陸両用即応群を重視する、とされている[13]。

ところで、この国際情勢に対応した米海軍の方向転換は、主要アセットなど多くのハードウェアについて大きな更新を要しない。通常型（CTOL）空母は搭載機の兵装選択によって制海と戦力投射のいずれにも対応可能である。また、大型水上戦闘艦艇についても元来自己完結的であり、かつ長期行動に適合するため汎用性に富むが、くわえて米海軍では冷戦末期以降、垂直発射装置（vertical launch system: VLS）によってスタンダード艦対空ミサイルあるいは発展型シー・スパロー艦対空ミサイル（Evolved Sea Sparrow Missile: ESSM）といった対空ミサイル、アスロック対潜ロケット（anti-submarine rocket: ASROC）とトマホーク巡航ミサイルを共通の発射プラットフォームで運用する体制が進んでおり、戦力投射を前提とした作戦では、水上艦艇は対空ミサイルと対潜ロケットを下ろし、空いたVLSのセルにトマホークを積み替えるだけで対応することが可能であった[14]。このように米軍艦艇の多くは、冗長性（redundancy）と呼ばれる余力をも持ち合わせており、ソ連と制海を争う体制からポスト冷戦期の戦力投射重視への変化に対応するために戦力組成上大きな変化を必要とすることはなかった。そのことは1991年に勃発した湾岸戦争において、米軍を主体とする有志連合が冷戦期と変わらない戦力組成で作戦部隊を編成し、イラクに対し圧倒的な戦力投射を発揮したことからも明らかである。そして戦力組成だけでなく、湾岸戦争において援用された作戦コンセプトとは、本来冷戦期の欧州戦域を念頭に立案された「エアランド・バトル」の応用であった。

2001年に発生したイスラム過激派によるニューヨーク同時多発テロ以降、

---

13 Ibid, pp. 3-4.
14 Mk. 41 VLSはモジュール化された格納容器から直接ミサイル等を発射するが、モジュールを装填するセルはミサイル等の種別にかかわらず共通である。その運用は1980年代初頭以降、スプルーアンス（Spruance）級駆逐艦、タイコンデロガ（Ticonderoga）級イージス巡洋艦以降の水上艦艇に順次導入された。Lockheed Martin, "Mk41 Vertical Launching System Fact Sheet."

米国はテロとの戦いへと入っていくが、非国家主体であるテロ組織、あるいはこれを支援する一部国家に米国と海洋領域で対決する力はなく、テロとの戦いにおいても引き続き米国の海洋領域における軍事的優越に変化はなかった。したがって制海の維持に大きな懸念は存在せず、基本的に戦力投射に専念する状況にあった。2007年に公表された米海軍、海兵隊、沿岸警備隊の「21世紀のシーパワーのための協力戦略」（CS21）における情勢認識とは、「完全な戦時でも、平時でもない（戦時と平時の間で）米国とその同盟国はグローバルな影響力を争う時代」である[15]。そのため、「この戦略（CS21）は海洋及び地上における行動や任務に影響を及ぼすことを目的とするシーパワーの用法について再確認」する[16]。そのために「グローバルな展開力、持続的なプレゼンス及び作戦上の柔軟性を発揮し、6つの重要任務もしくは戦略的責務（strategic imperatives）を達成」するが、6つの戦略的責務とは前方展開（forward presence）、抑止（deterrence）、制海（sea control）、戦力投射（power projection）、海洋安全保障（maritime security）、人道支援／災害救援（HA/DR）の6点である[17]。

このように、ソ連という挑戦者が消滅したのち、米国は海洋領域における揺るぎない軍事的優越というメリットを生かし、制海を所与のものとして世界中に前方展開し、戦力投射を発揮することで全世界的な影響力の行使を図った。それは単に軍事的合理性に基づく攻勢的な態勢を保持、あるいは国力の最大化というリアリズムの具現のみならず、自由、民主主義といった規範概念を広め、世界で民主化を進めるという米国の規範的な政治的意図とも一体となっていた。

3 再び制海へ：中国の海洋進出（2010～2017年）

中国は20世紀末以降、湾岸戦争あるいは台湾海峡危機を契機に軍の近代化に着手し、2010年ころまでにPLAのA2/AD戦略と呼ばれる領域拒否によって自国周辺海空域における局地的な軍事的優越を獲得し得るまでになった。中

---

15 U.S. Department of the Navy, *A Cooperative Strategy for the 21st Century Seapower* (CS21), p. 1.
16 Ibid, p. 5.
17 Ibid, pp. 9-11.

国の確立しつつある領域拒否の領域は中国本土から 1000 キロメートル以上の外洋に達していると見なされ，冷戦末期のソ連海洋要塞戦略にある程度類似した戦略環境を形成している。

米海軍の「21 世紀のシーパワーのための協力戦略（2015 年改訂版）」（CS21Revised）には中国の軍事的発展を念頭に，「インド-アジア太平洋地域に戦略的関心は移動しつつある。2020 年までに同地域の海軍艦艇，航空機および海兵隊戦力を増強するため，保有戦力の 60 パーセントを同地域に配備する」と記されている[18]。また，「軍事的なトレンド」として，「A2/AD による敵の局地的な軍事優越の可能性，サイバー領域における脅威，そして電磁的手段（electromagnetic mean）」などを列挙した上で，従来の作戦領域に捉われない，全領域アクセス（all-domain access）を達成する必要がある，とする[19]。

冷戦末期のソ連以来，20 年ぶりに現れた海洋領域における大規模な挑戦者に対し，米国の軍事戦略立案者たちの描いた方策とは，一義的には PLA の領域拒否を突破し，制海の優位を確保した上で戦力投射を発揮し得る能力を示すことで軍事的優位を保持することであった。フリードバーグが「アジアにおける米国の戦略的ポジションは，世界の他の地域と同様，最終的に「どれだけ遠くまで戦力を投射することができるのか」という点に左右される」と述べるとおり[20]，軍事的優越の揺らぎを認識した米国が見出した方策は，従来の軍事的優越の根源であった戦力投射を，いかに PLA の形成する領域拒否環境下で発揮するのか，という点にひとまず帰着する。それは原則として「戦力投射の主要構成要素である空母打撃群などに対し，いかに行動の自由を与え，従来通りの能力を発揮させるのか」というものであり，先進的な軍事力がその長距離精密誘導攻撃などによって PLA の指揮統制システム（C4I ネットワーク）や主要アセットを破壊し，その後行動の自由を保障された作戦海域で空母打撃群等が従来と同様の戦力投射を発揮することである。それはポスト冷戦期において，制海を所与のものとしてきた戦略環境が変化しつつあることを意味する。

---

18 U.S. Department of the Navy, *A Cooperative Strategy for the 21st Century Seapower* (*CS21Revised*), p. 11.
19 Ibid, p. 8.
20 Friedberg, *Beyond Air-Sea Battle*, p. 11.

ところで、エアシーバトル構想を含め、中国の軍事的台頭と海洋進出に対して出されたさまざまな提言はほぼ一様に類似した思考様式にのっとっている。米海空軍の限定的な作戦コンセプトとしてのエアシーバトル構想をはじめとする各種戦略・作戦概念は冷戦末期にソ連と軍拡競争の過程で提唱された「長期競争戦略」あるいは「相殺戦略」などに共通する点が多い。これらのコンセプトはいずれも自身が優位にある分野を非対称な形で有利に発展させることで、相手に追いつくために多大なコストを強いることで疲弊させ、最終的に勝利する、というものである。このようなコンセプトは2015年前後からシンクタンクなどの報告書などでしばしば提示されているが、とくに取り上げるべきものとしては「第3の相殺戦略」（The Third Offset Strategy）がある。それは2014年11月、ヘーゲル米国防長官（当時）による「防衛革新構想」（The Defense Innovation Initiative: DII）と題する覚書に記載がみられる[21]。当該覚書冒頭には、「米軍が21世紀における軍事的優越を維持するべく、革新的な手法を追求し、国防省全体にわたる広範な構想を確立する」という記述がある[22]。防衛革新構想とはこれらのトレンドを踏まえた上で米軍が今後も全世界における軍事的優越を維持するため、単なる技術革新や作戦レベルの改革にとどまらない、人事、組織体系、政策、インテリジェンスといった、国防に関わるあらゆる事業に及ぶ全省的改革を目指すものと理解できるが、これらの努力を「第3の相殺戦略（The Third Offset Strategy）」として明確化する、とされている。

防衛革新構想の要旨は次のとおりである[23]。

われわれが現在存在する時代では、主要な戦闘領域における米国の優越性が劣化しつつある。この状況を打開し、従来の軍事的優越を維持・拡大するため、われわれは限られた資源をもって対応する必要がある。
（中略）われわれは本質的に競争的な安全保障環境のもとで生きてきたが、このことに何の変化もないことは最近10年間でも明らかである。過去13年間、われわれが2つの大規模地上戦に従事する間に、潜在的な敵対者は軍事

---

21 Secretary of Defense Chuck Hagel, *The Defense Innovation Initiative*, November 15, 2014.
22 Ibid, p. 1.
23 Ibid, pp. 1-2.

力を近代化させ，あらゆる紛争領域における破壊的な能力を発展，拡散させてきたが，このことがわれわれに明白でより深刻な挑戦をもたらしている。このトレンドが変化する兆候は今のところみられない。同時に財政的圧迫は従来の手法による軍事的優越を制約し，より革新的で機敏な国防関連事業の実行を必要としている。われわれはこれまで当然のものとしてきた軍事技術上の優位を失陥しないよう，革新を進める必要がある。

　歴史はこの21世紀の挑戦に際して示唆的である。米国は1970年代から80年代にかけた安全保障上環境をネットワーク化された精密打撃，ステルス，通常戦力のためのサーベイランス能力によって変革した。われわれは第3の相殺戦略を策定する。これは今後数十年間にわたり戦力投射能力を手元に維持し，確固たるアドバンテージをもたらすものである。

防衛革新構想における要点はおおむね以下の4点に集約できる。

①予算的制約のもと，全省的な変革を通じて軍事的優位を維持する。
②大規模地上戦において遭遇したものとは異なる形態の敵の脅威が存在する。
③革新の焦点は従来と同様軍事技術上の優位にある。
④第3の相殺戦略により，今後数十年の戦力投射能力を維持する。

　この4点から米軍の戦略的な方向性に関する長期的展望を読み取るとすれば，それは「財政的問題に対処しつつ戦力投射能力を保持し，引き続き軍事的優越性を維持する」ということにほかならない。2012年の国防戦略指針（DSG）では長期にわたる中東での安定化作戦に関連し，「米軍は，もはや長期間かつ大規模な安定化作戦を実施し得る規模となることはない」という記述がみられるが[24]，イラク・アフガニスタンでの安定化作戦に適合した大規模地上軍主体の戦力組成を見直しつつあることはQDR2014においても説明されている[25]。このように米国は2010年前後から中国の軍事的発展などに潜在的脅威を認め，

24　当該文書の正式名称は以下のとおりである。U.S. Department of Defense, *Sustaining U. S. Global Leadership: Priorities for 21st Century Defense*, p. 6.
25　U.S. Department of Defense, *Quadrennial Defense Review 2014*, p. IX.

中東における地上作戦の比重をある程度減少させつつ，海洋領域における制海と，領域拒否を突破する戦力投射能力の維持に重点をおいていると考えられる。

一方でポーゼン（Barry Posen）は冷戦終結直後から中国の軍事的台頭に至る時期に関し，従来の介入と関与を基調とした外交政策を「自由主義覇権思想のもたらした惨禍」（the perils of liberal hegemony）であったと断じ，「（冷戦終結後）20年間における自由主義覇権思想は米国の安全保障に寄与しないばかりか，現在進行している世界の変化にも対応していない。それはいたずらにコストを要するばかりで資源を浪費し，非生産的である」と批判する[26]。さらにポーゼンはエアシーバトルをはじめとする，海空軍主体の中国本土への縦深攻撃を可能とする攻勢戦略に関しても「単純な攻勢戦略は自身の軍事的優位のみに依存する度合いが高く，コスト的にも失敗する公算が高い（中略）それよりもアジアでは天然の『核の障壁』としてのインドあるいはロシアに期待すべきである」と批判的である[27]。

その結果，米国の軍事的優越のみに期待するのではなく，同盟国などにそれぞれの戦略的役割を担ってもらうことにより，海・空・宇宙領域という国際公共財（commons）における影響力の維持にリソースを集中するべきであるとポーゼンは主張する。ポーゼンの結論は他国への直接的な介入，関与を控える「抑制戦略」（restraint strategy）によってリソース配分を公共財の管制，すなわち「国際公共財の支配」（"command of the commons"）に集中させることで，米国の繁栄の源であるグローバルな貿易あるいはコミュニケーションへのアクセスを維持する，というものである[28]。

現実的にみて，米国の外交・同盟関係における信認などを考慮した場合，ポーゼンの主張が米国の将来戦略として明示的に採用されるとは考えられない。一方で他国への安易な介入と関与を批判し，同盟国に地域の安全保障を責任転嫁（buck-passing）することでコストを下げるべきであるという議論は国際関係においてしばしば聞かれる一般的な命題である[29]。少なくとも米国にとって

26　Barry Posen, *Restraint: A New Foundation for U.S. Grand Strategy*, Cornell University Press, 2014, p. 24.
27　Ibid, pp. 95-96.
28　Ibid, p. 135.

制海が明らかに損なわれた場合，戦力投射に投資したとしても，そもそも戦力投射の主要構成アセットである空母打撃群などが戦力投射を実施する作戦区域に進出することができず，そのような状況下で領域拒否圏の外から通常戦力による遠距離攻撃を企図したとしても，距離の専制によって戦力投射の効果は距離に反比例して減少する。したがって制海を回復することに高い優先順位が置かれることとなる。

2017年に米海軍水上部隊コマンド司令部から「水上部隊戦略」("Surface Force Strategy") と題する文書が公表された。当該文書のサブタイトルは「制海への回帰」(return to sea control) であり，その目的は「米国の望む場所と時間において制海を達成，維持し，本土防衛を遠隔地から達成するとともに，グローバル安全保障と国力の投射，さらに決定的な勝利を米国にもたらすこと」である[30]。これは冷戦末期以来四半世紀ぶりに米海軍が制海を巡る挑戦者を認識したことを示す。そして制海のため，水上部隊がとるべき方策として「分散化した決定力」(distributed lethality) を挙げる。これは空母打撃群，遠征打撃群のように複数のアセットが一体となって機能するだけでなく，「個々のアセットが攻撃力，防御力を向上させ，地理的に拡大した作戦領域で分散配備され，火力を発揮すること」を意味する[31]。これは先進的な領域拒否圏からアウトレンジするのではなく，個々のアセットの領域拒否圏内における残存性を高めることで制海を維持しようとする意図を示していると考えられる。このように中国の軍事的発展を受け，米国は一義的に戦力投射を維持する方策を追求しつつ，海洋領域における支配的な位置が揺らぎつつあること，そして制海を維持するためのリソース配分へと回帰しつつあると見なすことが適当である。

ここまで冷戦末期から2017年の間における，米海軍に影響を与えた事象ならびに軍事戦略について記した。概括すれば，米国は建国以来自国近傍の海洋領域に深刻な軍事的脅威を認識した経験がなく，領域拒否に対して意図的に資

29　John Mearsheimer, *The Tragedy of Great Power Politics: Updated Edition*, W. W. Norton and Company, 2014, p. 139.（ジョン・ミアシャイマー『大国政治の悲劇 完全版』奥山真司訳，五月書房新社，2017年。）

30　Commander, Naval Surface Forces, U.S. Navy, *Surface Force Strategy: Return to Sea Control*, January 2017, p. 5.

31　Ibid, p. 9.

源配分する割合は他国と比較して相当に少ない。そして米海軍はソ連軍あるいはPLAという海洋領域における挑戦者を認識した場合，海洋領域の優越を維持するため，制海の確保を優先する。そして自身の優越を確保できていると認識するポスト冷戦期，あるいはテロとの戦いなどの時期においては，米国の外交方針とも整合するかたちで戦力投射を重視してきた。

結局のところ，太平洋戦争以降現在に至るまでの間，米海軍は自身と戦力が拮抗する相手（near-peer competitor）と海洋領域において実際に高烈度の通常戦争を行ったことはない。たびたび記してきたとおり，本書が分析対象とする期間において，戦時における米海軍の行動は自身の制海における優越を背景とし，作戦行動をほとんど阻害されることなく戦力投射を実施するものであった。このため米海軍の想定する高烈度通常戦争における制海の態様については冷戦末期の演習などから推測するしかない。1982年に実施された，第二次世界大戦終結以降最大規模であるとされる演習は，2個空母戦闘群がソ連のオホーツク海防衛ラインであるアリューシャン列島の南西から日本海にむけて隠密裏に展開する，というものであった[32]。

これらの演習が示唆する有事の極東戦域における米海軍の作戦行動とは，電波封止など輻射逓減措置（emission control: EMCON）によって極力自身の存在を秘匿しつつ，北西太平洋から日本海におけるルートを航行してソ連領域に近接することであった[33]。レーマン（John Lehman）海軍長官（1984年当時）が「Tu-22バックファイアは地上で捕捉する」と述べたとおり，ソ連の領域拒否アセットである地上配備型攻撃機，戦略原潜あるいは各種戦術アセットを飛行場あるいは港湾などで攻撃することを念頭に置いていた，とされる[34]。

このように米ソ間の高烈度通常戦争においても，米海軍は極力前方展開し，敵戦力を無力化することを重視していた。そして冷戦終結後このような制海で

---

32 Pauline Kerr, *Eyeball to Eyeball: US & Soviet Naval & Air Operations in the North Pacific, 1981-1990*, Peace Research Centre, Research School of Pacific Studies, Australian National University, 1991, p. 5.
33 Ibid, pp. 8-9. EMCONとは捜索レーダー波，通信波などの電波，あるいはスクリューから発する水中放射雑音などの輻射を管制することでこれを逓減し，自身の存在をできるだけ秘匿して行動するための措置をいう。
34 Ibid.

競合する相手が消滅した後は，湾岸戦争で実証されたとおり，米海軍部隊は艦載攻撃機・トマホーク巡航ミサイルの発進／発射エリアまで敵に阻害されることなく前進，集結し，そこから打ち出された戦力投射は人工衛星や高高度偵察機，無人機などとその探知情報をリアルタイムで共有し，相手の司令部，レーダーサイトなど，指揮通信の拠点をピンポイントで破壊できる。沿岸部の敵戦力は指揮通信系統を失って混乱に陥り，これらを各個に撃破した上で，地上戦力はほぼ何の抵抗も受けずに揚陸地点から内陸部へと進攻することが可能となった。

4 米空軍における戦略目標の変遷：戦略爆撃と遠征軍

これまで主として米海軍に焦点を置いて論じてきたが，ここでは米空軍の戦略的変遷について簡潔に示す。空軍の戦略目標などを検証した結果は海軍と同様であり，米空軍は海洋領域に限らず，その戦略目標において，領域拒否をきわめて副次的な位置にとどめていると見なすことができる。

冷戦期，米空軍における第一の任務は戦略空軍として「核の3本柱」(nuclear triad) の1つである長距離戦略爆撃であり，これを戦略航空コマンド (Strategic Air Command: SAC) が担っていた。SACのほか，米空軍には2つのメジャーコマンドが存在したが，それは世界各地の戦域に展開して防空作戦あるいは地上軍の近接航空支援などを主任務とする戦術航空コマンド (Tactical Air Command: TAC)，そしてソ連の長距離爆撃機などから本土防空を担う防空コマンド (Air Defense Command: ADC) であった[35]。TACは世界に点在する前方展開拠点を，基地所在の同盟国軍とともに防護するほかに，主として欧州戦域における地上作戦の支援を想定していた。また，ADCは核抑止と密接に関連している。したがってこれら3つのコマンドが海洋領域において米海軍とともにソ連海洋戦力と対峙することを主任務としていたとは考えられない。そもそもCTOL空母を中心とする米空母戦闘群と正面から対抗し得るだけのソ連水上艦隊は存在しなかったため，米本土近傍まで進出し，脅威となり得たのは

---

35 1992年に「航空戦闘コマンド」(Air Combat Command) 及び「航空機動コマンド」(Air Mobility Command) に改組された。

ソ連海軍原子力潜水艦のみであった。このため戦術レベルで米空軍が海洋領域で海軍とともに任務を遂行する必要性に乏しかった。

1990年に米空軍が公表した戦略文書「グローバル・リーチ」("Global Reach-Global Power")は，冷戦の終結直後における米空軍の主な役割について5点挙げる。それは「核戦力による抑止の維持，戦域作戦と戦力投射における多様な戦力の提供，航空輸送能力による迅速かつグローバルな機動性の供給，宇宙領域と指揮統制通信情報（command, control, communication and intelligence: C3I）分野の優位，友好国と安全保障関係の強化による米国の影響力構築」によって米国の国家安全保障戦略に資する，というものである[36]。この文書は冷戦終結宣言がなされた翌年（1990年）に発出されたものであるから，冷戦期から引き継いだ内容が多いと推測されるが，文書のタイトル，あるいはこの5つの役割を見るかぎり冷戦末期から終結直後にかけた時期において，米空軍は従来どおり戦略空軍として存在し，軍事的優越とグローバルな展開を前提とした戦力投射を重視していたことが明らかである。

「グローバル・リーチ」には海軍との相互補完に関する記述がみられるが，これは「戦域作戦と戦力投射における多様な戦力の提供」に関する一節であり，具体例として作戦区域へのアクセスのコントロール，B-52戦略爆撃機の機雷，ハープーン対艦ミサイル運用能力，広域監視能力などといった前方展開と戦力投射に関わるものである[37]。

その後，2003年に米空軍省が公表した文書「変革にむけた飛行計画」("The U.S. Air Force Transformation Flight Plan")では，「冷戦を戦うための，脅威対抗・前方展開型の軍から，今日の高い作戦テンポ（operational tempo）に対応し，あらゆるレンジの軍事作戦に十分な柔軟性を持つ能力指向型へと変換する」とし，空軍の文化と組織改編の第一に「航空・宇宙領域の特性を活かした作戦レンジ，スピード，柔軟性そして正確性」を発揮する「航空・宇宙遠征軍」（Air and Space Expeditionary Force: AEF）の編成を挙げる[38]。このように冷戦終結

---

36 U.S. Department of the Air Force, *A White Paper, The Air Force and U.S. National Security: Global Reach-Global Power*, June 1990, p. 5.
37 Ibid, p. 10.
38 HQ U.S. Air Force/XPXC Future Concepts and Transformation Division, *The U.S. Air Force Transformation Flight Plan*, November 2003, p. 31.

第3章　米国：制海と戦力投射への依存

以降，米空軍は海軍と同様，領域拒否ではなく海空域を超えて戦力投射に重きを置いてきたことが明らかである。

また，中国の軍事的発展に対するアプローチについて，2016年に米空軍省が公表した「航空優勢2030年飛行計画」（"Air Superiority 2030 Flight Plan"）が航空戦における目標捕捉と交戦能力に関し「高烈度環境下における突破能力（penetrate）とアウトレンジ（stand-off ranges）からの軍事力投射をあわせた能力こそがA2/AD戦略に対抗するバランスのとれたアプローチである」と示すとおり，米海軍同様中国の領域拒否に対するアプローチは，遠距離精密攻撃と，領域拒否ネットワークの突破による戦力投射という攻勢的なものであるという点で一貫している[39]。なお，当該文書のタイトルに「航空優勢」（air superiority）という文言がみられるとおり，米空軍が今後世界の空域において自身が維持してきた航空優勢への挑戦者が現れることと示唆している。これは前項で示した，米海軍が冷戦終結以降世界の大半で維持してきた軍事的優越と制海が挑戦を受けている，という認識に通じるものであると理解することができる。

米空軍が戦力投射を重視し，領域拒否は前方展開基地防衛の補助的機能と見なしている状況は，冷戦末期から現在に至るアセットの配備数からも読み取ることができる。表2-4は1985年から2015年に至る，米空軍の主要航空アセットの配備数である。

冷戦末期前後には，ソ連爆撃機に対抗するため迎撃戦闘機（fighter interceptor: FI）であるF-15が700機以上運用されてきたが，後継機であるF-22はその高額なコストも影響し，生産機数は200機に満たない。その結果2015年の時点で米空軍の保有する迎撃戦闘機は300機に満たない[40]。表2-4では示していないが，F-15の最大保有数は1990年の904機である[41]。この約900機というF-15保有機数についても，欧州，アジア太平洋をはじめ世界各地に前方展開基地を有する米軍の態勢からみて十分な数とまではいえない。これは日本が

39　The U.S. Air Force Enterprise Capability Collaboration Team, *Air Superiority 2030 Flight Plan,* May 2016, p. 7.
40　一方で早期警戒機などのC4Iネットワーク環境が確立している条件下で，F-22はF-15とは比較にならない戦闘力を発揮すると考えられるため，機数の減少が戦力の低下に直結するわけではない。
41　IISS, *The Military Balance 1990-1991,* p. 23.

第Ⅱ部 海洋国家の海洋戦略を読み解く

表 2-4 米空軍の主要航空アセットの変遷

機　種	1985 年	1995 年	2005 年	2015 年
B-52（戦略爆撃）	263	94	82	54
B-1（多用途爆撃）	1	95	88	63
B-2（同　上）	−	15	21	20
FB-111（同　上）	61	−	−	−
F-22（迎撃戦闘機）	−	−	16	159
F-15（同　上）	766	522	399	116
F-15 ストライクイーグル（対地攻撃）	−	204	212	211
F-35（同　上）	−	−	−	42
F-16（マルチロール）	584	1253	1313	585
F-111（対地攻撃）	286	95	−	−
F-117（同　上）	−	52	51	−
F-4、A-10 等その他近接航空支援機	約 1900	335	466	160

出典：IISS, *The Military Balance 1985-1986*, p. 12; *The Military Balance 1995-1996*, p. 29; *The Military Balance 2005-2006*, p. 28; *The Military Balance 2015*, p. 49 より著者作成

表 2-5 米国の評価

	冷戦末期 (1980 〜 1989 年)	ポスト冷戦期テロとの戦い (1990 〜 2009 年)	中国の海洋進出 (2010 〜 2017 年)
領域拒否	3	3	3
制海	4	5	4
戦力投射	5	5	5

出典：著者作成

日本本土周辺に限定された領域における防空を目的に調達した F-15 が最終的に 201 機であることからも明らかである[42]。

　F-16 は防空戦闘に加え近接航空支援などにも使用される多目的機（マルチロール機）であり，安定化作戦などでも多用されてきたが，これも 2015 年前後から急激に減少している。このように米空軍のアセットを概観した場合についても，冷戦末期のソ連爆撃機に対する防空能力という核戦略の文脈にあるものを除き，米国の軍事戦略において領域拒否という意図を読み取ることはあまりできない。ここまでの分析を踏まえ，米国に関する評価尺度をまとめたものが表 2-5 である。

42　防衛省・自衛隊『平成 28 年版 日本の防衛 防衛白書』405 頁。

第4章

英国：低下する戦力と，変わらない戦力組成

　英国はその西側に大西洋が広がり，欧州大陸とは英仏海峡によって隔てられているため，本質的に本土防衛に関してさほどコストをかけずに済む島嶼国家である。ナポレオンのフランス，そしてナチス・ドイツも英本土への渡洋侵攻を実行することはできなかった。冷戦期についても，ソ連による大規模な戦力投射に対抗して領域拒否能力を維持する必要性があったわけではない。ソ連が英国本土及びその沿岸地域に対して大規模なミサイル攻撃などを実行する公算がなかったわけではないが，それ以前に欧州戦域では東西ドイツを中心とする戦域で地上戦が主体となることが予想され，また通常戦争の発生が見込まれる段階で米海軍は空母戦闘群などを英国周辺海域から北海にかけて事前展開すると見積もられることから[1]，これと正面から対抗できないソ連およびワルシャワ条約機構諸国が海洋領域を越えて英国本土に向けて大規模な作戦行動を起こすとは考えられなかった。

　英国の海洋領域における軍事戦略を分析する際，戦略原潜だけでなく個々のアセットの多くはNATOに提供し，共同で運用するケースが見込まれているため，戦力組成を英国だけで自己完結的に分析することは必ずしも適当ではない。しかし大型水上戦闘艦艇であれ，主要作戦航空機であれ，本書の分析対象時期において領域拒否を考慮したアセットは原則として存在しない。潜水艦については冷戦終結まで通常型潜水艦を一定数運用しており，GIUKライン周辺

　1　Hattendorf and Swartz, "The Maritime Strategy, 1984," p. 63.

表 2-6　英空軍の主要作戦機（固定翼）の数

機　種	1985 年	1995 年	2005 年	2015 年
Buccaneer（バッカニア：戦術爆撃機）	52	–	–	–
Tornado（トーネード：マルチロール）	123	315	179	90
Typhoon（タイフーン：マルチロール）	–	–	17	113
F-35（対地攻撃）	–	–	–	3
Harrier（ハリアー：対地攻撃）	53	93	50	–
Jaguar（ジャガー：近接航空支援）	120	69	24	–

出典：IISS, *The Military Balance 1985-1986*, p. 42; *The Military Balance 1995-1996*, p. 66; *The Military Balance 2005-2006*, p. 104; *The Military Balance 2015*, p. 151 より著者作成

でのチョークポイント防御などを考慮していたことが推察できる。表 2-6 は英空軍の主要作戦機の数に関する変遷である。

　この表からも明らかなとおり基本的な空軍の戦力組成は爆撃機のほか防空戦闘，対地攻撃ならびに近接航空支援などに使用できる多用途戦闘攻撃機（マルチロール機）からなっており，F-15 のような防空戦闘に特化した迎撃戦闘機は本書の分析対象期間を通じ保有していない。また，分析対象期間を通じて機雷戦艦艇及び沿岸警備船艇を除き満載排水量 3000 トン未満のフリゲートなどの中小型水上戦闘艦艇を建造していない。この点からも，英国海軍は自国近傍における地上航空戦力のエアカバーを前提とした対潜戦などの作戦行動，すなわち領域拒否を重視していなかったと推測することができる。

1　海洋領域における軍事戦略目標の変遷

　近現代の英国海洋軍事戦略は国際政治学の分野においてしばしば英米間における覇権の移行（パワー・トランジション）を表す実例として分析対象となってきた。一般的には「英国の衰退による戦略的撤退あるいは戦略的縮小と，これに同期した英海軍の縮小」といった結論に導かれる傾向が強い。ケネディ（Paul Kennedy）は，海軍力の強さは経済力に依存しており，17 世紀から 18 世紀にかけての英海軍の発展は通商革命すなわち植民地帝国として英国が世界に拡張することで世界的な自由貿易が可能となったことと同期しており，これに加えて産業革命が経済力と軍事力における優越，すなわち「パクス・ブリタニカ」をもたらした，とする[2]。

第 4 章　英国：低下する戦力と，変わらない戦力組成

　そして大英帝国衰退の本質的な要因とは，かつてスペイン帝国がたどった道と同じ「過度の戦略的拡張」（strategic over-extension）であり，維持可能な限度を超えた広域にわたる植民地帝国経営とその軍事的負担等が英国の国力を衰退させた，と論じられる。その結果として 2 度の世界大戦を経た英国は，植民地と産業基盤の縮小・衰退にあわせてその海軍も縮小せざるを得ず，冷戦期にはもはや米ソ超大国と競合する「一級海軍」（first-class navy）であることなど望むべくもなく，せいぜい「良い 2 級海軍」（a good second-class navy）の地位を維持することを目標とせざるを得なくなった[3]。

　しかしながらその過程はいくつかの転機あるいは戦略目標の変化を伴っており，経済的衰退に比例した直線的な衰退過程，と断じることは適当ではない。英国の工業生産力は 1880 年代にはすでに米国に追い越され，第一次世界大戦直前の 1913 年時点でドイツを下回っていた[4]。一方で軍事力とりわけ海軍力（あるいは空軍，宇宙領域）の優劣はその時代の先端科学技術と長期的な投資，産業基盤の累積した結果なのであり，経済力が相対的に低下したとはいえ，第一次世界大戦終結時点で英国の海軍力はその規模において米国，日本に優っていた。

　第二次世界大戦において英国は戦勝国ではあったが，ケネディは経済力あるいは総合的国力に対する影響力に鑑みればそれは「錯覚の勝利」（the illusory victory）であった，とする[5]。大戦初期である 1941 年時点において，英国の国防予算総支出は 65 億ドルであり，米国の 45 億ドルを超えていた。そのバランスは 1943 年時点で大きく逆転しており，米国の 375 億ドルに対して英国のそれは 3 分の 1 に満たない 111 億ドルに過ぎない。

　また，「大戦終結時に海軍支出は陸空軍のそれに劣り，エアパワーはその重要性を増して戦艦を中心とする艦隊を海洋という舞台の中心から遠ざけ，ランドパワーは海軍力単体による戦力投射によって打ち破れるようなものではなく

2　Paul Kennedy, *The Rise and Fall of British Naval Mastery: The Third Edition*, Fontana Press, 1991, p. xvi.
3　Ibid., pp. 398-399, 412.
4　Aaron Friedberg, *The Weary Titan: Britain and the Experience of Relative Decline 1895-1905*, Princeton University Press, 1988, p. 26.
5　Kennedy, *The Rise and Fall of British Naval Mastery*, p. 370.

表 2-7　1955 年の主要海軍艦艇数の比較

艦　種	英　国	米　国	ソ　連	フランス
正規空母	11	18	－	5
軽空母・対潜空母	8	73	－	－
戦　艦	5	13	3	2
巡洋艦	23	32	28	5

出典：Raymond Blacker ed., *Jane's Fighting Ships 1955-56*, Jane's Fighting Ships Publishing, 1956 より著者作成

なっていた。さらに核戦力は通常戦力の存在理由を根底から書き換えつつあった」とするとおり，かつて英国の覇権を支えた制海と戦力投射は相対的な重要性を低下させつつあった[6]。

とはいえ，当時英国のシーパワーはソ連をしのぎ，世界第 2 位の実力を保っていたと見なすことができる。冷戦初期である 1950 年代半ばの英海軍は空母を中心とする相応の戦力投射を保有しており，NATO の主要構成国としてワルシャワ条約機構軍に対抗する戦力を振り向け，米国とともに西側による世界の主要海域における制海の維持に寄与するとともに，世界中に存在した植民地等の権益を保護する意図と能力の双方を保持していた。その戦力組成は第二次世界大戦までは戦艦，その後は航空母艦を中心とするものであり，国土防衛に重きを置くものではなく，一貫して外洋における制海と戦力投射を基盤としていた。つまり 2 度の世界大戦を経たのちも英国の海洋軍事戦略は原則として不変であった。表 2-7 は 1955 年における英，米，ソ連，フランスの主要海軍艦艇数を比較したものである。

しかしながらこのようなグローバルな制海と戦力投射を維持する目的は徐々に喪失することとなる。植民地の維持コストはその見返りに乏しく，1957 年のガーナ独立以降，大英帝国の旧植民地は 1960 年代にかけて次々と独立が容認されたため，海外権益保護を目的とする外洋海軍の存在意義は失われていったといえる。

ローズクランス（Richard Rosecrance）は 1960 年代以降の英国軍事戦略に関し，「3 つのコミットメントの舞台，すなわち戦略（核戦力），欧州，世界に広

6　Ibid, pp. 380-381.

がる英国の権益は，つまるところ英国の財政問題に包含されている。これら3つの領域のうち1つを諦めるか，あるいは画期的にリソース配分を減らすことができれば，残りの2つについては持続的で活気あるものとなり得るだろう」と述べる[7]。独自核戦力の維持，そしてNATO主要構成国として欧州正面におけるワルシャワ条約機構との対峙にリソースを振り向けた結果，世界に点在する英国の領土はじめ種々の権益を保護し，英国本土との間の海洋をコントロールするための制海，あるいはグローバルな戦力投射を維持するだけのリソースはもはや英海軍にはなかった。

ローズクランスが指摘するとおり，1968年には政治的意図として英国のグローバルな影響力行使を断念する，という決定がなされた。労働党政権は英ポンドのレート切り下げ等と並行し，財政危機に対応するために国防政策の大変革を断行した。それは通常「スエズ運河以東からの撤収」と呼ばれる戦略的撤退と欧州・北大西洋戦域への戦力集中であり，1968年の国防白書ではおおむね次のような事項が記されている[8]。

①英国の防衛努力は今後主として欧州と北大西洋に集中する。
②マレーシア，シンガポール，ペルシャ湾からの戦力撤収を1971年末までに完了する。
③欧州以外で使用することを主眼とした特段の戦力は保有しない。

この「帝国の縮小・解体」過程とほぼ同時期，英国は独自の核戦力を保有することを重視し，多くの軍事的リソースを投入した。当時核戦力の独自開発にあたるだけの経済・技術的基盤を持たなかった英国は米国から潜水艦発射型弾道ミサイル（ポラリス・システム）と戦略原潜を導入することを決定し，結果として縮小基調にあった英海軍のリソースをさらに費消させ，通常戦力における制海と戦力投射の縮小をもたらした。このような動向から，1960年代から1970年代初頭にかけた時期，英国は海洋領域における軍事戦略目標を大きく

7　Richard Rosecrance, *Defense of the Realm: British Strategy in the Nuclear Epoch*, Columbia University Press, 1968, p. 3.
8　池田久克・志摩篤『イギリス国防体制と軍隊』教育社，1979年，22-24頁。

表 2-8　英国の海洋領域における軍事戦略目標の変化

第1期（〜 1968）	（衰退しつつも）世界に遍在する権益を維持する。
第2期（1968 〜）	欧州，北大西洋という戦域内において，国力の範囲で影響力を行使する。

出典：著者作成

変更したと考えられる英国の海洋軍事戦略は，この時期を境に表 2-8 に示す 2 つに分類することが適当である。

その後 1982 年のフォークランド紛争を通じ，CTOL 空母の不在に代表される制海と戦力投射の欠乏が表面化したにもかかわらず，英海軍はその基本的な戦力組成を変えることなく，現在にいたるまで限定的な核戦力と，米国の海洋における優越を前提とし，これを補完するレベルでの制海，あるいは低烈度の紛争あるいは平時の災害派遣に対応する程度の限定的な戦力投射を維持するレベルにとどまってきた。

2　独立核戦力の維持

1960 年代初頭まで，英国の核戦力は空軍によって運用されていた。それは V 型爆撃機と呼ばれた戦略爆撃機である[9]。V 型爆撃機から投下されるのは自由落下型の核爆弾であったが，これは「ソ連の防空網を突破した上で攻撃する」という戦術からみて，その実施可能性に疑義が生じたため，当時英国は「ブルー・ストリーク」（Blue Streak）と呼ばれる戦域弾道ミサイル（IRBM）の開発に独自着手することとなった。

しかしながら開発コストと技術的問題に加え，液体燃料注入式のブルー・ストリークは発射直前に燃料注入等の諸作業を実施するためにミサイルの搬出から発射までにかなりの時間を要し，ソ連の先制攻撃に対し脆弱であった。この理由からブルー・ストリークの実効性が問題となり，英マクミラン保守党政権は 1960 年にこの計画を中止し，代わりに米アイゼンハワー政権から米国が開発していた航空機搭載型の「スカイボルト」（Sky Bolt）ミサイル供与に関して合意を得た。しかしスカイボルトは戦略爆撃機を 24 時間常時空中待機させる

---

[9] 「V 型爆撃機」とは V を頭文字とする 3 種の爆撃機，ヴァルカン（Vulcan），ヴィクター（Victor），ヴァリアント（Valiant）を指す。

第4章　英国：低下する戦力と，変わらない戦力組成

ことが前提であり，コスト的に高価であるとともにソ連の先制攻撃に対し戦力的に不十分であるという指摘がなされていた。このため米ケネディ政権は残存性において優る「ポラリス・システム」と呼ばれる潜水艦発射型弾道ミサイルの開発を優先し，スカイボルト計画を中止した[10]。

英国が財政難の中で独立核戦力の保有を優先した理由としては，米国の拡大抑止について全面的に信頼するに足りないと考えられたからであり，またそのようにソ連が認識した場合，米国の介入はないと判断して西欧諸国に対する先制攻撃に踏み切る可能性を排除できないためであった。

一方で米国から見て，英国の独立核戦力の保有は歓迎せざるものである。当時は核保有国の拡散と多極化は複数のアクターの認識と意図を組み合わせることで計算ミスにつながる可能性を高める以上，核抑止の効果が低下するという理解が一般的であった。スナイダーによれば，「多極システムによる勢力均衡（balance of power）が有効であった核時代以前と異なり，『恐怖の均衡（balance of terror）』の時代においては，パワーセンターが明確な2極構造が安定をもたらす。核保有国の拡散と多極化は複数のアクターの認識と意図を組み合わせることで計算ミスにつながる可能性を高める以上，核抑止の効果が低下することを意味する」ということになる[11]。

しかし英国は独自の核戦力を運用することに固執した。スカイボルト計画の中止はケネディ政権の核戦力独占の意図とともに英国の核戦略を阻害するものとして受け取られたため外交問題化したが，英米首脳は1962年に事態解決の方向性について議論し，最終的には米国によるポラリス・システムの供与について合意した。これは核弾頭を除く飛翔体ほかのシステムについて米国が供与し，英国は国産核弾頭を装着することで，これを搭載した4隻の戦略原潜を運用し，常時1隻の戦略パトロール体制を構築するものであった。

なお，英国の戦略原潜は運用開始以来一貫してNATOに運用を委任する形をとり，「英国にとり真に必要とする事態に至ってその指揮権を取り戻す」と

10　Lawrence Freedman, *Britain and Nuclear Weapons*, The Royal Institute of International Affairs, 1980, pp. 15-17. なお，ポラリス・システムは現在トライデント・システムに更新されている。

11　Snyder, "The Balance of Power and the Balance of Terror," Seabury ed., *Balance of Power*, p. 200.

いう運用形態をとっており，核拡散あるいは軍備管理に一定程度配慮するものである[12]。

3 フォークランド紛争までの状況（1980～1981年）

ポラリス・システムの導入によってNATO核戦略に寄与する一方，制海は原則として米国に依存するとともに，遠隔地への戦力投射は，その意図と能力ともに低下した。1968年当時唯一のCTOL空母であったアーク・ロイアル（Ark Royal）は若干の紆余曲折を経たものの1978年に退役することが決定し，その後を引き継ぐのはインヴィンシブル級STOVL軽空母であった[13]。

これらはシー・キング（Sea King）対潜ヘリコプターとシー・ハリアー（Sea Harrier）短距離／垂直離発着戦闘機（short/vertical take-off and landing: S/VTOL）を搭載するものであったが，CTOL空母とは能力が大きく異なる。CTOL空母は搭載航空機をカタパルトから射出するため，STOVL軽空母，あるいはロシア，中国の保有する空母が採用する，STOBAR空母に比べて燃料と搭載弾薬のペイロードが全く異なる[14]。したがってCTOL空母は搭載攻撃機による洋上防空，すなわち制海に加え，洋上あるいは地上目標への打撃，すなわち戦力投射が主任務となる。

一方でインヴィンシブル級軽空母の搭載するヘリコプターは北海周辺で行動するソ連潜水艦の排除，すなわち対潜掃討を主眼としていた。またS/VTOL機はペイロード（搭載量）が著しく制限されるために対地／対艦攻撃用の炸薬量の大きなミサイル等を搭載することはできず，防空作戦を主任務とする。くわえてS/VTOL機は作戦行動範囲が限られており，制海という観点からみてもCTOL空母に比べ限定的である[15]。したがってSTOVL軽空母の主任務は

---

12 UK Secretary of State for Defence, *Strategic Defence Review*, 1998, Supporting Essay Section, "Nuclear Deterrent."
13 フォークランド紛争時は2番艦まで完成しており，3番艦は建造中であった。
14 これら空母の搭載機運用に関する分類については表2-1参照のこと。
15 ただし，フォークランド紛争の近接空中戦でS/VOL機の空中機動性が事前の予想を超えて作用し，アルゼンチン空軍のミラージュ戦闘機との空中戦ではハリアーが優位であることが立証された。紛争を通じ，英軍ハリアー／シー・ハリアーはアルゼンチン軍の対空射撃によって計5機撃墜されたが，空中戦では1機も喪失することはなかった。堀元美『海戦 フォークランド』原

第 4 章　英国：低下する戦力と，変わらない戦力組成

表 2-9　1981 年における英国の主要艦艇の数

戦略原潜	攻撃型原潜	通常型潜水艦	軽空母	ミサイル駆逐艦	フリゲート	揚陸艦
4	12	16	2	14	46	2

出典：IISS, *The Military Balance 1981-1982*, 1981, p. 28 より著者作成

CTOL 空母が主眼とする戦力投射ではなく，限定的な防空作戦ならびに北大西洋などで海上通商路を破壊しようとするソ連原潜を排除する，制海に寄与するアセットとして位置づけられることが適当である[16]。

1960 年代末以降，国防予算は 1980 年代にかけて引き続き抑制され，これに応じて厳しい軍縮が継続した。1974 年時点で国防予算の GNP に占める割合は 5.5 パーセントであったが，これはフランスの 3.8 パーセント，西ドイツの 4.1 パーセントとほぼ同等の 4.5 パーセントまで引き下げられた[17]。この結果，フォークランド紛争勃発前夜の 1981 年において，英海軍の主要装備は表 2-9 のレベルにまで縮小していた。

前述したとおり，1971 年末までに英海軍はペルシャ湾の拠点から撤収した。しかしながら英海軍の活動がスエズ以東で完全に途絶えたわけではない。拠点は失ったものの，部隊の展開は財政的制約のもとで可能な規模において実施されてきた。1980 年に勃発したイラン－イラク戦争は英国の海上通商の安全を脅かすものであったため，英海軍は「アルミラ・パトロール」（Armilla Patrol）と呼ばれる水上艦艇部隊をペルシャ湾に派遣した。この部隊は駆逐艦もしくはフリゲート 2 隻以下と，これに随伴する補給艦 1 隻からなる小規模な部隊である。部隊を展開した理由は主として英国商船護衛のためであるが，一方で当時中東においてプレゼンスを増大させつつあったソ連海軍を牽制するという目的もあわせ持つとされる[18]。

書房，1983 年，148 頁。なお，本書において言及するフォークランド紛争の事実経過に関しては原則として上記文献によっている。

16　これは英国による，ソビエト潜水艦部隊に対する海洋拒否（sea denial）であると整理される場合がある。第 2 章の脚注 16 参照。

17　池田・志摩『イギリス国防体制と軍隊』，25-26 頁。

18　Ian Speller ed., *The Royal Navy and Maritime Power in the Twentieth Century*, Frank Cass, Chapter 10, Warren Chin, "Operations in a war zone: The Royal Navy in the Persian Gulf in the 1980s," 2005, pp. 181, 188. アルミラ・パトロールは商船護衛から機雷掃討など，主任務を変更しつつも 2003 年まで継続した。UK Ministry of Defence, *Joint Doctrine Publication 0-10: British*

このような小規模な水上艦艇部隊は高烈度の紛争に耐えられる戦力ではない。しかしながら政治的プレゼンスを果たすという海軍として重要な任務を果たしていることも事実である。1982年時点において，このように脅威が低い低烈度の対立・紛争レベル，もしくはそこまでに至らない平時において，英海軍は引き続き一定程度の緊急展開能力を維持しており，海上における活動と海から陸に向けた活動の両面を実施する能力があると考えられる[19]。すなわち冷戦後期以降，英国の海洋領域における軍事戦略は，能力面から見て米国の制海を前提とし，その上で限定的な制海と戦力投射を発揮することに指向されてきたと理解することができる。

4 フォークランド紛争における作戦能力の限界（1982年）

第二次世界大戦以降，長期にわたる戦力の低下が継続した後，1982年にフォークランド紛争が勃発した。図2-2のとおり，フォークランド諸島は英本国から約7000海里（約1万3000キロメートル弱）離れており，途中の補給地として英国が期待できるのはフォークランド諸島から3000海里（約5500キロメートル）以上離れたアセンション島しかない。これほどの遠隔地において作戦を実施する場合，駆逐艦，フリゲート等の水上戦闘艦艇が単独で任務にあたることはできない。支援艦船に加えて多数の民間船を徴用したうえで支援艦船部隊を編成し，補給物資あるいは燃料・弾薬を搭載して随伴させる必要があった。英海軍は多数の客船あるいは貨物船を徴用するとともに，退役間際の強襲揚陸艦の装備を復旧する等の措置を実施して艦隊を編成した。

英海軍がフォークランドにおいて戦闘行動を実施する際に生じる問題点は補給に限らない。1978年に英海軍最後のCTOL空母アークロイヤル（Ark Royal）が退役したため，機体重量ならびにペイロードの大きな航空機はインヴィンシブル級軽空母では運用することが不可能となった。軽空母は対艦・対

Maritime Doctrine, 2011, pp. 2-8.
19 Speller ed., *The Royal Navy and Maritime Power in the Twentieth Century*, Chapter 11, Andrew Dorman, "From Peacekeeping to Peace Enforcement: The Royal Navy and Peace Support Operations," p. 206.

第4章 英国：低下する戦力と，変わらない戦力組成

図 2-2　英国，アルゼンチンとフォークランド諸島の地理的関係

出典：堀元美『海戦 フォークランド』原書房，1983年，15頁

地攻撃が可能な大型攻撃機だけではなく、上空で広域の空中・海上目標を捜索／探知し、この情報を友軍に配布する早期空中警戒機（airborne early warning: AEW）も運用できないため、このような航空戦力はフォークランドに派遣された機動艦隊に含まれていない。したがって広範囲の戦闘航空哨戒（combat air patrol: CAP）、あるいは早期警戒機による敵味方情報の配布といったミッションを実施できず、紛争期間を通じレーダー水平線以遠から襲来するアルゼンチン軍機を事前に探知することは困難であった。そのため40機あまりしかなかったハリアー／シー・ハリアー戦闘機を常時艦上待機させ、スクランブルさせる形で防空戦闘を実施することを余儀なくされた。

このように早期警戒機を中心とする捜索・探知・追尾に関わるネットワークが欠落している場合、低空で突入する敵攻撃機ならびに対艦ミサイルを早期に探知した上でリアクションすることができないため、駆逐艦など水上戦闘艦艇6隻、そしてヘリコプター母艦として運用していたコンテナ船とドック型揚陸艦の各1隻が沈没したほか、多大な艦船被害が発生した[20]。これはアルゼンチン軍機の投下した爆弾あるいはエグゾゼミサイルの多くが種々の原因により不発であったことも加味した上で検証されるべき事項であり、アルゼンチン側の弾薬整備あるいは攻撃機の運用法が改善されたものであったならば、紛争期間中に英軍がフォークランド諸島周辺海空域において英軍がこうむった被害はより甚大なものであったと考えられ、制海の確保と地上軍の上陸作戦は困難となった公算が高い。

一方、アルゼンチン空軍はミラージュ（Mirage）、スカイホーク（Sky Hawk）あるいはシュペール・エタンダール（Super Étendard）といった戦闘機／攻撃機を180機程度保有しており、数の上では英軍に対し圧倒的に優位であった。しかしながら本土からフォークランド諸島までの距離はおおむね図2-3のとおりであり、アルゼンチン空軍機にとり、作戦行動半径の限界に近い遠隔地であった。東フォークランド島のアルゼンチン軍拠点はポート・スタンリーであり、

---

20 遠距離被探知を避けるため、現在の巡航ミサイルは終末誘導時まで低高度を飛翔するものが一般的であり、これらをシー・スキマーと呼ぶ。ミサイル飛翔高度を10メートル、捜索レーダーの海面高を30メートルとした場合、レーダー水平線での見通し距離は $(\sqrt{10}+\sqrt{30})\times 4.12 = (3.16+5.48)\times 4.12 ≒ 35.60$（km）となり、ミサイルが3マッハ＝1020メートル／秒で突入してくる場合、初探知から約34.9秒で命中することとなる。

第4章　英国：低下する戦力と，変わらない戦力組成

図2-3　アルゼンチン空軍機の作戦行動圏

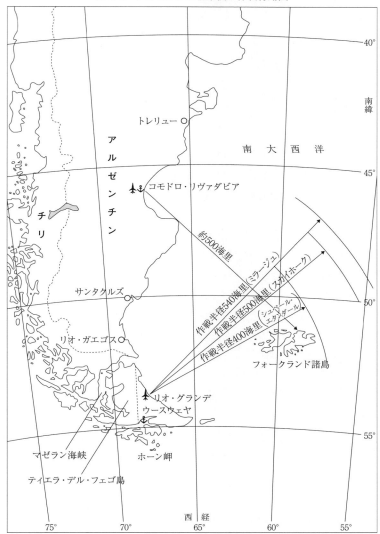

出典：堀元美『海戦 フォークランド』原書房，1983年，43頁

ここには飛行場があったものの，練習機を改装した軽攻撃機の運用が限度であった。これはアルゼンチン側の海上輸送力と工事用車両・機材が不十分であったためであると考えられる。したがってミラージュ等主力機の運用はアルゼンチン本土から実施せざるを得なかったため，天候その他の要因に影響され，十分な作戦行動をとれないことに加え，事前に英軍の展開状況を把握することは不可能であり，十分な作戦計画を立案し得る状況になかったと考えられる[21]。

したがってアルゼンチンによるフォークランド占領計画が十分な事前準備を伴って計画されていなかった，あるいはアルゼンチン軍の海上輸送能力等の欠如によって主力機を運用可能な飛行場を整備する能力に欠けていた，といった要因により，英軍は能力的に優位ではあるが数的に劣勢なハリアー／シー・ハリアー戦闘機，および水上戦闘艦艇の防空システムで辛うじて対抗し得たという結論を導くことができる。

すなわち双方ともに広範囲の戦闘航空哨戒，早期警戒機による敵味方情報配布，あるいは偵察衛星といった先進的な捜索アセットと指揮統制通信ネットワークを欠く状況で作戦は遂行され，英国はこのレベルの戦闘において辛うじて勝利を収める能力しか保持していなかった，ということになる。よって英軍は英本土近傍において地上航空戦力である早期警戒機等の支援を受けられる場合を除き，外洋で大規模かつ近代的な海空作戦を実施する能力を喪失していたと見なすべきである。米海軍「海洋戦略」では「フォークランドにおいて英国海軍が示した早期警戒・縦深防空ならびにダメージコントロール能力は，ソビエトとのグローバル戦争に際して要求される水準に全く及ばない」という記述がみられる[22]。

紛争のほぼ全期間を通じ，英艦隊はアルゼンチン空軍機の脅威にさらされてきた。その一方，アルゼンチン海軍は軽空母のほか，数隻の巡洋艦，ミサイル駆逐艦等も保有していたものの，ほとんど具体的な行動を起こしていない。これは英艦隊が作戦行動を開始した直後である5月2日に巡洋艦ヘネラル・ベルグラーノ（General Belgrano）が英攻撃型原潜コンカラー（Conqueror）の魚雷

---

[21] ただし，東フォークランド島のアルゼンチン軍拠点（ポート・スタンリー）近傍の山にはレーダーサイトがあり，島周辺の海上・航空目標情報はある程度通報されていたと考えられる。

[22] Hattendorf and Swartz eds., *U. S. Naval Strategy in the 1980s*, pp. 67-68.

により撃沈されたことが大きく，これ以降アルゼンチン側艦船は隠密裏に輸送物資を運搬する輸送船を除き本国港内から出撃することはほとんどなかった。航空戦力で数的に優位に立つ一方，アルゼンチン海軍は航空優勢を活かして近代的な対潜戦闘を実施するだけの能力はなく，結果として英海軍原潜の存在はアルゼンチン艦隊を港内に封じ込めるという効果をもたらした。よって原潜によるフォークランド諸島周辺海域への展開は，アルゼンチン艦隊の同海域接近を拒否することとなり，領域拒否として機能したと考えられる。

5 フォークランド紛争以降（1983〜2017年）

英国の海洋領域における軍事戦略について端的に示すと，戦略核戦力あるいは欧州展開戦力が優先され，海軍への投資はその残余で賄われる，という形になる。高コストのCTOL空母に代表される制海，戦力投射だけでなく，領域拒否としてフォークランド紛争でその存在意義を証明したはずの攻撃型原潜も大幅に減少している。その要因は当然のことながら複雑に絡み合っており，本来であれば英国そして英国防省内の政策過程を観察する必要があるが，少なくとも英国を1つのアクターとして外から見た場合，フォークランド紛争を通じて得られた教訓をもとに英海軍が何らかの変革をなしたとは考えられず，むしろ財政規模にあわせて「なし崩し的」にその規模と能力を縮小してきたとみなすべきである。この傾向は1968年の軍縮ならびに「スエズ以東からの撤退」を決定して以降，およそ半世紀の間にわたり原則的に不変である。

第二次世界大戦後徐々にその規模を縮小させつつも相応にグローバルな戦力投射を維持してきた英海軍は，英国の核戦略を空軍から肩代わりすることで通常戦力における制海を米国に期待し，限定的な戦力投射を維持する形をとってきた。1962年のナッソー合意が実行に移されて以降，フォークランド紛争，あるいは冷戦終結といった英国にとり多大な安全保障環境上のインパクトをもたらす事象が発生したにもかかわらず，現在に至るまで英国唯一の核戦力は戦略原潜4隻で一定している。SDR1998において「核戦力維持に関わる年間コストは国防予算の3パーセント強に過ぎない」とされているが[23]，この3パー

---

23 *SDR1998*, White Paper, Paragraph 75.

セントには調査・開発費用ならびに建造費用自体は含まれていない。攻撃型原潜の建造遅延、ならびに度重なる新型空母建造計画の変更・キャンセルという状況が示す通り英国の通常戦力が著しく低下する中、少なくないリソースが戦略核戦力の維持に対し優先的に振り向けられていることは明らかである。

SDR1998の冒頭にはジョージ・ロバートソン（George Robertson）国防大臣（当時）によるイントロダクションが記されており、そこには「冷戦後の世界における危機に積極的に応じるため、より柔軟に戦力を投射する方策として（インヴィンシブル級軽空母と比べ）より大きな2隻の空母の建造を計画している」という文言がみられる[24]。しかしながらこのインヴィンシブル級の代替となるはずであったCTOL空母は財源ならびに運用構想がまとまることはなく、当時建造までには至らなかった。

2011年の「英国海洋ドクトリン」では、「英国のシーパワー（maritime power）は英国政府が示すフルスペクトラムな海洋における軍事的任務に適合することが原則である。それはマハンやコーベットの著作を用いることでブースが示した海軍の果たすべき3つの役割、すなわち軍事・外交・警察すべてに及ぶ」という記述がみられる[25]。公的には英海軍は限定的な任務遂行能力にとどまるのではなく、「フルスペクトラム」にあらゆる任務を遂行し得ることを目標に掲げている、ということになる。

SDR1998と同様、英国海洋ドクトリンにも空母に関して記述があり、「英海軍のクイーン・エリザベス（Queen Elizabeth）級空母は制海、戦力投射と海上作戦全般の指揮統制機能を果たすことになる」と記されている[26]。しかしながら空母の建造はさらに遅延し、代替艦の建造を見ることなく2014年にインヴィンシブル級軽空母は退役し、海空軍統合運用の象徴でもあったシー・ハリアーもまた2010年に運用を終えている。しかしながらインヴィンシブル級の後継空母は2010年代に入って建造が開始された。2015年公表の「2015年版戦略防衛見直し」（SDSR）によれば、1番艦クイーン・エリザベスの海上公試が進行中であり、2018年の就役が予定されている（実際には2017年12月に就役）。

24　*SDR1998*, White Paper, Paragraph 6.
25　*British Maritime Doctrine*, pp. 2-7.
26　Ibid, pp. 3-19.

第 4 章 英国：低下する戦力と，変わらない戦力組成

表 2-10　英海軍の潜水艦保有状況

艦　　種	1990 年	1995 年	2000 年	2005 年	2010 年	2015 年
戦略原潜（SSBN）	4	4	4	4	4	4
攻撃原潜（SSN）	17	12	12	11	8	6
ディーゼル推進潜水艦（SS）	11	-	-	-	-	-

出典：IISS, *The Military Balance 1990-1991*, pp. 83-84；*The Military Balance 1995-1996*, pp. 64-65；*The Military Balance 2000-2001*, pp. 80-81；*The Military Balance 2005-2006*, pp. 101-102；*The Military Balance 2010*, pp. 168-169；*The Military Balance 2015*, pp. 148-149 から著者作成

このことからは，低下の一途であった制海と戦力投射が今後回復基調に入りつつあると推測できる[27]。

潜水艦戦力についても長期間にわたる戦力減少が継続している。当初スウィフトシュア（Swiftsure）級攻撃原潜（1973 年～1981 年にかけ建造）の代替として計画されたアスチュート（Astute）級攻撃原潜は建造が遅延し，これの就役を待たず 2008 年までにスウィフトシュア級が先に退役した。アスチュート級は 2010 年に 1 番艦が就役し，2015 年の時点で 3 番艦が建造中であるが，これらはスウィフトシュア級に続き老朽化したトラファルガー（Trafalgar）級（1983 年～1991 年にかけ建造）を代替する形になっており，攻撃原潜の数はこの四半世紀で約 3 分の 1 にまで減少している。表 2-10 は 1990 年から 2015 年における英海軍潜水艦戦力に関する 5 年ごとの変遷を示したものである。

冷戦の終結に伴い，英本国周辺におけるソ連潜水艦部隊による脅威が消滅したため，英仏海峡など特定のチョークポイント防御に適した通常型潜水艦を全廃したことはある程度軍事的にも合理性がある。しかし空母・強襲揚陸艦といった制海あるいは戦力投射アセットに加え，制海だけでなく領域拒否としても有効な攻撃原潜も同様に減少しており，この点に留意する必要がある。領域拒否アセットに関して述べるならば，2017 年時点で英国本土周辺に切迫した脅威が存在しないと考えられる。その一方，SDSR では海外英国領土ならびに海外権益の保護を重視しているので[28]，フォークランド紛争でその意義が確認さ

27　本書執筆時点（2018 年 12 月）でクイーン・エリザベス級空母は搭載航空機をスキー・ジャンプ甲板から発艦させる STOVL 軽空母であるが，船体のサイズからみて将来的には電磁カタパルトの装着により CTOL 空母への改装がなされる可能性がある。The Government of United Kingdom, *National Security Strategy and Strategic Defence and Security Review 2015: A Secure and Prosperous United Kingdom*, November 2015, pp. 30-31.

れたはずの攻撃原潜の勢力減少は英国の海洋領域における軍事戦略に及ぼす影響は少なくないはずである。

アルミラ・パトロールやフォークランド紛争といった事実から，大型水上戦闘艦艇あるいは攻撃原潜のニーズは引き続き存在するのは明らかであると考えられるにもかかわらず，空母，あるいは攻撃原潜のたび重なる建造の遅延もしくは計画変更がたびたび生起してきた。そのかたわらで戦略原潜／トライデント・システムが計画どおり建造されているが，結果的に2010年ころまでの間，英国として制海と戦力投射に関する能力を向上させようという意図を見てとることはできない。そこから推測できるのは，英本国に差し迫った脅威が存在しないなか，米国の制海を前提として「財政的・能力的にできる範囲で」戦力投射を維持し，国益に沿う形で使用するというある種受動的な姿勢である。

SDR1998，英国海洋ドクトリンともにフォークランド，キプロス，ジブラルタルといった海外領土の保全と領土的統一の維持のため，シーパワーの必要性を記している[29]。これらの公文書は領土保全に関連する任務を含め，多様な任務に対応するため「フルスペクトラム」な戦力投射を指向している。SDR2015は英軍の主任務として「①英国本土及び海外領土の防衛ならびに安全保障・強靭化への貢献，②核抑止力の提供，③戦略的インテリジェンスと防衛ネットワークへの貢献，④国際安全保障ならびに同盟国・パートナー国・国際機関との集団防衛能力の強化」，くわえて「⑤人道支援と災害派遣，⑥打撃作戦の遂行（conduct strike missions），⑦平和・安定化作戦の遂行，⑧NATO憲章第5項（NATO Article 5）を含む種々の戦闘」という8点を示す[30]。

しかしながら現実は異なり，財政的制約のもと冷戦終結後も引き続き「できる範囲でできることを遂行する」レベルにとどまっている。その結果，高烈度の通常戦争は言うに及ばず，フォークランド紛争レベルの限定的通常紛争の遂行すら困難な状態に陥ってきたのであり，現在英海軍が遂行できる任務はアルミラ・パトロールのような低烈度の対立・紛争時における行動，もしくは平和

28　*SDR2015*, pp. 23-24.
29　*SDR1998*, White Paper, Chapter 3, Paragraph 47; *British Maritime Doctrine*, p. 2-9. ただし，2010年頃以降ロシア海軍潜水艦の活動が活発化したことがP-8哨戒機の配備を優先的に進める要因となったと考えられる。
30　*SDR2015*, pp. 27-29.

第 4 章　英国：低下する戦力と，変わらない戦力組成

表 2-11　英国の評価

	冷戦末期（1980 〜 1989 年）	冷戦終結以降（1990 〜 2017 年）
領域拒否	3	2
制海	3	3 ⇒ 2
戦力投射	2	2

出典：著者作成

維持活動や平時の災害派遣といったレベルにおける戦力投射，あるいは政治的プレゼンスの誇示と影響力行使にとどまる。

　かつて世界の海を制し，海上通商路の守護者であった英海軍は 2 度の世界大戦を経てその役割を米海軍に譲った。とはいえ第二次世界大戦後，1950 年代後半までは米海軍と並んで西側による制海確保の一翼を担うとともに，グローバルな戦力投射を維持してきた。分析対象期間に関して結論するならば，英国は英本土周辺海域と北太平洋戦域においては NATO の一構成国として，またグローバルにみれば米国の制海を補完するレベルで限定的な制海能力を有している，と考えられる。またトマホーク巡航ミサイルを水上戦闘艦艇で運用するほか，限定的な地上戦力の展開能力というレベルでのみ戦力投射能力を維持している。このように冷戦期以来，英国は地域的・能力的に限定的な海洋軍事戦略を指向してきたと見なすべきであるが，2010 年頃以降，再び独自の制海と戦力投射を回復させようという意図を持ち，リソース配分を変更しつつある。この点については本書の執筆段階で明確な結論を見出すことはできないため，本書に続く研究に委ねることが適当であり，本書の中で評価を下すのは早計である。したがってここまでの分析を踏まえた場合，英国に関する本書分析枠組みに基づく評価尺度は表 2-11 のとおりとなる。

第Ⅱ部　海洋国家の海洋戦略を読み解く

第5章

日本：ソ連・中国に対する領域拒否と制海の追求

　米国は冷戦末期のソ連，そして2010年ころ以降の中国について，海洋領域における自身の軍事的優越に対する挑戦者であると認識し，優位を維持するため制海に投資の重点を置いた。一方で冷戦終結後からテロとの戦い，つまり1990年代初頭からおおむね2010年ころまでの間，自由と民主主義といった規範概念に基づく介入と関与を基調とする外交政策と整合させるため，海洋領域における自身の制海を前提に，他国への介入と関与を具現する方策として戦力投射を重視していた。米国を唯一の同盟国とする日本は，このような米国の変化に同期して軍事戦略を変遷させてきた。日本は第二次世界大戦後戦略守勢を国是とし，核戦力に加え，空母打撃群など通常戦力における戦力投射などについても米国の拡大抑止に依存する。したがって米国の安全保障政策の変化は日本の防衛政策に直接的な影響をおよぼすが，とりわけ海洋領域における影響は顕著であるといえる。

　冷戦末期のソ連は日本海を介して地理的に近接しており，近代的な指揮統制通信ネットワーク，そして長距離攻撃機，ミサイルなどの射程内に入っていることから，日本本土はソ連の領域拒否圏内にあった。このため，米国の拡大抑止に期待する場合についても，日本は相手国領域拒否を排除，あるいは少なくとも相殺し，周辺海域の制海を維持することで米軍の戦力投射を発揮する基盤を維持する必要があった。つまり，日本は海洋領域において有力なソ連の領域拒否に対し，防空能力，対潜戦能力などといった自身の領域拒否をもって，少なくとも相手に海洋領域の優勢を許さないことが重要な戦略目標であった。

そして冷戦終結以降、日本は米国の世界的な軍事的優越、とりわけ海洋領域における制海を前提に安全保障上の活動領域を拡大した。湾岸戦争の停戦が成立した1991年4月、掃海母艦、掃海艇4隻及び補給艦からなる「ペルシャ湾掃海派遣部隊」がペルシャ湾において機雷掃海に従事した。これは自衛隊発足以来初めてとなる海外派遣任務であったが、以後国際社会への貢献あるいは大国としての役割分担といった議論を経て平和維持活動（PKO）への参加を開始し、また2004年12月に発生したインドネシア・スマトラ島沖大規模地震とインド洋津波に対する国際緊急援助活動をはじめとするHA/DRといった平時の安全保障上の国際貢献にも積極的に関与することとなった。また、1999年3月に能登半島沖で発見された北朝鮮工作船と思われる不審船に対する海上警備行動、あるいは2001年10月に成立したテロ対策特措法に基づく対テロ戦争に従事する有志連合に対する補給支援活動など、非国家主体、途上国などとの間に発生した低烈度の紛争・対立における支援任務など、海洋領域における活動領域は冷戦期から飛躍的に拡大した。

このような活動領域拡大と期を一にして海上自衛隊の水上艦艇は長期間に及ぶ外洋展開能力や防空能力などの自己完結性に関わる能力を向上させるとともに、ドック型揚陸艦（「おおすみ」型）、ヘリコプター空母（「ひゅうが」、「いずも」型）など、シー・ベーシング機能などに富む大型水上艦艇の数が増加した[1]。すなわち冷戦末期以降、海上自衛隊は地上航空戦力（航空自衛隊）のエアカバーに頼ることなく、遠隔地あるいは外洋においてある程度自律的に制海を確保し、また大型水上艦艇が搭載するヘリコプター、エアクッション艇などによって地上戦力を投射する能力を拡大してきたといえる。

一方で日本は「専守防衛」すなわち戦略守勢を政策として維持してきたことから、海上自衛隊はCTOL空母あるいは対地攻撃巡航ミサイルなど、高烈度の戦争に耐えられる戦力投射アセットを発足以来保有していない。また、航空自衛隊も同様に渡洋攻撃が可能な長距離爆撃機を保有しておらず、主要アセットは迎撃戦闘機と近接航空支援に従事する対地攻撃機、あるいは対空ミサイル

---

1 海上自衛隊における呼称について、「おおすみ」型は輸送艦、「ひゅうが」「いずも」型は護衛艦とされているが、本書では他国との比較分析のため *Jane's Fighting Ships*、あるいは *The Military Balance* などにおける呼称を使用する。

システムに限られる[2]。航空自衛隊は冷戦末期の 1987 年から早期警戒機を運用しており，また地上攻撃用精密誘導爆弾（JDAM）を保有することから，対地攻撃能力を全く有しないというわけではない。また 2008 年以降空中給油機も導入しており，保有アセットの組み合わせからみて渡洋攻撃を行うことが不可能というわけではない。しかし航空自衛隊は 2018 年の時点でスタンドオフ電子妨害機などを保有していないため，高度な指揮統制通信ネットワークと防空システムを有する領域拒否を突破して作戦を継続するだけの能力は持っていない。つまり原則として日本本土とその周辺空域においてのみ高烈度の戦闘に対応可能なのであるから，領域拒否のカテゴリーに入れることが適当である[3]。したがって日本の持つ制海能力とは，ごく最近まで海上自衛隊のアセット以外に存在しなかった。なお，航空自衛隊が海洋領域における作戦行動における関与について明文化されるのは「島嶼部に対する攻撃への対応」が示された「22 防衛大綱」以降のことである[4]。

また，1976 年に閣議決定された「51 防衛大綱」以降，自衛隊の主要装備について，防衛大綱別表（大綱別表）で数的なシーリングを明示してきた。このため，主要アセット等の能力的変化などは軍事戦略の文脈ではなく，日本の防衛政策上の理由で数的に制限され，一方で経済成長を背景とした防衛予算の拡大もしくは日米経済摩擦の解消をねらった外交上のニーズにしたがって大型・ハイスペックな装備を調達してきただけという解釈は可能である。しかしながら個々のアセットの導入は，その当時の安全保障環境などを踏まえた議論を通じ，軍事的合理性に基づく検討を経ているのであり，政策的あるいは組織内の要因のみによって日本の防衛力を説明することもまた適当ではない。以下，本節では米国と同様に冷戦末期，対テロ戦争を含むポスト冷戦期，中国の海洋進

---

[2] F-2 戦闘機は対艦ミサイルを運用可能であり，航空自衛隊として海上阻止能力を保有していないというわけではない。しかしながら冷戦期以来，その主たる任務を平時の対領空侵犯，そして有事の領土・領空防衛においてきたことは明らかである。

[3] 北朝鮮の核・ミサイル開発を受けて日本国内で議論される「策源地攻撃能力」とは，ミサイル発射基地などを限定的に攻撃するものであり，いわゆる「外科手術的打撃」（surgical strike）にあたる能力である。これは相手が自身を攻撃する手段を排除する「対兵力攻撃」（counter force）に関わるものであり，抑止理論の観点からみて懲罰的抑止力である「対価値攻撃」（counter value）に関わる能力ではなく，拒否的抑止力の範疇に入る。

[4] 『平成 23 年度以降に係る防衛計画の大綱について』，第Ⅴ項 1。

第 5 章　日本：ソ連・中国に対する領域拒否と制海の追求

出が拡大した 2010 年以降の 3 期に分けて分析を加える。

1　冷戦末期：ソ連に対する領域拒否と制海能力（1980 〜 1989 年）

　第 2 章で述べたとおり，冷戦末期のソ連海洋要塞戦略に対し，米海軍「海洋戦略」では空母戦闘群を中心とする戦力投射によってソ連極東戦域における軍事拠点を攻略する構想を描いていた。自衛隊は日米間の防衛力役割分担に関する協議を通じ，「シーレーン防衛」つまり日本本土周辺数百海里以内の海域と，1000 海里の海上交通路防衛に寄与することとし，海上自衛隊は洋上防空と広域対潜戦能力を向上させることで米国の制海を補完する役割を果たした。

　したがって日本は戦力投射については基本的に米国に期待し，自衛隊はソ連軍がオホーツク海防衛の領域拒否戦略に基づく日本海から北西太平洋における防衛圏の構築を阻止しつつ，米軍の来援基盤を確保することに重点を置いていた。このような思考に基づき，海上自衛隊は宗谷，津軽，対馬という海峡においてソ連水上艦艇及び潜水艦を阻止することを重視し，航空自衛隊については日本周辺空域を経て太平洋に進出するソ連空軍機に対する防空作戦を主要任務とした。また，陸上自衛隊は従来の内陸持久戦略を転換し，「北方前方防衛」戦略，すなわち宗谷，津軽海峡と北海道北部の防護と，地対艦ミサイル部隊の導入などによる水際防御を重視することとなった。

　『昭和 61 年版 防衛白書』では，海上自衛隊は海上作戦について「①日本の重要な港湾及び海峡の防備のための作戦，②周辺海域における対潜作戦，③船舶の保護のための作戦等を主体となって実施する。米海軍部隊は①海上自衛隊の行う作戦を支援し，また，②機動打撃力を有する任務部隊の使用を伴うような作戦を含め，侵攻兵力を撃退するための作戦を実施する」という記述がみられる。引き続き航空作戦について，航空自衛隊は「①防空，②着上陸侵攻阻止，③対地支援，④航空偵察，⑤航空輸送等を主体となって実施する」という記述がみられる[5]。

　また，「61 中期防衛力整備計画」（61 中期防）当初から F-15 要撃戦闘機，

　5　防衛庁編『昭和 61 年版 防衛白書』1986 年 8 月，114-115 頁。

P-3C 哨戒機の導入について明記される一方，洋上防空の能力向上については当初「対空ミサイルシステムの性能向上について検討の上，必要な措置を講ずる」とされていたが[6]，その後『昭和63年版 防衛白書』では防衛庁内に設置された「洋上防空体制研究会」の検討を経て「本年度から，イージスシステムを装備する新型の護衛艦の整備に着手した」との記述がみられ，米国が開発したイージス戦闘システムの供給によって洋上防空能力を向上させることが決定した[7]。

このように冷戦末期において，日本は対ソ有事を念頭に日本本土と周辺海域における領域拒否能力を向上させて米軍の戦力投射を発揮させる基盤を維持するとともに，イージス艦による洋上防空，P-3C 哨戒機の広域対潜能力など，制海についてもある程度米軍を補完する能力を有していたと見なすことができる。一方で遠隔地にパワーを投射することは政治的に制約を課されていたため，冷戦期の自衛隊は戦力投射に関連する能力をほぼ有しなかった。航空自衛隊は中型輸送機（C-1）を，そして海上自衛隊が満載排水量3000トンに満たない中型揚陸艦艇を6隻保有していたが，これらのみでは戦時に外洋もしくは領土外に展開することはできない。地上戦力を展開するためには，長距離攻撃機，巡航ミサイル及びこれらを搭載する空母などのプラットフォームが必要となるが，日本はこのような対地攻撃能力などを保有していなかった。このため，領域外に地上戦力を継続的に展開できるとは言えず，戦力投射を有していたと評価することはできない。

2 ポスト冷戦期：活動領域の拡大と制海能力の向上（1990～2009年）

冷戦の終結とともに米国が唯一の超大国として海洋領域における圧倒的な優位を得たことによって，同盟国である日本は英国などと同じく，米国の制海の恩恵を享受することとなった。言い換えれば，米国の同盟国は世界のほぼすべての海洋領域において，米国の制海能力によって安全かつ容易に軍事的アクセスが可能となり，艦船であれば「航行の自由」が保証されているということに

6　防衛庁編『昭和62年版 防衛白書』1987年9月，136頁。
7　防衛庁編『昭和63年版 防衛白書』1988年9月，123，166-167頁。

なる。

　その結果日本は海洋領域における軍事的リソースについて，その多くを冷戦期における自国周辺海域の領域拒否，あるいは米国の制海を補完するというものから，自国の国益を拡大するツールとして平時のHA/DR，PKO，あるいは対テロ戦争の後方支援といった国際紛争への関与といったものに振り向けることが可能となった。

　国際貢献という文脈における自衛隊の活動領域拡大とは，湾岸戦争に端を発する「冷戦後の国際社会に日本がいかに貢献すべきか」という問題が政治的に議論されたことが大きい。しかしその結果，さまざまな自衛隊の任務は国際社会の平和，安定といった規範的な判断基準に基づいて政治決定され，日本の政治的プレゼンスを諸国に示すという目的をあわせ持つようになった。武居智久海上幕僚監部防衛部長（当時）は，海上自衛隊の活動領域の拡大に関し，「冷戦の終結により大規模な武力紛争が生起する可能性が低下した結果，軍事力や同盟関係はそれ自体の意義を再定義する必要に迫られる一方で，軍事力がこれまで以上に働き役に立たねばならない時代となっている。海上自衛隊も同様であり，平成3（1991）年に掃海部隊がペルシャ湾に派遣されて以来，活動する海域は世界中に飛躍的に拡大している」と述べた[8]。

　とはいえ1990年代以降，日本周辺で不安定要因が完全に消失したわけではない。北朝鮮は工作船などによる不法活動とともに，核開発と弾道ミサイル能力の向上，という限られた領域ではあるが，日本の安全保障に対する明白な脅威として認識されてきた。このため「16防衛大綱」以降，弾道ミサイル防衛が「防衛力の在り方」として取り上げられることとなった[9]。このように本土周辺における限定的な脅威と，対テロ戦争支援といった国際貢献ひいては政治的プレゼンスの拡大による日本の対外的影響力の拡大といった戦略目標を踏まえ，武居は海上防衛における戦略目標を「①我が国周辺海域の防衛，②海洋利用の自由の確保，③より安定した安全保障環境構築への寄与」の3点であると

8　武居智久「海洋新時代における海上自衛隊」『波濤』通巻第199号，2008年11月，3頁。なお，当該文献は海上自衛隊幹部学校ウェブサイトに転載されており，閲覧可能である。

9　『平成17年度以降に係る防衛計画の大綱について』平成16年12月10日安全保障会議決定，同日閣議決定，第IV項1。

表 2-12　ポスト冷戦期の海上自衛隊戦略

戦略 目標	関与戦略 Commitment Strategy	対処戦略 Contingency Response Strategy
我が国周辺海域の防衛	紛争等を未然に防止するため，平素から日本の国土，周辺海域及び海上交通路における取組	抑止が破綻した場合に速やかに脅威を排除するための取組
海洋利用の自由の確保	平素から主要なエネルギー・ルート周辺の海域及び地域における取組	抑止が破綻した場合に主要なエネルギー・ルート周辺において速やかに脅威を排除するための取組
より安定した安全保障環境構築への寄与	上記2項目に加え，トランスナショナルな問題への取組	

出典：武居智久「海洋新時代における海上自衛隊」『波濤』通巻第199号，2008年11月，3頁

した[10]。表2-12は武居の示す海上自衛隊の戦略に関する整理である。

　ここから明らかなとおり，米軍によってもたらされる制海の安定に恩恵を受けて活動領域を拡大してきた海上自衛隊は，米国と同様に国際社会を日本の国益に沿ったより望ましい環境とするため，関与を基調とした日本の外交戦略を反映してきたといえる。その結果，海上自衛隊はいわゆる「テロとの戦い」における後方支援に2001年から2010年までの約9年間，そしてアデン湾における海賊対処活動に2009年以降本書執筆時点までの約8年間にわたり，継続して水上部隊を派遣し続けてきた。くわえて2004年のスマトラ島沖地震ならびに津波被害に対するHA/DRなど，平時において継続的に水上部隊を長期展開してきた実績から見て，海上自衛隊はある程度の自己完結的な制海能力を有している。そしてイージス戦闘システム搭載艦艇など，高烈度の通常戦争に一定程度耐え得る能力を有しており，CTOL空母などを保有しない海軍の中では最も高烈度の環境に対応可能な制海能力を持つと評価することができる。

3　中国の海洋進出：領域拒否への再投資（2010 〜 2017年）

　1990年代以降中国は軍事力を急速に近代化してきた。その目的は軍事的優位に立つ日米に対し自国沿岸域から1000キロメートル以上離れた戦域におい

10　武居「海洋新時代における海上自衛隊」，16頁。

て強力な領域拒否を形成し，局地的に軍事的優越を確保することである。このような能力的向上を背景に，2010年前後を期に中国は対外政策，とりわけ東シナ海及び南シナ海における島嶼ならびに周辺海域の領有権問題などについて非常に強硬な姿勢を強めている。さらにPLAの海洋領域における軍事力は領域拒否だけでなく，空母の導入，あるいはミサイル駆逐艦などの大型水上戦闘艦，さらに大型揚陸艦などを建造し，南シナ海を中心とする海域では制海及び戦力投射能力を強化しつつある。

冷戦末期に類似した戦略環境が現れたことにより，日本は再び周辺国の強力な領域拒否に対抗し，自身の領域拒否を強化することで同盟国である米国の戦力投射を発揮する基盤を保持するだけでなく，米国とともに制海への投資を増加することで海上交通路を維持する必要性が生じてきた。著者は武居智久海上幕僚長（当時）の指示により，海上自衛隊内各部における議論を踏まえ，海上自衛隊の将来戦略について試論を執筆したが，その中で海上自衛隊の戦略目標について「①我が国の領域及び周辺海域の防衛，②海上交通の安全確保，③より望ましい安全保障環境の構築であり，冷戦終結以降，その優先順位はおおむね一貫している」と結論した[11]。

その一方で「冷戦終結直後『平和の配当』がうたわれた時期は，一般にわが国の存立に関わる大規模で差し迫った脅威が存在しないと認識されていたため，国益拡大を企図して『海上交通の安全確保』あるいは『より望ましい安全保障環境の構築』を相対的に重視することが可能であった（中略）しかしながら今日，冷戦期と類似した国家間対立が国際社会の主要な課題として再び立ち現れつつある」として冷戦末期に類似した態勢構築が必要であると論じた[12]。

また，戦略目標達成の方策として，第一に日本周辺海域等を念頭に「海上優勢」（maritime superiority）の確保，次いで相手に海上優勢を与えないための「海洋利用の拒否」（海洋拒否：maritime denial）を挙げた[13]。このような情勢の変化への対応は一部具体化している。前節で示したように米海軍は2017年の

---

11 後瀉桂太郎「海上自衛隊の戦略的方向性とその課題」『海幹校戦略研究』特別号（通巻第12号），2016年11月，25-26頁。
12 同上。
13 同上，28-29頁。

文書で再び制海（sea control）に回帰する傾向を示しているが，海上自衛隊も2010年以降水上艦艇の勢力を回復させている。すなわち「護衛艦」の定数は「51防衛大綱」別表では約60隻，次の「07防衛大綱」では約50隻とされ，「16防衛大綱」において47隻まで減少した。その後「22防衛大綱」では48隻とされ，「25防衛大綱」では54隻に増加している。

そして領域拒否に関連する事項として潜水艦の定数が「22防衛大綱」において16隻から22隻に増加するとともに「25防衛大綱」では陸上自衛隊の体制に関し，「島嶼部に対する侵攻を可能な限り洋上において阻止し得るよう，地対艦誘導弾部隊を保持する」としている。これに伴い，中国海軍水上艦艇部隊の活動頻度拡大に対応して琉球列島に地対艦ミサイル部隊の配置を進める，といった方策を進めている[14]。

4　海上自衛隊の保有アセットからみた評価

ここまで日本の海洋領域における軍事戦略の変遷について，3期に分類して検証した。ここでは分析対象年代における海上自衛隊の主要アセットの変遷について検証する。なお，すでに述べたとおり「防衛大綱別表」によってアセットの数量にシーリングをかけてきた経緯があり，くわえて戦略守勢という基本政策によって海上，航空自衛隊ともに保有アセットの種別と数の両面にわたって制限が加えられてきたことから，数的側面を追うだけで領域拒否，制海，そして戦力投射という海洋領域における軍事戦略に関する傾向を見出すことは困難である。したがって数的な変遷に加え，その質的な変化について他の分析対象国と比較して注意深く観察する必要がある。まず，分析対象期間における海上自衛隊の主要艦艇隻数は，表2-13のとおりである。

表2-13は原則としてそれぞれの年に該当する防衛大綱別表が示す主要装備の数に対応したものである。一方で護衛艦のうち，満載排水量3000トン未満の艦艇をフリゲートに分類し，それ以上を *Jane's Fighting Ships*，あるいは *The Military Balance* の示す艦種に基づいて区別したものが表2-14である[15]。

14　『平成26年度以降に係る防衛計画の大綱について』平成25年12月10日国家安全保障会議決定，同日閣議決定，20頁。

第5章　日本：ソ連・中国に対する領域拒否と制海の追求

表 2-13　潜水艦，護衛艦，輸送艦の数的変遷

艦　種	1984 年	1994 年	2004 年	2014 年
潜水艦	14	17	16	18
護衛艦	50	61	54	47
輸送艦	6	6	3	3

出典：IISS, *The Military Balance 1984-1985*, Autumn 1984, p. 101; *The Military Balance 1994-1995*, October 1994, p. 177; *The Military Balance 2004-2005*, October 2004, p. 176; *The Military Balance 2014*, February 2014, pp. 251-252; Richard Sharpe ed., *Jane's Fighting Ships 1994-1995*, Jane's Information Group, 1994, pp. 349-361; Stephen Saunders ed., *Jane's Fighting Ships 2004-2005*, Jane's Information Group, 2004, pp. 383-397; Stephen Saunders ed., *Jane's Fighting Ships 2014-2015*, IHS (Global), 2014, pp. 428-444 より著者作成

表 2-14　海上自衛隊主要艦艇の数的変遷

艦　種	1984 年	1994 年	2004 年	2014 年
潜水艦	14	17	16	18
ヘリコプター空母	–	–	–	2
巡洋艦	–	–	–	2
駆逐艦	19	35	44	37
フリゲート	31	26	10	6
揚陸艦	6	6	3	3

出典：IISS, *The Military Balance 1984-1985*, Autumn 1984, p. 101; *The Military Balance 1994-1995*, October 1994, p. 177; *The Military Balance 2004-2005*, October 2004, p. 176; *The Military Balance 2014*, February 2014, pp. 251-252; Richard Sharpe ed., *Jane's Fighting Ships 1994-1995*, Jane's Information Group, 1994, pp. 349-361; Stephen Saunders ed., *Jane's Fighting Ships 2004-2005*, Jane's Information Group, 2004, pp. 383-397; Stephen Saunders ed., *Jane's Fighting Ships 2014-2015*, IHS (Global), 2014, pp. 428-444 より著者作成

　表 2-14 において，冷戦末期以降 21 世紀初頭にかけて大型水上戦闘艦である駆逐艦，巡洋艦の隻数が急激に増加していることがわかるが，ここで新造されたものはいずれも衛星通信システム，対空ミサイルシステムなどを搭載したものである[16]。すなわち冷戦末期以降，海上自衛隊は長期外洋展開が可能で，かつ洋上防空能力あるいは広域対潜能力などを有する大型水上艦艇の数が急激に

15　ただし，いずれの文献も発行年ごとに編集方針が異なり，巡洋艦，駆逐艦，フリゲートの種別に揺らぎがある。たとえば *The Military Balance* では発行年によって「はつゆき」型をフリゲートと類別する場合と駆逐艦とする場合の二通りがある。本書では既述のとおり満載排水量を目安として区分する。

16　国産戦闘指揮システムを搭載した汎用護衛艦である「はつゆき」型，「はたかぜ」型，「あさぎり」型，「むらさめ」型，「たかなみ」型，「ひゅうが」型（ヘリコプター空母に分類），「あきづき」型及びイージス戦闘システム搭載の「こんごう」型，「あたご」型（巡洋艦に分類）である。

増加している。CTOL空母などを保有していないため能力的な限界はあるものの、ある程度高烈度の戦闘に耐え得る制海能力を向上させてきたと見なすことができる。一方で水上戦闘艦の隻数は「護衛艦」定数として各防衛大綱においてシーリングされているため、大型艦艇が増加した結果、満載排水量3000トン以下のフリゲートの隻数は著しく減少している。

　また、揚陸艦は1998年以降3隻に減少しているが、実勢としては基準排水量2000トン程度の「さつま」型など6隻から、船体が4倍以上の基準排水量8900トン（満載排水量約1万4000トン）に大型化し、エアクッション艇（LCAC）3隻を搭載する「おおすみ」型に更新されており、兵員、車両等の揚陸能力は冷戦期と比較して大幅に向上している。このような「おおすみ」型揚陸艦、「ひゅうが」型そして2016年以降2隻就役した「いずも」型ヘリコプター空母といったアセットによって、長期にわたって外洋展開しつつ兵員、搭載航空機の運用、整備などを可能とするシー・ベーシング機能は飛躍的に拡大した。このようなアセットの大型化、多用途化という観点から見て、海上自衛隊は同盟国あるいは航空自衛隊のエアカバーの下で地上戦力を投射することが全く不可能であるとまではいえない。

　ただし、海上自衛隊の有する能力は兵員、車両を地上に揚陸するという分野に限られている。対地攻撃用巡航ミサイル、あるいは対地攻撃機などを有しない以上、その戦力投射は高烈度の通常戦争ではなく、あくまで平時から低烈度の紛争といったエスカレーションラダーの低層において有用なものである。CTOL空母と艦載機そして護衛の駆逐艦等からなる空母打撃群に代表される高烈度戦争に使用し得る戦力投射を運用することは、戦略守勢という基本政策との整合性がとれないだけでなく、現状の自衛隊の財政・人的資源からみても実現可能ではない。

　本書執筆時点である2018年の段階で海上自衛隊が運用する制海と戦力投射に関する能力を本書の文脈に基づいて評価するならば、「米国の制海を補完するとともに、米国による海洋領域の安定を前提に、平時から低烈度の紛争に対応可能なレベルの戦力投射能力をもって日本の国益拡大を企図している」ということになる。その一方で2018年の時点で日本の戦略環境は冷戦末期に類似しており、このような制海への投資と、領域拒否への配分のバランスが重要で

第 5 章　日本：ソ連・中国に対する領域拒否と制海の追求

表 2-15　日本の評価

	冷戦末期 （1980 〜 1989 年）	ポスト冷戦期国際貢献と影響力拡大 （1990 〜 2009 年）	中国の海洋進出 （2010 〜 2017 年）
領域拒否	3	3	3
制海	2 ⇒ 3	3	3
戦力投射	1	1	1

出典：著者作成

あると結論することができる。

　ここまでの分析を反映し，日本に関して評価したものが表 2-15 である。

　なお，平成 30 年 12 月 18 日に防衛大綱が見直され（30 防衛大綱）[17]，これに合わせて新たな中期防衛力整備計画（30 中期防）が策定された[18]。これらは本書の脱稿直前に公表されたものであるため表 2-15 の評価からは除外しているが，本書の分析枠組みから見ていくつかの示唆をもたらす事項を含んでおり，これらについて追記しておきたい。

　まず，30 防衛大綱では「STOVL 機の現有艦艇における運用」という記載があり，大綱別表には「（航空自衛隊の）戦闘機部隊 13 個飛行隊は，STOVL 機で構成される戦闘機部隊を含むものとする」，という注記が付されている[19]。これに合わせて 30 中期防には「STOVL 機の運用が可能となるよう検討の上，海上自衛隊の多機能のヘリコプター搭載護衛艦（「いずも」型）の改修を行う」という記述がみられる[20]。

　STOVL 機の運用形態とは，搭載機がカタパルトによらず自機の推力のみで発艦し，垂直着艦するというものである。これは第 4 章第 3 節及び第 4 節で記した英インヴィンシブル級軽空母とシー・ハリアーの組み合わせが示したものと類似した特徴を有すると考えられる。すなわち STOVL 機は離発着に大量の燃料を消費するため，対地攻撃に必要なペイロード（搭載量）を確保したうえ

17　『平成 31 年度以降に係る防衛計画の大綱について』，平成 30 年 12 月 18 日国家安全保障会議決定，同日閣議決定。
18　『中期防衛力整備計画（平成 31 年度〜平成 35 年度）について』，平成 30 年 12 月 18 日国家安全保障会議決定，同日閣議決定。
19　『平成 31 年度以降に係る防衛計画の大綱について』，19，30 頁。
20　『中期防衛力整備計画（平成 31 年度〜平成 35 年度）について』，9 頁。

で長距離の渡洋攻撃を実施することはできない[21]。よってこれらは戦力投射ではなく，洋上防空能力を一定程度向上させるとともに，状況により限定的な対艦攻撃能力の保有を可能とするものである。なお，30中期防に「スタンド・オフ電子戦機，高出力の電子戦装置，高出力マイクロウェーブ装置，電磁パルス（EMP）弾等の導入に向けた調査や研究開発を迅速に進める」という記述がある[22]。こうした洋上における電子戦能力の向上はSTOVL機の運用と同様に洋上防空能力を向上させ，制海に寄与するものである。

また，30防衛大綱では領域防衛に関し，周辺国の軍事能力向上に対応して「侵攻部隊の脅威圏の外から，その接近・上陸を阻止する」とされている[23]。30中期防ではこれを具現するため長射程のスタンド・オフ・ミサイルの整備を進めることとされており[24]，日本がこれまで保有してこなかった長距離精密打撃力を初めて保有することとなる。こうした装備は一般的には戦力投射能力の向上に寄与する。しかしながら日本は戦略守勢という基本方針を維持しており，これらはあくまで海空における高烈度の脅威に対する島嶼など遠隔地の領域防衛を目的としたものである。したがって意図としてはあくまで領域拒否を強化するという文脈で理解すべきであるが，本書の分析枠組みに沿って評価した場合，今後潜在的な戦力投射能力は一定程度向上すると見積もられる。

今回の防衛大綱ならびに中期防の見直しに関し，報道その他ではもっぱらSTOVL機の護衛艦による運用を取り上げ，「事実上の空母運用」という観点で論じられている。一方で政治的プレゼンスに適した，人目につくアセットにのみ注目したとしても，それは正確な理解とはいえない。前述した電子戦能力の向上は制海に大きく寄与するものであるし，領域防衛のためのスタンド・オフ・ミサイル，あるいは航空，海中領域における無人機の運用は領域拒否のために有用なアセットである[25]。さらに，これまでの弾道ミサイル防衛に代わり

---

21 改修された「いずも」型において搭載可能な（カタパルトなしで運用できる）早期警戒機について有望な候補は現時点で見当たらず，この点においても戦力投射だけでなく制海におけるCTOL空母との能力差は非常に大きい。
22 『中期防衛力整備計画（平成31年度〜平成35年度）について』，8頁。
23 『平成31年度以降に係る防衛計画の大綱について』，11頁。
24 『中期防衛力整備計画（平成31年度〜平成35年度）について』，11頁。
25 30中期防では「滞在型無人機（グローバルホーク）の整備」，「海洋観測や警戒監視を目的とした無人水中航走体（UUV）の配備」などが示されている。同上，9-10頁。

第 5 章　日本：ソ連・中国に対する領域拒否と制海の追求

「弾道ミサイル，巡航ミサイル，航空機等の多様化複雑化する経空脅威に対抗する」ための「総合ミサイル防衛能力」を構築することとされており[26]，これは領域拒否を強化するための根幹となる方策である。これらを含め結論するならば，今回の 30 防衛大綱・30 中期防は基本的に日本が従来から進めてきた領域拒否と制海の両面に関する能力を引き続き向上させるものである，と結論することができる。

26　これは米国で統合防空ミサイル防衛（integrated air and missile defense: IAMD）と呼ばれてきた概念と同義であると考えられる。『平成 31 年度以降に係る防衛計画の大綱について』，19-20 頁。

第Ⅲ部

大陸国家の海洋戦略を読み解く

第Ⅲ部　大陸国家の海洋戦略を読み解く

　第Ⅲ部では分析対象国のうちロシア，インド，中国の３カ国に関するケーススタディを行う。これらの国家は「ランドパワー」と認識されることが一般的である。一方，第１章で触れたとおり，現代軍事戦略を論じるにあたり「シーパワーか，もしくはランドパワーか」という区分に拘泥したとしても，それは結局のところ厳密な定義を伴うものではなく，論じる者の主観的なイメージを越えて客観的に説明し得るものではない。

　ロシア，インド，中国の３カ国が海洋領域においてどのような国益を有し，その結果海洋領域へのアクセスをどれほど重要と考えているのか，あるいは海洋を脅威が到来する領域と認識し，受動的にこれを拒否することを主眼としているのか，といった点はそれぞれ異なる。国家の軍事戦略目標は国際システムの変化などに対応して可変的であり，同一国家の海洋領域における軍事戦略目標の変化についても明らかにする必要がある。第Ⅲ部で扱う３カ国の分析結果は，第Ⅱ部の３カ国と比較してもいっそう変化に富むものとなっており，少なくとも軍事戦略を扱う際にこれらの国家についてランドパワーとして一括りにする，いわゆる「レッテル貼り」に意味はないことが明らかになる。

　ソ連にとりオホーツク海，バレンツ海といった海域は戦略原潜の残存に適しており，その第二撃能力は核抑止におけるきわめて重要な要素であった。したがって冷戦末期において，ソ連の海洋領域における軍事戦略目標とは，主としてこれらの海域を維持し，米軍の攻略を拒否するという海洋拒否戦略，すなわち領域拒否であった。そしてその状況について冷戦終結とソ連の崩壊を経たのちも大きな変化はない。

　天然ガスなど地下埋蔵資源に恵まれ，広大な国土を有するロシアは，原則として海上交通路を経て海上貿易に依存する必要性に乏しい。そして軍事的にみた場合，ロシアは自身の戦力投射あるいは大国として米国に対峙するための軍事力を原則として核戦力に依存しており，海洋領域における軍事戦略は戦略原潜の第二撃能力の残存性をいかに高めるのか，という点へ収束する。通常戦力に関しては自ら海洋を越えて他国領域にパワーを投射するのではなく，むしろ海洋領域を経て到来する米国などの戦力投射をいかに拒否するのか，という点が重要な軍事戦略目標となる。

　インドは建国以来東西パキスタン（パキスタン及びバングラデシュ）及び中

国との間で領土問題を抱えており，数度にわたる紛争を経験してきた。冷戦中期以降，米国はパキスタン及び中国との関係を維持する一方でインドは1971年に印ソ平和友好条約を締結しており，全方位外交を外交方針としつつ，ソ連との関係強化と比例して米国と潜在的な対立関係にあったと見なすことができる。この状況は冷戦終結にともなって徐々に変化し，印米関係は1998年にインドが実施した核実験によって一時的に悪化するが，2001年以降に米国が主導したテロとの戦いに際してインドが協力的であったことから，その後印米は軍事協力関係を強化してきた[1]。そして21世紀初頭から顕著となった中国の海洋進出が主な要因となり，印米軍事協力関係は2010年代前後から急速に強化されている。

このような状況から，冷戦終結前後までパキスタンを主たる脅威とし，その他中国，バングラデシュといった国家と地上領域において対峙してきたインドは典型的なランドパワーであると考えられてきた。しかしマラッカ海峡を越えて徐々にインド洋へと進出する中国の影響などにより，また対米関係の変化に伴って海洋領域における軍事戦略を徐々に変化させていると考えられる。冷戦末期は米国との対立を念頭に，米海軍空母への対抗措置といえる潜水艦などの領域拒否を重視してきたが，21世紀に入り，インド洋における制海を重視しており，とくに空母，ミサイル駆逐艦などの大型水上艦艇建造が顕著である。

中国は1991年に勃発した湾岸戦争，あるいは1996年の台湾海峡危機を契機として「ハイ・テクノロジー局地戦争における勝利」のため，C4ISRの近代化を柱とする軍事力の近代化を進めた。それは主としてA2/AD戦略と呼ばれる領域拒否の形態をとり，米国およびその同盟国の戦力投射を拒否することに主眼が置かれてきた。しかしながら中国の海洋領域における軍事戦略はすべて領域拒否によって構成されているわけではない。

中国の急速な海洋進出が注目されるにつけ，中国の海洋領域における軍事的動向をすべて「A2/AD戦略の一環」に関連づけて説明する報道などが散見されるが，これは正確ではない。とくに2010年前後を境に典型的な領域拒否構成アセットである通常型潜水艦の新造ペースは落ち着いており，むしろ制海を

---

[1] 長尾賢『検証 インドの軍事戦略——緊張する周辺国とのパワーバランス』ミネルヴァ書房，2015年，229頁。

構成するSTOBAR空母，あるいはフェーズドアレイ多機能レーダーを装備した先進的ミサイル駆逐艦などの建造に重点が置かれている。

したがって中国は南シナ海などの戦域において，米国を拒否するのではなく，すでに勢力圏内に収めた海域を起点としてさらに広範囲の海域をコントロールするという制海に重心を置き，さらには大型揚陸艦など戦力投射にも投資を開始していると見なすことができる。

このように中国の海洋軍事戦略とは単に米国の戦力投射を拒否する領域拒否である，と断定することは不適切である。このように，一般的にランドパワーと見なされる主要国についても，その軍事戦略目標あるいは海洋領域における戦力組成などはそれぞれ異なる特徴を持ち，またある部分については第Ⅱ部で分析を加えた米国，英国もしくは日本と類似する点もみられる。

第6章

ロシア：一貫した領域拒否と限定的な戦力投射

　ユーラシア大陸の広大な領域を占め，領土と周辺海域において食糧あるいは地下埋蔵資源の調達に事欠かないロシアは，その産業，経済基盤に必要な資源供給に関して原則的に自己完結性が高い。また中世におけるモンゴル騎馬民族を除き，ロシアに直接的な脅威をもたらしたのはナポレオンのフランス，ナチス・ドイツなど欧州列強であった。その結果，ロシアは外交安全保障に関し，地理的に連続する欧州との関係に重きを置いてきた。この文脈においてロシア（ソ連）が「典型的なランドパワー」であり，「（ロシアの）海外における権益は総じて狭小（minimal）」であるとともに「軍事的征服の発生，あるいは脅威の到来は原則として地上に端を発していた」ということは歴史的に明白である[1]。「18世紀のスウェーデン，18世紀から19世紀にかけてのトルコなど，時としてロシアは海洋を到来軸とする敵に対して軍事的努力を払う必要が生じたことは確かであるが，遠く広がる外洋を介して脅威が到来したことはなかった」のである[2]。

　ロシアのおかれた地理的状況と，基盤となる経済活動はソ連崩壊後も大きく変化しているわけではなく，本質的にロシアが海洋へ積極的に進出するニーズは大きいとはいえない。冷戦期のソ連海洋軍事戦略は海洋領域において米国に対し優位に立つことではなく，戦略原潜とそのパトロールエリアの保全を最も重視していた。この様相についても冷戦終結後から本書執筆時点まで大きく変

1　Gray and Barnett eds., *Seapower and Strategy*, p. 299.
2　Ibid.

化したとはいえない。なぜならばソ連崩壊後経済が著しく停滞し，その後もインドあるいは中国といった新興国に経済力の面で後塵を拝する状況下において，大国としてのパワーの源泉を軍事力，とりわけ核戦力に依存する体制に大きな変化はないからである。その結果，海洋領域において通常戦力とはおおむね自身の戦略原潜の防護と，到来する戦力投射を拒否することを念頭においており，冷戦末期の一時期に政治的プレゼンスの発揮を企図してある程度積極的に外洋展開を試みたものの，それはあくまで平時のプレゼンスにとどまるものであった。したがってロシア自身が自国領域の遠く離れた海域で米国と制海を争うことを想定していたわけではない。

とはいえソ連の崩壊前後でロシアの海洋軍事力はその規模において大きく変化したことも事実である。したがって本節ではロシアの海洋領域における軍事力について，冷戦終結の前後で2期に分けて分析を加えるとともに，その規模的変化にもかかわらずロシアの海洋領域における軍事戦略がほぼ一貫して領域拒否に特化したものであることを明らかにする。

1 冷戦末期の海洋要塞戦略（1980 〜 1989 年）

冷戦初期，ソ連は海洋領域において優勢な米英戦力と外洋において対峙する力はなく，ソ連海軍の任務は地上戦力の補完そして沿岸警備にすぎなかった。その後，冷戦中期に至って戦略原潜とそれに搭載された弾道ミサイルが核抑止においてきわめて重要な位置を占めたことから，ソ連海軍は補助的軍種から「真に戦略的任務に従事する」軍種へと変貌した[3]。しかしそれはソ連海軍が米海軍と正面から対峙するような戦力組成となったことを意味するわけではない。マクグワイヤ（Michael McGwire）はゴルシコフの著述などを通じ，ソ連海軍の戦力組成について，帝政ドイツあるいは大日本帝国海軍が海洋領域において優勢であった英米海軍に対して採用した方策と類似していると分析した。それは米海軍のような自己完結的な海軍ではな戦略原潜を防護することに集中する「任務に特化した艦隊」（task-specific fleets）である[4]。その具体例として戦略原

---

[3] Ibid, p. 319.
[4] McGwire, *Military Objectives in Soviet Foreign Policy*, p. 107.

第6章　ロシア：一貫した領域拒否と限定的な戦力投射

潜のパトロールエリアであるオホーツク海を「海洋要塞」(maritime bastion) とするため，日本の領域内にある一部を除いたクリル（千島）列島線をコントロールしたことを挙げる[5]。

1960年代末以降，ヤンキー（Yankee）級次いでデルタ（Delta）級戦略原潜を建造し，その搭載弾道ミサイルとともに第二撃能力を強化することで米ソ間の相互確証破壊はより確実なものとなった。そして戦略原潜パトロールエリアの保全はソ連軍事戦略上きわめて優先順位の高い位置を占めることとなり，逆に米国にとりソ連戦略原潜の遊弋する「海洋要塞」を攻略し得る能力を示すことは長期的な競争戦略において優位を示すために大きな意味を持った。バーネット（Roger Barnett）はソ連海軍の戦略上の優先順位について以下のとおり示している[6]。

①海洋を経由した攻撃からソ連領域を防衛する。
②必要があれば潜水艦から敵国領土に対し攻勢的なミサイル攻撃を行う。
③敵の攻撃から戦略ミサイル潜水艦を防護する。
④ソ連地上軍を側面支援する。バルチック艦隊と黒海艦隊の主要任務である。
⑤敵の海上交通路を攻撃する。
⑥ソビエトのシーレーンを防護する。

バーネットの分析もマクグワイヤ同様，ソ連の海洋軍事戦略は戦略原潜の防護，すなわち主として到来する米海軍を拒否するという領域拒否に重点を置いていると見なした。そして海上交通路の攻撃，保護といった制海に関連する戦略目標については上記⑤及び⑥に示されており，相対的に優先度は低いと考えられた。

しかしながら数的にみた場合，冷戦末期にソ連海軍の勢力はめざましく拡大したことは事実である。1985年の段階で空母を除いた，巡洋艦，駆逐艦，フリゲート艦といった大型水上艦艇の数は米国の200隻に対してソ連175隻となっており，数的比較のみから見た場合にソ連が海洋において領域拒否に特化し

5　Ibid., p. 171.
6　Gray and Barnett eds., *Seapower and Strategy*, p. 319.

ていたとは断言できない[7]。そしてゴルシコフが「ソ連海軍の広大な海洋への出現に伴ってわが艦艇は外国の港にしばしば寄港するようになり，社会主義国の『全権代表』の役割を果たすようになった。最近の3年間だけでも（延べ）約一千隻のソ連艦船がヨーロッパ，アジア，アフリカ，およびラテンアメリカの六〇の港を訪れている」と述べたとおり[8]，ソ連水上艦艇の数的増加と大型化に伴い，冷戦中期以降，平時における外洋展開は拡大傾向にあった。

しかしながらソ連海軍はCTOL空母と有力な艦載機，そして護衛アセットという自己完結的な空母戦闘群を整備することはできなかったため，地上配備のレーダーサイトおよび航空機によるエアカバーのレンジ外，すなわち外洋における制海能力は限定的であった。平時の展開とプレゼンスはともかく，有事に際して米海軍と高烈度の通常戦争を遂行するだけの能力を有していたわけではない。

したがってソ連海軍の優先戦略目標は一貫して戦略原潜パトロールエリア，すなわち海洋要塞の保全という領域拒否にあったと見なすべきである。第2章で示したとおり，ゴルシコフ元帥によればソ連海軍は潜水艦部隊を中心とし，水上戦闘艦艇などは潜水艦を支援・補完するものとされていた。冷戦末期のソ連太平洋艦隊の演習を詳細に調査した文書においても，ソ連太平洋艦隊が高い即応性を有し，対潜戦（ASW），対空母迎撃戦（anti-career warfare: ACW），対水上戦（ASUW）に重きを置いていた，と結論づけている[9]。そして海軍艦艇に加え，空軍あるいは海軍航空隊はTu-22バックファイアなどの長距離攻撃機を主用し，米海軍「海洋戦略」に基づく空母戦闘群あるいは水陸両用戦即応群などの接近，展開を拒否することを企図した。

1985年の段階でソ連海軍は原子力攻撃潜水艦，原子力巡航ミサイル潜水艦をあわせて121隻，通常型潜水艦を148隻保有するとともに，大小攻撃機もしくは爆撃機を1000機以上，また防空戦力として迎撃戦闘機などを約4700機，さらに防空ミサイルランチャーを約9600台保有しており，これらは相応に高

---

7 IISS, *The Military Balance 1985-1986*, Autumn 1985, pp. 9, 24.
8 執筆年からみて，「最近3年間」とは1970年から1972年を指すものと考えられる。ゴルシコフ『ゴルシコフ ロシア・ソ連海軍戦略』229頁。
9 Kerr, *Eyeball to Eyeball: US & Soviet Naval & Air Operations in the North Pacific, 1981-1990*, p. 28.

度な指揮統制システム，超水平線（over the horizon: OTH）レーダー，人工衛星，高高度偵察機などのネットワークによって管制されており，質量ともに強力な領域拒否であったと考えられる[10]。

それでもなお，冷戦末期のソ連領域拒否は米国の戦力投射を容易に拒否できるだけの局地的優位にあったというわけではない。ソ連軍は外洋の米艦隊を常時完全に捕捉することはできなかった。米艦隊は作戦行動時に輻射逓減措置などの手段によって自身の位置を極力秘匿していたため，人工衛星，OTHレーダーだけでは攻撃に必要な精度で目標を継続的に捕捉，追尾することは困難であった。また米空母艦載機の行動圏とソ連艦艇，航空機等搭載ミサイルの射程からみた場合，ソ連の海空アセットが米艦隊から完全にアウトレンジ攻撃を実施することは困難であり，有人機がある程度近接して目標のターゲティングを行う必要があったと考えられる。

米空母はF-14，F-18，A-6といった戦闘機，攻撃機だけでなく，E-2早期警戒機を搭載する。1980年代半ばころまでに，米軍はこれら早期警戒機および護衛のイージス巡洋艦などが搭載する長距離捜索レーダーを駆使し，戦術データリンクで数十，数百の対空目標を戦闘指揮システムで管理し，個々の戦闘機，艦艇に迎撃目標を瞬時に，かつ合理的に割り当てて対応する能力を有していた[11]。このため米国では，ソ連攻撃機がミサイル発射地点に到達する前にこれらを捕捉し，視界外から対空ミサイルで迎撃することは決して困難な任務とは考えられなかった。元ソ連海軍士官のトカレフ（Maskim Tokarev）はこのような米軍の能力を勘案した場合，地上航空戦力などの掩護(えんご)が得られない遠洋においてTu-22バックファイア超音速攻撃機が戦闘を遂行することの困難性を指摘し，この渡洋攻撃を「片道切符」（a one-way ticket）であったと表現する[12]。

冷戦期間を通じて核抑止は機能し，米海軍が「海洋戦略」において構想して

10　IISS, *The Military Balance 1985-1986*, pp. 21-28.
11　ここで言う「合理的」とは混乱した戦闘環境下で，1つの目標を複数のミサイルで撃ってしまうことで弾薬を無駄に損耗する「オーバーキル」（over kill），あるいは複数のアセットがどのターゲットを迎撃するのか混乱することで敵のミサイルを撃ちもらす，といったことを回避するという意味である。
12　Maskim Tokarev, "Kamikazes: The Soviet Legacy," *US Naval War College Review*, Winter 2014, Vol. 67, No. 1, 2014, p. 71.

いた米ソ間のグローバル通常戦争も勃発することはなかったが、そこでは米ソ双方が長距離精密誘導打撃力を使用し、短期間で双方に対し非常にコストのかかる高烈度の戦闘が想定されていた。

2　ソ連崩壊以降の戦力低下（1990〜2009年）

　1991年のソ連崩壊以降、20世紀末にかけてロシアは経済的低迷と混乱の中にあった。この時期、限られた国防予算の中で優先順位は戦略核戦力維持におかれ、通常戦力は大幅に減少するとともに、ほぼすべての新規装備調達はキャンセルされた。1991年以降、21世紀初頭にかけて潜水艦及び水上艦艇の数は約80パーセント減少したとされる[13]。この状況は経済状況がある程度安定したおおむね2000年以降のことである[14]。表3-1は冷戦終結直後、1990年における米ソの主要通常戦力の数である。前述のとおり冷戦末期のソ連海軍は空母を除く主要水上戦闘艦艇の戦力に関し、数的に米海軍のそれを凌駕していた。

　一方、表3-2は2015年におけるロシア海軍の戦力組成である。ここから明らかなとおり、冷戦末期のソ連と現在のロシアとでは、通常戦力について比較にならない大きな差がみられ、単純な数的比較においてその勢力は5分の1以下に減少している。しかしながら潜水艦戦力についてはソ連が崩壊した1991年から1999年にかけ、財政難の中でヴィクターIII（Victor III）級戦略原潜1隻、アクラ（Akula）級攻撃原潜が5隻、オスカー（Oscar）級巡航ミサイル原潜（SSGN）が4隻、キロ（Kilo）級通常型潜水艦2隻であり、計11隻が就役している。

　同時期において就役した大型水上艦艇はキーロフ（Kirov）級ミサイル巡洋艦1隻とウダロイII（Udaloy II）級ミサイル駆逐艦1隻、及びソブレメンヌイ（Sovremenny）級ミサイル駆逐艦3隻の計5隻であり、相対的に潜水艦戦力の更新が優先されていたと考えられる[15]。その後財政難のためほとんどすべての

13　IISS, *The Military Balance 2000-2001*, October 2000, p. 111.
14　U.S. Office of Naval Intelligence, *The Russian Navy: A Historic Transition*, December 2015, p. vi.
15　Stephen Saunders ed., *IHS Jane's Fighting Ships 2014-2015*, IHS, 2014, pp. 676-698.

第 6 章　ロシア：一貫した領域拒否と限定的な戦力投射

表 3-1　1990 年の米ソ主要通常戦力の数

種　別	米　国	ソ　連
攻撃原潜・巡航ミサイル原潜	90	114
通常型潜水艦	1	128
空母・ヘリコプター空母	14	5
巡洋艦，駆逐艦，フリゲート	206	222
主要揚陸艦艇	65	77
地上配備爆撃機	301	565
迎撃戦闘機	3417	6650
防空ミサイルランチャー	−	約 8650

出典：IISS, *The Military Balance 1990-1991*, Autumn 1990, pp. 17-24, 33-40 より著者作成

表 3-2　2015 年のロシア海軍戦力組成

	北海艦隊	バルト艦隊	黒海艦隊	カスピ海小艦隊	太平洋艦隊	計
戦略原潜	7				5	12
巡航ミサイル・攻撃原潜	17				9	26
通常型潜水艦	6	2	4		8	18
潜水艦合計						56
空母	1					1
原子力ミサイル巡洋艦	2					2
ミサイル巡洋艦	1		1		1	3
駆逐艦	4				4	8
ミサイル駆逐艦	1	2	1		2	6
ミサイルフリゲート		1				1
フリゲート		6	2	2		10
主要水上艦艇合計						31
小型フリゲート	6		6		9	21
ミサイル艇	6	11	9	4	15	45
哨戒艇		7		4		11
揚陸艦	4	4	7		4	19
揚陸艇		2		1		3
補助水上艦艇合計						99

出典：U.S. Office of Naval Intelligence, *The Russian Navy: A Historic Transition*, p. 16.

艦艇建造計画がキャンセルもしくは延期されたため，2002 年から 2008 年ころまで，主要艦艇は潜水艦，大型水上戦闘艦艇ともに全く更新されていない[16]。

16　艦艇は基本設計の開始から建造，就役まで通常 5 ～ 10 年程度の期間を要する。1990 年代，すでに建造途中であった艦艇の一部が財政難の下で就役にこぎつけたが，この時期に新規建造計画が全く進まなかったため，結果的に 21 世紀初頭において就役する艦艇が全くない，という状況になったと推察することができる。

3 戦力回復期における領域拒否の優先（2010〜2017年）

　おおむね2010年以降、徐々に艦艇の更新が再開されたが、ここから2017年までの期間についても、ロシア海軍は相対的にみて大型水上戦闘艦艇よりも潜水艦戦力に優先順位を置いていると考えられる。軍事戦略の重心である戦略原潜は2013年に新型のボレイ（Borey）級が就役し、2020年にかけて8隻の配備が見込まれており、老朽化したデルタIII級戦略原潜を更新しつつある。攻撃原潜についてはアクラ級が2001年に1隻追加建造されたのち、長期間戦力更新が途絶えていたが、2014年にヤーセン（Yasen）級新型巡航ミサイル原潜1番艦が就役し、2020年までに8隻の配備が予定されている[17]。通常型潜水艦についても断続的に更新されており、新型のラダ（Lada）級1番艦が2010年に就役したのち2番艦以降数隻の建造が進行中であり、またキロ級についても2014年以降2017年にかけて毎年1隻就役している[18]。

　その一方で水上艦艇、とりわけ満載排水量3000トンを超える大型水上戦闘艦は更新ペースが緩慢である。2017年時点で就役している艦艇の大半はソ連時代末期の1980年代に就役したものであるため、これらは艦齢30年を超えており老朽化が著しい。満載排水量3000トン以上の大型水上戦闘艦は1999年にウダロイII級ミサイル駆逐艦が1隻就役したのち、2009年にネウストラシムイ（Neustrashimy）級2番艦ミサイルフリゲートが就役するまでの10年間にわたり1隻も新造されることはなく、そして2009年以降2015年までの間についても同様である[19]。

　上記ウダロイII、ネウストラシムイ級各1隻を除くと、1995年から2015年までの20年間に就役した水上戦闘艦艇はいずれも満載排水量2000トン前後の小型フリゲート（ゲパルト〔Geopard〕）級、ステレグシュチイ〔Steregushchiy

---

17　U.S. Office of Naval Intelligence, *The Russian Navy: A Historic Transition*, p. 18.
18　Stephen Saunders ed., *IHS Jane's Fighting Ships 2014-2015*, pp. 676-698. なお、ラダ級は電気推進系統のトラブルなどで2番艦以降の就役が遅れているという見方もある。U.S. Office of Naval Intelligence, *The Russian Navy: A Historic Transition*, p. 19.
19　なお、ネウストラシムイ級1番艦の就役は1993年である。Stephen Saunders ed., *IHS Jane's Fighting Ships 2014-2015*, p. 695.

級計7隻）であり[20]，外洋における制海に寄与するアセットではない。これら中型以下の水上戦闘艦艇は2008年に南オセチアを巡って発生したジョージア（グルジア）との地域紛争，あるいはテロとの戦いなどのような低烈度の紛争で有用であるものの，長射程防空ミサイルあるいは長距離対空レーダーといった本格的な防空システムを装備することはできないため，地上航空戦力のエアカバーの外で高烈度通常戦闘を遂行することはできない。

　2015年以降，ロシア海軍はシリア内戦においてアサド政権を支援するため，イスラム過激派組織「イスラム国」（Islamic State: IS）の拠点に対し対地攻撃を数度にわたり実施してきた。2015年10月にはカスピ海小艦隊に所属するゲパルト級フリゲート及びブヤンM（Buyan-M）級コルベットが約1500キロメートル先のIS拠点に対し26発の巡航ミサイル攻撃を実施した[21]。同年12月には地中海に展開したキロ級潜水艦から対地攻撃巡航ミサイル攻撃を実施するとともにTu-22Mバックファイア爆撃機による対地攻撃を実施している[22]。水上艦艇，あるいは潜水艦からの攻撃はいずれも搭載巡航ミサイル（3M-54 Kalibr：NATOコード名SS-N-30A）による長距離精密攻撃であり，戦力投射に分類できる。したがってロシア海軍は核戦力だけでなく，通常戦力においても一定程度の戦力投射を有していると見なすことができる。しかしながら，これは対艦攻撃など海洋領域における戦闘能力を全く有しないテロ組織に対する攻撃であり，作戦遂行上反撃を受けるリスクは全くない。したがってこの軍事行動をもってロシア海軍が地上航空戦力の作戦行動圏外において，航空・対潜脅威を伴う高烈度の環境下で制海を争う能力を有するとはいえない。結論として地域紛争，内乱あるいはテロとの戦いといった低烈度の紛争以下のレベルで運用可能な，限定的な戦力投射を有していると見なすべきである。

　このようにソ連崩壊から本書執筆までの段階で，ロシア海軍は原則として潜水艦戦力の更新に代表される領域拒否を重視してきたと考えられる。つまり，

20　Ibid, pp. 686-701.
21　TASS, Russian News Agency, "Caspian Flotilla ships fire 26 cruise missiles on IS targets in Syria," October 07, 2015, 14:48, http://tass.com/defense/826919, accessed on April 27, 2017.
22　U.S. Defense News, "Russian Submarine Hits Targets in Syria," December 9, 2015, http://www.defensenews.com/story/breaking-news/2015/12/08/submarine-russia-kalibr-caliber-cruise-missile-syria-kilo/76995346/, accessed on April 27, 2017.

高烈度通常戦争までを念頭において外洋における制海能力を向上させる意図があるとは考えられない。一定レベルの制海能力を有する大型水上戦闘艦艇については2015年以降ようやく状況が改善しつつあり、満載排水量4550トンのアドミラル・ゴルシコフ（Admiral Gorshkov）級ミサイルフリゲートの1番艦が2016年に就役し、同年インドに輸出されたタルワー（Talwar）級ミサイルフリゲートのロシア国内向けであるアドミラル・グリゴロヴィッチ（Admiral Grigorovich）級も就役した[23]。ただし、前述のとおり大型水上戦闘艦の大半はソ連時代である1980年代以前に建造されたものであり、いずれも艦齢は30年以上で老朽化と搭載システムの陳腐化が進行している。したがってこれらの就役は制海の強化というよりもむしろ老朽更新により能力減衰にようやく歯止めがかかりつつある、という程度で理解すべきである。

　この領域拒否を優先する傾向はロシア空軍あるいは海軍航空部隊などの航空戦力に関しても同様であり、ソ連時代に設計されたミグ29（MiG-29）、スホイ27（Su-27）、スホイ30（Su-30）などのマルチロール戦闘機の後継として21世紀に入りミグ35、スホイ35などが制式化されている。これらは純粋な迎撃戦闘機ではなく、ある程度の対地攻撃能力を有するが、大型対艦ミサイルなどを搭載するだけの搭載能力（ペイロード）を備えているわけではない。さらにS-300、S-400といった地上配備型長距離防空ミサイルシステムを継続的に開発しており、これらの動向について「ロシア版A2/AD戦略」であるとする論考もみられる。それによれば、これらの動向は2008年のジョージアとの紛争から得られた教訓などを契機として進められたロシア軍の近代化の一環であり、カリーニングラード、セヴァストポリを中心とする黒海エリアなどにおいて防空ミサイルシステムなどからなる「A2/ADバブル」がNATO戦力を拒否している[24]。図3-1はカリーニングラードに展開するロシア領域拒否アセットのレンジを示すものである[25]。

23　なお、クリミアへの軍事侵攻に伴う経済制裁等の影響により、アドミラル・グリゴロヴィッチ級に搭載予定のガスタービンエンジンが入手できなかったため、数隻の建造がキャンセルされた。U.S. Office of Naval Intelligence, *The Russian Navy: A Historic Transition*, pp. 22-23.

24　Luis Simón, "The 'Third' US Offset Strategy and Europe's 'Anti-access' Challenge," *The Journal of Strategic Studies*, 2016, Vol. 39, No. 3, 2016, pp. 429, 433-434.

25　ベラルーシ、ウクライナがロシア勢力圏にあると考えた場合、バルト3国とNATO諸国との

第6章 ロシア：一貫した領域拒否と限定的な戦力投射

図3-1 カリーニングラードのロシア軍領域拒否アセットと周辺国への影響

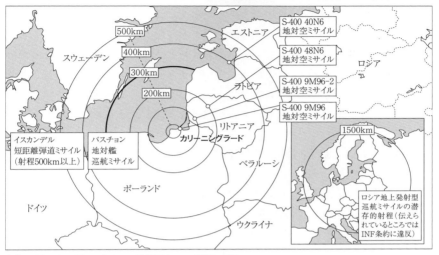

出典：IISS, *The Military Balance 2017*, February 2017, p. 185.

　ここではS-400シリーズ防空ミサイルシステムの射程などが示されているが，ロシアの有する領域拒否アセットがポーランド，スウェーデンなどの一部を覆域に入れており，とくにバルト3国へのアクセスが困難になるため，有事に際してNATO軍の展開を効果的に拒否する能力を有すると推測される。

　このように領域拒否に関して優先的に投資が進む一方で，超音速長距離爆撃機などについては近代化更新がなされていない。現行のTu-22Mバックファイアは1970年代に基本設計がなされた機体であるが，この後継は本書執筆時点で具体化していない。前述のとおりソ連長距離爆撃機は海洋領域においては米海軍空母戦闘群の接近を拒否するという領域拒否アセットとして運用されたが，これは1979年のアフガニスタン侵攻時，あるいは前述のとおりテロ組織に対する長距離対地攻撃について使用されたように，戦力投射としても有用なアセットである。このような長距離対地／対艦攻撃が可能な戦力の近代化更新

地上領域におけるアクセスはカリーニングラードの東方，ポーランドとリトアニア国境のごく狭い回廊に限られることとなる上，ロシア領域拒否によって有事の軍事行動は著しく制限される公算が高い。

153

は具体化しておらず，戦闘機の近代化が優先されている点からみても，ロシア軍は冷戦末期と同様に領域拒否に重心を置いていることは明らかである。

ただし，ロシアは兵器輸出を大きな財源としており，対外輸出に関して有望なアセットを優先的に開発しているとも考えられる。分析範囲から外れるため本書で触れることはないが，この点についてより正確な分析を行う場合，とくに航空戦力の近代化更新のプロセスについてロシア自身の軍事戦略目標だけでなく，兵器輸出市場のニーズを含めた価格的な検証が求められる[26]。

4　ロシア政府公文書が示す軍事戦略目標

ここまでの分析を通じ，ロシアは海洋領域において制海ではなく領域拒否を相対的に優先していることが明らかとなった。また，2010年ころ以降，徐々に近代化更新のペースが回復しつつあるとともに，限定的な戦力投射についても運用している。一方でロシアは21世紀に入り，しばしば公式に戦略文書などを公表してきたが，これらの文書において海洋領域における軍事戦略に関する記述はほぼみられない。

2009年に公表された「2020年までのロシア連邦国家安全保障戦略」は軍事だけでなく経済，技術，資源等の領域を含む戦略文書の上位に位置づけられるものである[27]。したがって本文書において純軍事的分野に関する記述が限られているが，第12項において軍事的脅威認識に関して述べられている。そこで記された軍事的脅威とは，「大量破壊兵器，核物質あるいは通常兵器の拡散」，「核保有国の増加」，そして「米国のグローバル・ミサイル防衛システムの欧州配備によってグローバルあるいは地域の戦略的安定性が損なわれる」というものである[28]。この記述からはロシアが核戦力あるいは核抑止に重きを置いてい

---

[26] ロシアの兵器輸出額はソ連崩壊後一度減少したものの1998年以降回復し，2005年以降に米国に次いで世界第2位である。山添博史『国際兵器市場とロシア』ユーラシアブックレット No. 195, 2014年5月20日，5-9頁。

[27] "Russia's National Security Strategy to 2020," approved by Decree of the President of the Russian Federation, No. 537, May 12, 2009. なお，本文書はロシア語で記されているが，本書では下記サイトの英語翻訳を使用した。http://rustrans.wikidot.com/russia-s-national-security-strategy-to-2020, accessed on April 28, 2017.

ると理解できる。

　また，ロシアは「連邦軍事ドクトリン」と題する文書を公表している。これはおおむね米国の国家軍事戦略に相当すると考えられる。このうち2010年2月5日に公表された「ロシア新軍事ドクトリン」では「主要な国外の軍事的リスク」(The Main External Military Risks) としてNATOブロックの拡大によるロシア国境への接近，ミサイル防衛システムの展開などに伴う戦略的安定の低下，ロシアならびに同盟国周辺における，他国軍事力の展開，ロシアとその同盟国に対する領土要求と国内問題への干渉，といったものを挙げる[29]。ロシア軍事ドクトリンは2014年12月に改訂されたが，「国外の軍事的リスク」に関する記述は原則として2010年版と同一である[30]。

　このように，いずれの文書も「NATOの東方拡大に伴うロシアとその同盟国国境への接近」を上位に掲げる。またジョージア紛争等，国内民族主義運動を「国内に存在する脅威」として分離主義もしくはテロリズムと断じ，領土保全への懸念すなわち国内分離独立勢力とこれに対する欧州諸国等の介入・支援への警戒，そして米国によるミサイル防衛システムのロシア周辺国における配備による戦略的安定性の低下などをロシアに対する軍事的脅威と見なす状況は一貫している。またロシアは国家安全保障戦略を2015年末に改訂したが，ここでは2014年に発生したウクライナ侵攻に関し，「ウクライナの反体制クーデタに対する米国と欧州連合（EU）の支援は，ウクライナの社会に深刻な分裂と軍事紛争をもたらした」と主張するが[31]，このウクライナ問題に対する強硬

28　Ibid, 第12項。

29　"The Military Doctrine of the Russian Federation," approved by Russian Federation Presidential Edict on 5 February, 2010, Chapter 8. 本文書はロシア語で記されているが，本書では米シンクタンク「カーネギー国際平和基金」ウェブサイトに掲載された英語翻訳を使用した。http://carnegieendowment.org/files/2010russia_military_doctrine.pdf, accessed on April 28, 2017.

30　"The Military Doctrine of the Russian Federation," approved by Russian Federation on December 25, 2014, No. 2976, 2014, Chapter12. 本文書はロシア語で記されているが，本書では下記サイトの英語翻訳を使用した。https://www.theatrum-belli.com/the-military-doctrine-of-the-russian-federation/, accessed on April 28, 2017.

31　"Russian National Security Strategy," approved by Russian Federation Presidential Edict No. 683, December 31, 2015, Chapter17. 本文書はロシア語で記されているが，本書ではスペイン国防省内「スペイン戦略研究所」(the Spanish Institute for Strategic Studies〔IEEE〕) ウェブサ

表 3-3　ロシアの評価

	冷戦末期 (1980〜1989年)	ポスト冷戦期経済的窮乏 (1990〜2009年)	2010年ころ以降の軍事力再構築 (2010〜2017年)
領域拒否	4	3	3
制海	4	2	2⇒3
戦力投射	3	2	3

出典：著者作成

な姿勢は地上領域における戦略的縦深性の確保を企図するものである。

　このようなロシアの軍事戦略における主張内容の是非はともかく，各戦略文書を通じ，ロシアの安全保障，軍事的関心あるいは戦略目標は一貫して次の3点に分類され，いずれも核抑止ならびに地上領域を巡る事項にあることは明らかである。

①米国のミサイル防衛システムは相互確証破壊のメカニズムに影響を与え，ロシアが依存する核戦力とこれによってもたらされる戦略的安定性を阻害する。
②NATOの東方拡大はロシアの戦略的縦深性を阻害し，安全保障上是認できない。
③国内分離独立勢力は容認しない。

　つまり，冷戦末期においてソ連は海洋領域を通じて到来する米国の軍事力を拒否することに高い戦略目標を置いており，領域拒否重視の姿勢は冷戦後も維持される一方，冷戦後海洋領域における軍事力が大幅に低下したために，そもそも米国と対峙するだけのパワーを有していない。さらに2010年ころ以降，徐々に領域拒否そして戦力投射についても若干回復基調にあると考えられるが，軍事戦略目標の大半は核抑止及び地上領域に関わるものであり，自国近傍の一部海域を除いて制海を獲得するだけの能力を有しておらず，またその意思もないと結論づけることができる。

　ここまでの分析を通じた，ロシアに関する評価は表3-3のとおりである。

イトに掲載された英語翻訳を使用した。http://www.ieee.es/Galerias/fichero/OtrasPublicaciones/Internacional/2016/Russian-National-Security-Strategy-31Dec2015.pdf, accessed on April 28, 2017.

第 7 章

インド：典型的ランドパワーからインド洋の制海へ

　インドは 1947 年の建国以来全方位外交を原則としており，特定の同盟国に依存しない非同盟外交方針が維持されてきた。ブリュースター（David Brewster）は「冷戦期間の大半を通じ，インドは非同盟運動のリーダーという地位を利用し，そのイデオロギー的影響力を行使することでインド洋周辺の新規独立国が域外大国の同盟に加担しないよう仕向けてきた」と見なす[1]。一方でインド自身は建国直後から周辺諸国との戦争あるいは軍事衝突に関与してきた。そもそもヒンドゥー教徒を主体とするインドの建国そのものが周辺地域の地理的，宗教的要因に基づく帰属問題を惹起している。また，イスラム教徒によって建国された東西パキスタン（パキスタン及びバングラデシュ）に挟まれ，カシミール地方等の帰属などを巡って建国直後から第一次インド・パキスタン戦争などが勃発しており，現在に至るまで周辺諸国との間に複数の領土問題を抱えている。

　長尾賢によれば，インドは建国以来 2010 年までに 28 回の戦争もしくは軍事行動を遂行してきた[2]。これらは領土，宗教，テロリズムあるいは核実験に起因する対立などさまざまな要因によるが，その大半は国境を接する東西パキスタンもしくは中国との紛争である。一部地上作戦と並行して海軍艦艇による上陸作戦などが実施されたとはいえ，これらはほぼすべてが原則的に地上を作戦

---

[1] David Brewster, *India's Ocean: The Story of India's Bid for Regional Leadership*, Routledge, 2013, p. 21.
[2] 長尾『検証 インドの軍事戦略』47-77 頁。

領域とするものであった。2007年に公表された「インド海洋軍事戦略」(India's Maritime Military Strategy) 第2章は「近年の（インド）海洋領域をめぐる歴史に関する含意」(Implications of Recent Maritime History) と題されているが、そこで引用されているのもまた1965年の第二次インド・パキスタン戦争及び1971年に勃発した第三次インド・パキスタン戦争である。これらは、海洋領域を主体とする軍事行動ではなく、むしろ地上作戦に付随して遂行した強襲上陸作戦と、潜水艦の作戦に関するものである[3]。

また、28回の軍事行動のうち、海洋を越えて軍事行動をとったケースは1987～1990年のスリランカ介入及び1988年のモルディヴ介入の2例及び海賊対処へのコミットメントに限られるが、スリランカ介入、モルディヴ介入ともにタミル人勢力の武装蜂起に対する両国政府への支援である。よって海洋領域において相手国もしくは非国家主体に対し何らかの軍事行動をとったわけではない[4]。このようにインドの軍事領域における活動は地上国境を接する国家との対立によるものが大半であり、また海洋領域を越えて行動した数少ないケースについても、海洋領域における軍事作戦ではなく、相手国への政治的介入の延長線上に位置づけられるものである。このような観点からみて、インドは冷戦末期から20世紀末にかけて、軍事的にはランドパワーであると見なして問題はない。

ところで、冷戦末期において米国は第三次インド・パキスタン戦争を契機にインドに対する軍事・経済支援を中止する一方、パキスタンとの協力関係を維持したため、インドと米国は潜在的な対立関係にあったといえる。冷戦終結後、インドの核実験に伴う経済制裁を経て、米印関係は台頭する中国を見据えて、テロとの戦いにおける協力関係を構築することで戦略的協力関係を強化することになるが、それまでの間、インドの海洋領域における軍事戦略目標は直接的な敵対国であるパキスタン等ではなく、米国の影響力を拒否することにあったと見なすべきである。

---

3 第三次インド・パキスタン戦争における強襲上陸作戦は事前の準備不足などにより失敗した、と総括されている。Indian Integrated Headquarters Ministry of Defence (Navy), *Freedom to Use the Seas: India's Maritime Military Strategy*, May 2007, pp. 15-19.
4 長尾『検証 インドの軍事戦略』63-64, 70頁。

第 7 章　インド：典型的ランドパワーからインド洋の制海へ

　21 世紀に入り，グローバル化とアジア太平洋地域の急速な経済発展によってインド洋は海上交通のハイウェイとしてその戦略的重要性が見出されることとなった。「(インド洋には) 主要な石油運搬ルートであるとともに海上交通における主なチョークポイントであるバブ・エル・マンデブ海峡，ホルムズ海峡，マラッカ海峡が存在する。世界で海上輸送される原油のうち 40 パーセントがインド洋の端に位置するホルムズ海峡を通り，また世界の商船運輸の 50 パーセントは反対側の端にあたるマラッカ海峡を通る。つまり，インド洋は世界で最も船舶交通量が多く，重要な国際交通路」である[5]。しかしながらインドの西方にはつねにテロや海賊，あるいは政情不安を抱える中東諸国があり，インド自身を含めた地域の経済発展を維持するためには，インド洋という広大な海上交通路の秩序を維持することがインドのみならずグローバリズムとりわけ海上貿易に恩恵を受ける国々にとり重要な国益となる。

　くわえて米国，中国などとの戦略的関係性の中で，インドはランドパワーと見なすだけでは不十分であり，その発展過程で海洋領域への積極的なコミットメントが必要となっている。インドは「亜大陸の国家として北はヒマラヤ山脈に閉ざされ，また国境を接するパキスタン，ネパール，ミャンマーといった国家は政情が安定せず，またその多くとは良好な外交関係を樹立しているとは言いがたい。したがってインドが効果的にパワーを投射できるのは (南に開けたインド洋という) 海洋しかない。(中略) それだけでなくインドはホルムズ海峡からマラッカ海峡に至る主要なシーレーンの中央に位置」している[6]。冷戦終結後の多極化世界でインド，そしてインド洋の戦略的重要性が急速に増している。

　中国が急速な経済発展を背景に軍事力を拡大し，とりわけ海洋領域における進出が拡大する過程で，その影響を受ける米国，日本あるいは東南アジア諸国の多くは，当然の帰結としてインドとの戦略的関係強化を企図している。カプラン (Robert Kaplan) が「いくつものパイプラインが張り巡らされ，地上と海

---

[5] Robert Kaplan, *Monsoon: The Indian Ocean and the Future of American Power*, Random House, 2010, p. 7. (ロバート・カプラン『インド洋圏が世界を動かす——モンスーンが結ぶ躍進国家群はどこへ向かうのか』奥山真司・関根光宏訳，インターシフト，2012 年。)

[6] Ibid, p. 125.

洋の交通路が交差する（インド洋周辺地域の地理的状況）は，カント的『ポスト・ナショナリズム』の世界ではなく，メッテルニヒ的な勢力均衡政治へとつながっている」と指摘するように[7]，21世紀初頭の多極化世界においてインドとその勢力圏であるインド洋はとくに台頭する中国の海洋進出と相まって戦略的意義を高めているといえる。

また，インドは建国以来中国との間で地上領域すなわちチベットの帰属を巡り対立関係にある一方，中国はインドにとり主要な貿易相手国として自国の経済発展に欠かせない存在である。「（中国が）主な貿易パートナーになりつつある以上，（インドが）対中バランシング戦略に積極的に関わることは欲しない」とする主張もみられる[8]。しかしながら海洋領域に目を転ずると，中国が南シナ海を越えてインド洋へと活動領域を拡大することについてインドは警戒を抱いており，東南アジア諸国への軍事協力など間接的な形をとって中国の海洋領域における西進に対し一定の対応をとっているとみられる[9]。このようにインドはパキスタン及び中国等と地上領域を中心に軍事的対立を抱えてきたが，その一方で南アジアの地域大国として，インド洋という海上交通のハイウェイならびにインド洋に点在する国家群の安定にコミットするというシーパワーとしての要素をあわせ持っている。本節では対米関係を軸とすることで，インドの海洋領域における軍事戦略について米国との潜在的対立関係にあった冷戦末期から21世紀初頭にかけた時期と，その後の時期の2期に分けて分析を行う。

1　米国との潜在的対立と領域拒否の強化（1980〜1989年）

前述のとおり，建国以降インドの軍事戦略上の脅威はパキスタンあるいは中国という地上領域を中心とするものであったこと，またインド自身の経済力ならびに工業化水準の低さに比例して海上交通路を介した海上貿易への依存度も低く，海洋領域へと軍事的に進出するだけの要因に乏しかった。たとえば

---

[7] Ibid, p. 16.
[8] Fareed Zakaria, *The Post-American World: With A New Preface*, W. W. Norton & Company, 2009, p. 153.
[9] 逆にインドのASEAN諸国あるいは南シナ海へのコミットメントは中国の政治指導者達にとり，警戒を惹起するものであると考えられる。

1962年に勃発した印中戦争後の軍事力近代化では陸空軍が優先されたと考えられている[10]。

1965年の第二次インド・パキスタン戦争後、インド国内では海軍力向上の必要性が議論され、「1965年9月にインドはソ連から大規模に艦艇を輸入する契約を結び、1968年、インド海軍参謀総長は初めて提督クラスを認められて陸海空軍が同格に扱われる体制となり、東西2個艦隊の態勢が整えられた」ものの、「守るべきシーレーンの重要性も低く、インドの国防大臣スワラン・シンは外洋海軍創設に反対していた」という状況にあった[11]。この時点でインドの海洋領域への関心は高くなかったと見なすことができる。

1971年の第三次インド・パキスタン戦争勃発に伴い、米国はインドに対する軍事物資支援ならびに経済支援を取り消したことに加え、空母エンタープライズ（Enterprise）空母戦闘群をヴェトナム戦争から分離し、停戦後の1972年1月7日までベンガル湾に展開させた[12]。

米国は空母戦闘群派遣の意図について明確な説明をしていなかったが、戦争の激化を牽制する、あるいはソ連海軍の展開に呼応してインド洋における政治的プレゼンスを発揮するなどといった目的が推測される[13]。その一方で米国の意図はともかく、結果的に「エンタープライズ派遣事案によってインド海軍は当座の戦略的フォーカスを海洋拒否（sea denial）に振り向ける」こととなった[14]。その後冷戦末期までの間、ソ連はインド洋において海軍艦艇をしばしば展開させて影響力の拡大を図る一方、米国は1980年代に入ると英国が所有するディエゴ・ガルシア島を拠点化し、インド洋における制海、戦力投射を強化した。インドの旧宗主国である英国が海洋領域における優越を米国に委譲し、1971年にスエズ以東からの戦略的撤退を決定した後、インド洋では米ソ超大国がそのプレゼンスを競う状況が生起した。

このような米国のインド洋における制海及び戦力投射の強化について、米国側の意図はともかく、インド側はこれを対米関係の悪化に伴う現象として認識

---

10 長尾『検証 インドの軍事戦略』84頁。
11 同上。
12 同上、124-125頁。
13 同上、125-126頁。
14 Brewster, *India's Ocean*, p. 34.

したと考えられる。長尾によれば，1971年以降インドが海洋を重視する傾向を強めたが，とりわけ米国のディエゴ・ガルシア島拠点化が進んだ1980年代後半以降，インド海軍の増強は顕著であるとする[15]。この時期からインドの経済成長が顕著となったことが別の要因であることもまた明らかであるが，インド海軍潜水艦勢力は1980年に8隻，1990年の段階で攻撃原潜1隻を含む19隻へと急速に増加した。

これは空母が1隻から2隻となったものの，フリゲート以上の水上戦闘艦艇の勢力について，1980年は30隻，1985年に26隻，1990年に25隻と量的にみて漸減傾向にあることと比較すれば，その傾向は顕著なものであるといえる。表3-4は冷戦末期から冷戦終結直後にかけてのインド主要艦艇数の変化を示したものである[16]。このように1970年代以降，冷戦末期にかけてインドは海軍力をそれ以前よりも相対的に重視し，増強を図ってきた。この背景には2つの文脈があり，まず伝統的に対立するパキスタンとの紛争に際し，上陸作戦能力の向上という地上戦の支援を目的とする戦力投射がある。次いで米海軍がインド洋におけるプレゼンスを強化し，また米印関係が冷却化する過程でインド海軍は米海軍を潜在的な脅威と認識することで生じた，領域拒否強化に関するものがある。

表3-4における揚陸艦艇隻数の増加にみられるとおり，インド海軍の戦力投射はパキスタンとの国境を介した地上戦の側面支援として，地上軍を揚陸艦艇によって上陸させることに重きを置いたものであって，空母艦載機あるいは大型水上戦闘艦艇による火力の発揮をあわせた大規模な対地攻撃といった作戦を遂行するといったものではなかった。一方で領域拒否は相応に強力な装備体系によっている。1985年から1990年の5年間という短期間で，ドイツ209型通常型潜水艦の輸出型であるシシュマール（Shishumar）級を2隻，ソ連キロ級の輸出型であるシンドゥゴーシュ（Shindhughosh）級7隻，合計9隻を導入している。

一方，1990年時点で就役していた2隻の空母はいずれも英国の退役軽空母

15　長尾『検証 インドの軍事戦略』133頁。
16　ただし，図3-2のとおり水上戦闘艦艇のうち満載排水量3000トンを超える大型水上戦闘艦艇の数は一貫して増加している。

表 3-4　冷戦末期から冷戦終結直後におけるインド海軍主要艦艇数の変遷

艦　種	1980 年	1985 年	1990 年
攻撃原潜	−	−	1
通常型潜水艦	8	8	18
空　母	1	1	2
駆逐艦，フリゲート等	30	27	25
揚陸艦艇	1	9	10

出典：IISS, *The Military Balance 1980-1981*, Autumn 1980, p. 68; *The Military Balance 1985-1986*, Autumn 1985, pp. 122-123; *The Military Balance 1990-1991*, Autumn 1990, pp. 160-162 より著者作成

であり，搭載機は英国製シー・ハリアー軽戦闘機とソ連製ヘリコプターである。この装備体系を見る限り戦力投射としての用途はあまりなく，対パキスタン戦における沿岸部での制海に寄与し得るものである。同様にフリゲート以上の水上戦闘艦艇は大型化と近代化更新を図りつつも数的に漸減しているのであり，制海に関しては米海軍に対抗するようなレベルにはない。インド海軍の制海とはパキスタンとの戦闘に際して有利に上陸作戦等を進められることを念頭においたものであり，当時の水準からみても，高度な指揮統制通信能力などを具備した高烈度の戦闘に対応するようなレベルになく，また地上航空戦力などの支援が得られない外洋で自己完結的に作戦行動をとるレベルにもないと結論づけることができる。

　なお，冷戦末期においてインド空軍もまた一定レベルで近代化が進められたと考えられる。1980 年代にインド空軍は新たに 5 機種（ジャガー〔Jaguar〕，ミラージュ 2000〔Mirage 2000〕，ミグ 23/27/29）を導入するとともに，旧式の機体をほぼ一掃して近代化更新を一気に進めた[17]。これらのうちミグは基本的に迎撃戦闘機としての性格が強い。一方でジャガーは対地近接航空支援を主任務とするが，対艦ミサイル攻撃も可能である。そしてミラージュは多用途戦闘攻撃機（マルチロール機）であり，各種の爆弾あるいはエグゾゼ対艦ミサイルを装備することも可能である。しかしジャガー，ミラージュとも機体としては比較的小型であり，弾薬・燃料の搭載量（ペイロード）ならびに行動半径も広範なインド洋で作戦行動をとるためには不十分である。これらの点を考慮すると，インド空軍の戦力に関しても一義的にパキスタン，中国などとの地上作戦の支援及び防空戦を念頭に置いていると考えられ，対艦攻撃能力についても地

17　長尾『検証 インドの軍事戦略』135 頁。

上戦主体となる対パキスタン戦において上陸作戦にあたるインド海軍部隊の支援を実施するレベルである。外洋の敵艦隊等を渡洋攻撃可能な長距離攻撃機は保有していないことから、冷戦末期のインド空軍は海洋領域における戦力投射に関わる能力を保有しておらず、また制海に関する貢献はごく限られたレベルであったと考えられる。

2　冷戦終結後：インド洋における制海能力の強化（1990〜2009年）

　冷戦終結以降、米印関係は急速に改善し、その後中国の海洋進出を念頭に米印両者の戦略的利益が一致したことから、海洋領域における軍事・安全保障上の関係は21世紀にかけて強化されてきた。1991年の湾岸戦争においてインドは多国籍軍に対し領域内の空輸を認め、翌1992年には米印間の軍事協力が再開し、国防組織・軍種間の協議あるいは共同演習が始まった[18]。その結果、「非同盟運動という概念自体はインドにおいて精神的価値を維持しつつも、それはネルーのドクトリンからかなり形を変え（中略）1990年代末までに他の大国との全方位外交の中で、米国とのパートナーシップは際立って強調されるレベルに達した」と考えられる[19]。

　このような米印関係の発展は前述のとおり湾岸戦争に端を発し、その後米国自身がテロとの戦いを進めるかたわらで協力関係は継続した。その過程でパキスタンにイスラム過激派テロ組織が潜伏し、1993年、2008年のムンバイ同時多発テロなどを引き起こしたとされる状況下で、米国がインド・パキスタン間の軍事的緊張を仲裁するといった状況が生じている[20]。

　その後中国の急激な経済成長と軍事力の発展、とりわけ海洋領域における進出に対し、これを警戒するインドと「アジア・リバランス」あるいは「インド太平洋戦略」を掲げる米国との間で戦略的利害関係が一致し、米印関係はより強化する傾向が続いている。本章冒頭で述べたとおり、インドはグローバル化と自身の経済成長を背景に、21世紀以降徐々に典型的なランドパワーからイ

18　同上、229頁。
19　Brewster, *India's Ocean*, p. 22.
20　長尾『検証 インドの軍事戦略』69-70頁。

ンド洋に戦略的利益を享受するシーパワー的要素を高めており，インドの国防総予算に占める海軍の割合は，1992 〜 93 年の 11 パーセントから，2008 〜 09 年の 18 パーセントへと大きく増加している[21]。また，「インド海洋軍事戦略」のサブタイトルは「海洋利用の自由」であり，「新たな戦略では地上領域に対する影響力の行使をインド海軍の主要任務の 1 つであると位置づけている」という記述とともに，海洋状況把握（maritime domain awareness: MDA）について 1 章を割いて詳述しており，そこでは艦載・地上運用型長距離無人機，あるいは早期警戒機に対する投資を進めるという記述がみられる[22]。

このような状況は単にインド軍が C4ISR といった先進軍事技術の導入を進めている，というだけではなく，対米領域拒否を重視する姿勢から海洋領域における権益を維持することを目的とした制海，さらにはインド洋圏内における戦力投射を重視するというインドの海洋領域における軍事力の変化を示していると考えられる。ブリュースターは「インド海軍はインド洋における秀でた海洋軍事戦力である」というインド海軍参謀長の発言を紹介し，「インド海軍がマハン的な制海思想によって海洋の要衝をコントロールすること，あるいは海軍力の投射を重視しており，その関心領域は紅海からシンガポールにかけて重要な安全保障上の役割を果たすとともに，その領域は南シナ海に至る」と分析している[23]。つまりインド海軍が自身を「インド洋における卓越した安全保障の提供者（predominant security provider）であると位置づけている」[24]。このようにインドは冷戦末期の対米領域拒否から，インド洋における制海そして戦力投射の発揮へと戦略的な方針転換を行いつつあると考えられる。

この傾向について，長尾は図 3-2 のとおり，インド海軍の大型水上艦艇の保有数を用いて説明している。表 3-4 で示したとおり，冷戦末期から 20 世紀末にかけてインド海軍のフリゲート以上の水上戦闘艦艇保有数は漸減傾向にあったが，その一方で長期にわたる作戦行動が可能であり，防空システムなどある

21　Brewster, *India's Ocean*, p. 13.
22　Indian Integrated Headquarters Ministry of Defence (Navy), *Freedom to Use the Seas: India's Maritime Military Strategy*, pp. 117-118.
23　David Scott, "India's "Grand Strategy" for the Indian Ocean: Mahanian Visions," *Asia-Pacific Review*, Vol. 13, No. 2, 2006, pp. 98-99.
24　Brewster, *India's Ocean: The Story of India's Bid for Regional Leadership*, p. 36.

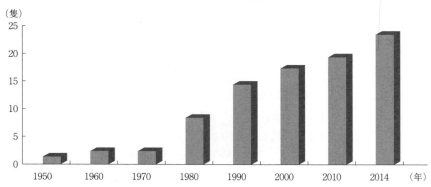

図 3-2　インド海軍大型水上戦闘艦艇の保有数

出典：長尾賢『検証 インドの軍事戦略――緊張する周辺国とのパワーバランス』ミネルヴァ書房，2015 年，297 頁

程度の自己完結性を有する満載排水量 3000 トン以上の水上戦闘艦艇は一貫して増加基調にあり，とくに 1990 年ころ以降増加していることがわかる。

また，2014 年におけるインド海軍主要艦艇の就役年は表 3-5 のとおりである。領域拒否アセットである潜水艦の老朽化が進む中，1990 年代末以降から 2015 年にかけて水上戦闘艦艇の更新が優先されていることがわかる。

このようなアセットに加え，インド海軍は 2001 年にマラッカ海峡出口のアンダマン・ニコバル諸島に陸海空三軍の統合司令部を設置するとともに，モルディヴ，セイシェル，モーリシャス，マダガスカルに海軍の停泊所と通信施設を保有した[25]。とくにアンダマン諸島あるいはセイシェルといった島嶼における軍事力配備は中国の進出を念頭においた機能強化であると考えられる。

一方，インド空軍についても 1990 年代以降ほぼ一貫して予算的に拡大している。近代化を進めるとともに空軍参謀長が「ホルムズ海峡からマラッカ海峡までカバーしている」と発言したことが伝えられるように，インド空軍はインド洋全域にわたる戦力投射に関心を持っていると推測される。またタジキスタンで基地拡張工事を進めるとともに，上記アンダマン諸島の司令部にスホイ 30（Su-30）の配備計画を進めているとされる[26]。

25　長尾『検証 インドの軍事戦略』200 頁。
26　同上，302 頁。

第7章　インド：典型的ランドパワーからインド洋の制海へ

表 3-5　2014 年時点のインド海軍主要艦艇就役年ごとの隻数（一部就役見込みを含む）

艦　　種	〜1985 年	1986-1995 年	1996-2005 年	2006-2015 年
攻撃原潜	−	−	−	1
通常型潜水艦	−	12	1	−
空　母	−	−	−	1
駆逐艦，フリゲート等	5	2	9	11

出典：*IHS Jane's Fighting Ships 2014-2015*, pp. 327-335 より著者作成

表 3-6　2020 年におけるインド空軍の戦力組成に関する予測

任務	機種	保有数	部隊数
制空戦闘機	スホイ 30MKI	280	〜15
	ミグ 29	50	〜3
多目的機	ミラージュ 2000	50	〜3
	その他	126/200	〜7/11
軽戦闘機	テジャス	125	〜7
攻撃機	ジャガー	110	〜6
計		741/815	〜41/45

出典：Ashley Tellis, *Dogfight!: India's Medium Multi-Role Combat Aircraft Decision*, Carnegie Endowment for International Peace, 2011, p. 121.

しかしながら「インドはこれまで空軍主導の軍事作戦を実施したことがほとんどないため，陸軍主導の作戦を離れて空軍主導で作戦を進めた場合，どの程度の実力を発揮するか未知数」であり，「もし陸軍の作戦に沿った形から離れられないのであれば，必然的にインド空軍の作戦は陸続きの南アジア域内とその周辺にとどまることになる」と考えられる[27]。今後空軍が海洋領域においてどれだけ作戦行動を拡げるのかという点については，本書執筆時点でまだ明らかではない。表 3-6 は 2020 年におけるインド空軍の主要アセットについて推測したものである。表中の「MMRCA」とは「中型多目的戦闘機」（medium multi-role combat aircraft）の略であるが，本表に示す機体はほぼ冷戦末期頃の機体を単に近代化更新するものであると考えられる。大規模な渡洋攻撃など戦力投射に適合させることなどを企図するような戦力組成の大きな変化はみられない。したがってこれら空軍の戦力組成からみても，今後のインド空軍が海洋領域でどのような作戦行動を想定しているのかという点については現時点で不明である。

27　同上，303 頁。．

第Ⅲ部　大陸国家の海洋戦略を読み解く

3　中国の海洋進出に伴う反応（2010 〜 2017 年）

　このようにインドは冷戦終結以降，西方のホルムズ海峡あるいは紅海から，東方はマラッカ海峡さらに南シナ海に至る海洋領域に戦略的関心を高めてきた。その結果，海洋領域においても活動領域を拡大する中国と対峙する状況にある。1962 年の中印紛争以来，中国はパキスタンとの友好関係を維持し，これを拠点にインド洋圏への影響を一定程度保持してきたといえる[28]。

　くわえて 21 世紀に入ると中国はバングラデシュ，スリランカあるいはモルディヴといったインド洋周辺諸国と経済的，政治的関係を強化してきた。とりわけパキスタンのグワダル，スリランカのハンバントタなどインド洋の要衝に位置する商業港の大規模開発を進め，平時の拠点を形成するという，いわゆる「真珠の首飾り」（String of Pearls）戦略を遂行していると見なされている[29]。

　ただし，これらの港湾はいずれも中国本土から遠隔地にあり，中国が有事に際して補給ルートなどを確保できるめどはない。「現時点で中国海軍は大規模な戦力投射，空母打撃群の展開あるいはこれらのアセットを防護する包括的な防空戦，対潜戦，対水上戦のための能力を保有していない」のであり[30]，また近未来の時点でこれらの能力を具備するとも考えられない。

　しかしながら中国海軍が 2008 年 12 月以降アデン湾における海賊対処活動への継続的参加を契機として，徐々にインド洋において軍事力の展開頻度を高めていることも明らかであり，インドはこの状況に警戒を抱いている。中国が南シナ海の北端に位置する海南島の軍事基地を強化したことを契機として，インドは今後中国海軍の潜水艦あるいは水上艦艇が海南島を拠点にインド洋へ進出することを懸念しており，「ニューデリーの裏庭であるインド洋に中国が割り込んでくることを憂慮する」という退役インド軍高官の発言が伝えられている[31]。また 2013 年に中国海軍の潜水艦が海賊対処活動の一環と称してインド

---

[28]　Brewster, *India's Ocean*, p. 186.
[29]　Ibid, pp. 186-191. インドの周辺国から見た場合，地域大国としてしばしば政治・軍事的に介入してきたインドの影響力を相殺するため，中国の進出を容認することに妥当性を見出すケースが考えられる。
[30]　Ibid, p. 184.

洋で活動し、スリランカの港湾に入港した際には、複数のインド軍関係者が懸念を示した、とされる[32]。

このような中国のインド洋における軍事活動に対し、インド軍は前述したとおり制海と戦力投射を強化するとともに、ASEAN諸国への軍事協力などを進めている。1992年にインドと米国の2国間共同演習として始まったマラバール演習には21世紀以降、日本が参加国に加わるとともに、ASEAN諸国などが招待されている。また、南シナ海において中国と島嶼領有権問題を抱えるヴェトナムは2014年以降ロシアからキロ級潜水艦を導入しているが、これに対しインドは無償で潜水艦乗組員の教育訓練を提供しており、ASEAN諸国あるいは南シナ海でのプレゼンスを拡大するとともに中国がマラッカ海峡を越えて進出する状況にヘッジをかけようという意図を見てとることができる[33]。

結論として、インドは冷戦期においては米国、21世紀以降については中国といった域外大国の影響力をインド洋から排除するという軍事戦略目標を維持しており[34]、圧倒的な軍事的格差のある米国に対しては領域拒否を重視した。21世紀に入ると徐々に自己完結的な制海を向上させ、インド洋におけるプレゼンスを拡大する中国に対して、インド洋圏内で制海によって対抗するとともに、中国の勢力圏内である南シナ海ではASEAN諸国への軍事協力などを通じて対抗しているということになる。

本節の分析により、インドに関する評価は表3-7のとおりとなる。

31　James Holmes, Andrew Winner, and Toshi Yoshihara, *Indian Naval Strategy in the Twenty-first Century*, Routledge, 2009, p. 127.
32　Hindustan Times, New Delhi, "China's submarines in Indian Ocean worry Indian Navy," April 07, 2013, http://www.hindustantimes.com/newdelhi/china-s-submarines-in-indian-ocean-worry-indian-navy/article1-1038689.aspx, accessed on May 02, 2017. Reuters, "Chinese submarine docks in Sri Lanka despite Indian concerns," November 02, 2014, http://in.reuters.com/article/sri-lanka-china-submarine-idINKBN0IM0LU20141102, accessed on May 02, 2017.
33　長尾『検証 インドの軍事戦略』298頁。
34　Brewster, *India's Ocean*, p. 204.

表 3-7　インドの評価

	冷戦末期経済発展以前 (1980 〜 1989 年)	冷戦終結前後における 経済発展と軍の近代化 (1990 〜 2009 年)	対米関係の好転 中国の海洋進出 (2010 〜 2017 年)
領域拒否	1	3	3 ⇒ 2
制海	2	2	3
戦力投射	1	1	2

出典：著者作成

第8章

中国：領域拒否から制海と戦力投射へ

　1949年の中華人民共和国建国以来，中国海軍の作戦区域は「沿岸防備」(coastal defense) に限られていた。それは米国と台湾による中国大陸への反攻作戦を念頭に置いた水陸両用作戦への対抗策を主眼としており，一連の地上戦の中に包含されていた[1]。これは1990年代末の近代化以前の段階における中国海軍の戦力組成を見れば明らかである。1994年の時点において，満載排水量3000トンを超える大型水上戦闘艦艇は18隻に過ぎず，さらにそのうち17隻までが旧式のルダ (Luda) 級駆逐艦であり，中国海軍の水上艦艇部隊主力は150隻以上の小型ミサイル艇，もしくは300隻以上保有していた小型警備艇であった[2]。1950年代末以降，中ソ関係の悪化に伴いソ連からの軍事技術供与が得られなかったため，冷戦末期のPLAは核戦力を保有するかたわらでその通常戦力は典型的な前近代的な戦力組成からなっていた。冷戦終結後にフランスなどから近代的な対空ミサイルや艦艇戦闘システムを，またウクライナから水上艦艇用ガスタービン推進システムの輸入することで近代化を図ったが，これら欧州からの軍事技術移転も天安門事件に伴う武器禁輸措置によって中断されたため，本格的な近代化は1990年代半ばころ以降，経済の発展とこれに伴う

1　U. S. Office of Naval Intelligence, *The PLA Navy: New Capabilities and Missions for the 21st Century*, 2015, p. 7.
2　ルダ級駆逐艦は1950年代のソ連コトリン (Kotlin) 級駆逐艦のコピーであり，砲と魚雷などを主装備とする前近代的な艦艇である。その後フランス製短距離対空ミサイルシステムを追加装備するなど，若干の近代化改装がなされたものの，現代戦に必要なC4Iシステムなどを有していない。Richard Sharpe ed., *Jane's Fighting Ships 1994-1995*, pp. 113-135.

第Ⅲ部　大陸国家の海洋戦略を読み解く

ロシアからの装備・技術移転を待つ必要があった。

　1991年の湾岸戦争あるいは1996年の台湾海峡危機を契機にPLAは中国周辺海空域における米軍の作戦行動を阻害し，アクセスを拒否するためにA2/ADと呼ばれる領域拒否戦略を発展させることに重きを置いてきたが，これは急速な経済発展に伴う国防予算の増大にあわせ，急激な近代化を伴って推進された。その結果PLAの領域拒否は日本列島から台湾，フィリピンに至る，いわゆる「第一列島線」を大きく超え，西太平洋の広域において米軍の優越を阻害することが可能なレベルに達しているとみられる。米海軍情報部の分析によれば，PLAの海洋領域における軍事力は図3-3のとおり多層化し，その影響力は中国本土沿岸部から1000海里（約1850キロメートル）程度の海域まで及んでいるとされる。

　図1-5などで示したとおり，地上配備巡航ミサイル，長距離攻撃機の威力圏は中国本土から1000キロメートルを超えると考えられる。またこれらに加えて，近代化された水上艦，潜水艦などのアセットは「第一列島線」を越えて西太平洋へと進出した場合，さらに広範囲においてPLAは近代的な領域拒否を遂行することができるとされる。本書においてここまで引用してきた文献の多くが中国の軍事的発展についてA2/AD戦略という文脈で説明しているように，PLAの軍事的発展は米軍を拒否する領域拒否としての文脈で語られるケースが一般的である。本書執筆時点においても中国にとり海洋領域において最も深刻な問題とは，米国の軍事的優越をいかに排除し，自身の行動の自由を確保するのかという点にあると考えられる。

　その一方でPLAの海洋領域における軍事的発展が領域拒否に基づく文脈でのみ語られることは誤りである。1990年代半ば以降，通常型潜水艦など，領域拒否アセットの急速な近代化を進めた結果，とくに南シナ海では2010年ころ以降，多くの島嶼部を占拠し，人工島を形成するといった国家実行を経て海域全体を中国自身の勢力圏内に収めようとしている。これと並行して中国海軍の潜水艦，小型ミサイル艇といった典型的な領域拒否アセットの就役数は明らかに減少する一方，空母に加えミサイル駆逐艦など大型水上戦闘艦などの制海アセット，さらには2007年以降，エアクッション揚陸艇を搭載する大型揚陸艦艇の新造を進めており，台湾有事における強襲上陸作戦などを念頭に置いた，

図 3-3　中国の海洋領域における軍事力の拡大

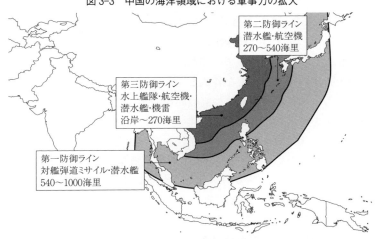

出典：U.S. Office of Naval Intelligence, *The PLA Navy: New Capabilities and Missions for the 21st Century*, p. 8.

一定の戦力投射をも具備しつつあると考えられる。このような文脈に基づき，本章では1990年代半ばの近代化と領域拒否の発展，次いで2010年ごろを境とする制海と戦力投射の変化について分析する。

1　近代化の開始と近海防御（1980～1992年）

　一般的にPLAの近代化は1970年代末ころに端を発するとされる。ランド研究所のレポートでは1976年以降PLAの作戦ドクトリンは中国本土の地理的縦深と人海戦術（massed infantry tactics）に期待するものから，外部の侵略に対し紛争の初期段階において迅速に戦力を展開し，先制するものへと変更された[3]。同様に中国の国家軍事戦略はこのころ中国本土防衛（continental defense）から周辺領域防衛，そして戦力投射への変化を指向しており，これに伴ってPLAは伝統的なローテクノロジーでゲリラあるいは人海戦術に依存した態勢から，機動性，緊急展開能力あるいは精密打撃に重きを置く近代的軍

---

[3] Cliff et al., *Entering the Dragon's Lair*, p. 18.

隊への改革を企図するようになった[4]。

　しかしながら1970年代末の段階で想定された主な脅威とは，中国大陸北部の政治・産業基盤に対するソ連の限定的な地上侵攻であり，地理的縦深に誘い込んで弱体化させる，という従来の作戦から大きく変わるものではなかった[5]。また，国境を接するソ連を主要な脅威と見なしていたことから，冷戦末期の段階で中国海軍の近代化は優先順位の高い問題であったとは考えられず，また大規模な軍事改革を行うだけの経済力を伴っていたわけでなかったため，引き続き活動海域は沿岸部に限られ，限定的な任務遂行能力しか保有していなかった。

　中国海軍は1980年代ころから経済面での開放政策とあわせ，徐々に近代化を進めることとなったが，その方向性とは1987年に海軍司令官劉華清（Liu Huaqing）上将が提唱した「近海防御」（offshore defense）である。これは従来の沿岸防備から脱却するとともに領土主権，海洋における法執行及び黄海，東シナ海及び南シナ海の海洋資源の保護を主要戦略目標とし，当面の間作戦区域を日本列島から琉球列島，台湾そしてフィリピンにかけた第一列島線の内側とするというものであった[6]。

　とはいえ1980年代末頃までの時期において，中国の社会は1966年から1976年にかけて進められた文化大革命の影響による停滞から脱していなかった。鄧小平（Deng Xiaoping）国家主席のもと進められた改革開放の初期にあって経済成長が始まっていたが，軍の近代化はまだ限定的であった。中国空軍（PLA Air Force: PLAAF）は「実際のところ1970年代から1980年代において，1950年代におけるソ連のデザインと，それを中国国内でコピー生産した産物が大半をなす時代遅れの戦力組成によって身動きがとれない」状況にあり，PLA全体としても1950年代ソ連製装備の依存から脱却し，近代的なアセットを運用するためには1990年代末を待つ必要があった[7]。たとえば1994年の段

4　Ibid.

5　Ibid, p. 19.

6　James Holmes and Toshi Yoshihara, *Chinese Naval Strategy in the 21st Century: Turn to Mahan*, p. 31. 1980年代半ばの段階で，中国海軍は将来的な作戦区域は能力拡大にあわせてグアム，サイパンなどを含む第二列島線まで拡大すると想定していた。

7　Michael Chase and Cristina Garafola, "China's Search for a 'Strategic Air Force'," *Journal of Strategic Studies*, Vol. 39, No. 1, 2016, p. 7.

階で中国海軍の保有する潜水艦は5隻の旧式攻撃原潜（漢〔Han：ハン〕級）のほか，1950年代にソ連で基本設計されたロメオ（Romeo）級およびこれをもとに中国が国産した明（Ming：ミン）級潜水艦のみであり，日米の対潜アセットに対抗し得るレベルにはなかった。

1990年代の中国海軍は，近代的な戦闘力を有する通常型潜水艦として1994年末に初めてキロ級潜水艦の1番艦をロシアから導入した状況にあった。大型水上戦闘艦艇についても，同年フランス製捜索レーダー，短射程対空ミサイルなどを装備したルーフー（Luhu）級駆逐艦の1番艦が就役し，2番艦が公試中であったほかは1950年代ソ連製兵器を主体としていた[8]。

2　対米領域拒否能力の発展（1993～2009年）

1990年代に着手したPLAの近代化は，これまで述べてきたとおり領域拒否を根幹とするものである。湾岸戦争で米軍が示した能力とは単に破壊力の大きさではなく，指揮統制通信ネットワークを介した正確な情報と精密打撃力を特徴とする。衛星，高高度偵察機によって平時から蓄積されたデータベースに基づき，戦域に展開する早期警戒機をはじめ捜索アセットが敵の指揮所，捜索レーダーサイトなどをピンポイントで特定し，その目標情報は数秒以内に味方攻撃ユニット間などへ戦術データリンクによって伝送され，正確に破壊された。PLA内部の分析では，とりわけこのような長距離精密打撃能力に対する脆弱性が指摘されており，1993年に江沢民（Jiang Zemin）国家主席はこのような状況に対応すべく「ハイ・テクノロジー環境下における局地戦争（local wars under high-technology conditions）に対する準備」に焦点を当てるよう指示した，とされる[9]。

とはいえ米軍の戦力投射に対し正面から対抗する（force on force battle）ことは「岩に対して卵を投げつけるようなもの」であって[10]，回避する必要があった。このためPLAが指向した軍事戦略とは，優位にある米軍に対し戦力組

8　Richard Sharpe ed., *Jane's Fighting Ships 1994-1995*, pp. 114-116.
9　Cliff et al., *Entering the Dragon's Lair*, pp. 21, 25.
10　Ibid, pp. 28-29.

成の面で非対称的な形態をとることとなった。具体的には長距離攻撃機，巡航ミサイル，潜水艦といった米空母打撃群とは非対称かつ相対的に安価な戦力によって米軍の行動を阻害し，拒否することを戦略目標とする。ランド研究所の分析では，米軍の戦力投射とりわけ長距離精密打撃力と正面から衝突することを回避するため，先制奇襲攻撃を企図しているとされるが，とくに敵の指揮通信系統，あるいはロジスティクスの重心（center of gravity）に対するピンポイント集中攻撃を加えることを重視していると考えられている[11]。

このようなPLAの領域拒否戦略とその方向性については，ランド研究所と同様に米シンクタンク「戦略予算評価センター」（CSBA）も同様の結論を導いている。CSBAのレポートはPLAのA2/AD戦略と米軍に対するリスクについて，「PLAが力を傾注している強力なA2/AD能力は，米国の戦力投射を急速にリスキーに，そして場合によっては（米国の軍事力行使に対し）禁止的代償を払わせるだけの脅威をもたらしつつある。（中略）結果的に，米国は軍事バランスにおけるネガティブなパワーシフトを受け入れるか，これを埋め合わせるオプションを探求するのか，という戦略的選択に直面している」と評価する[12]。また，PLAによる領域拒否戦略の実施形態については，具体的に以下のような段階を経ると見積もっている[13]。

①まず日本の戦力と米国の前方展開戦力に対し大規模先制攻撃を加え，他の米海空軍を中国本土への攻撃が不可能な位置にまで後退させる。また，米軍の指揮統制ネットワークを混乱させるとともに，補給線を攻撃する。
②包括的な戦略とは，米軍に大打撃を与え，作戦を長期化することで米国による同盟国の防衛を不可能にすることである。
③ひとたびこの目的を達した後，PLAは戦略守勢に転じ，米国が（中国の確保した領域の）既成事実化を認めるまでの間，米軍のアクセスを拒否し続ける。

11　Ibid, pp. 28-38.
12　Jan Van Tol, Mark Gunzinger, Andrew Krepinevich, and Jim Thomas, *AirSea Battle: A Point-of-Departure Operational Concept*, CSBA, May 2010, p.ix.
13　Ibid, pp. 20-21.

第8章　中国：領域拒否から制海と戦力投射へ

　つまり PLA の大規模先制攻撃が発端となる「西太平洋戦域における高烈度の通常戦争」という点で CSBA の分析はランド研究所と基本的に類似したシナリオを想定している。米海軍情報部も同様に PLA が海からの脅威に対する脆弱性，とりわけ長距離精密攻撃に対する対抗策を強化するべく近代化を進め，その方向性は「ハイテク環境下における局地戦に勝利する」ことを念頭に置き，とくに以下の2点を重視していると結論している[14]。

①情報化（Informationization）：指揮統制システムの改善
②非接触戦（No Contact Warfare）：敵の防御圏外のアウトレンジ攻撃能力の向上

　この結果，対水上戦，対空戦能力は著しく向上し，対艦巡航ミサイルを装備した近代的潜水艦の数も飛躍的に増加した。対潜戦能力の向上は遅れているとみられるが，近年は曳航式／深度可変型ソーナーといった装備が普及しているとみられる[15]。このように「ローカル局地戦争」における優位を確立するため，中国海軍は領域拒否アセットとして隠密性に優れる潜水艦戦力あるいは機動性に富む小型ミサイル艇などを優先的に整備してきた。同様に中国空軍も1990年代後半以降，米軍の戦力投射を拒否する防空能力の近代化に重点を置いてきた。その概要は表3-8のとおりである。
　なお，表3-8における「統合防空システム」（integrated air defense system: IADS）とは，主に次の3点からなる[16]。

①早期警戒能力：A-50，Y-8 といった哨戒機／早期警戒機を開発する。
②地上配備型長距離地対空ミサイルシステム：S-300 シリーズをロシアから購入するとともに，HQ-9，HQ-12 といった国産システムを開発する（2014

14　U. S. Office of Naval Intelligence, *The PLA Navy*, p. 8.
15　Ibid, pp. 15-16.
16　Eric Heginbotham et al., *The U. S.-China Military Scorecard: Forces, Geography, and the Evolving Balance of Power 1996-2017*, RAND Corporation, 2015, pp. 98-100. ただし，これら迎撃戦闘機はステルス性を備えているか，大出力エンジンの開発などについて要求性能を満たしているのか否か，という点について疑問視されている。

表3-8 PLAの「統合防空システム」に関する変遷

タイプ		1996	2003	2010	2015	2017
早期警戒機						
KJ-2000		−	−	4	4	4
KJ-200		−	−	4	4+	4-8
防空戦闘機	世代					
J-5（ミグ17）	第2世代機	400	−	−	−	−
J-6（ミグ19）	第2世代機	3,300	550	−	−	−
J-7（ミグ21）	第3世代機	570	700	588	528	450
J-8（フィンバック）	第3世代機	130	232	360	168	100
J-10	第4世代機	−	−	150	294	350
スホイ27/J-11	第4世代機	24	100	136	340	400
スホイ30/MKK/J-16	第4世代機	−	58	97	97	121
J-15	第4世代機	−	−	−	5	30
地対空ミサイル	射程（km）					
HQ-2（SA-2）	35	500+	500+	300+	300+	200+
S-300 PMU（SA-10C）	100	32	32	32	32	32
S-300 PMU-1（SA-20A）	150	−	32	64	64	64
S-300 PMU-2（SA-20B）	200	−	−	64	64	64
HQ-12（KSA-1）	50	−	−	24	24	48
HQ-9	200	−	−	32	32	64
S-400（SA-21）	400	−	−	−	−	16

出典：Eric Heginbotham et al., *The U. S.-China Military Scorecard: Forces, Geography, and the Evolving Balance of Power 1996-2017*, RAND Corporation, 2015, p. 101.

年には最新型のS-400の導入についてロシアと合意）。
③迎撃戦闘機の近代化：J-5（ソ連型式名ミグ17〔MiG-17〕），J-7（同ミグ19〔MiG-19〕）といった旧式機を更新し，スホイ27/30（Su-27/30）といった第4世代機をロシアから導入するほか，ロシアから得られたアビオニクスなどを国産第3世代機などにバックフィットする。さらにJ-10/J-11，2011年以降はJ-20などの国産第4世代戦闘機を増産する。

また，図3-4はPLAの防空アセットのうち防空戦闘機（defensive counter-air）の行動圏，あるいは地対空ミサイルシステムのレンジを図示したものである。

冷戦終結に伴ってロシアとの対立関係は修復し，ウスリー島をめぐる国境問題について2004年に交渉によって面積等分とすることで解決する一方，イン

第8章 中国：領域拒否から制海と戦力投射へ

図3-4 PLA防空能力の覆域に関する変遷

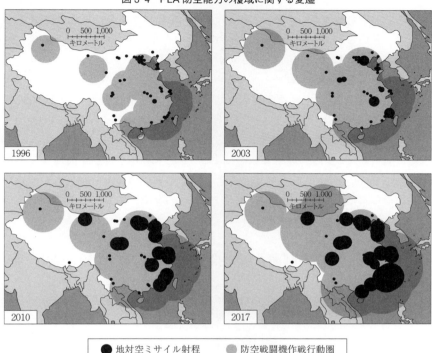

● 地対空ミサイル射程　　● 防空戦闘機作戦行動圏

出典：Eric Heginbotham et al., *The U. S.-China Military Scorecard: Forces, Geography, and the Evolving Balance of Power 1996-2017*, RAND Corporation, 2015, p. 109.

ドとの国境画定をめぐる問題は本書執筆時点で解決しておらず，地上領域での紛争・対立が解消されたわけではない。しかしながら図3-4からみて，防空アセットの多くは沿岸部に配備することで領域拒否拡大を意図しており，中印国境など内陸部の地上領域と比較して沿岸部を重視していると理解できる。このようにPLA通常戦力の近代化は海軍戦力だけでなく，防空アセットについてもそのリソースの多くが海洋領域における領域拒否への貢献を目的としていると見なすことができる。

とりわけ21世紀に入り，PLAは海空軍ともに沿岸部から離れた海洋領域に向けて活動領域を拡大しているが，こうした領域拒否アセットの作戦行動を担

保するためには相手の海空アセットをリアルタイムで捕捉し、探知情報を共有することが不可欠である。そのためPLAは人工衛星ならびに超水平線（OTH）レーダーといった捜索センサーについても能力を向上させてきた。冷戦期に米軍が大西洋沿岸域で運用していたAN/FPS-118スカイウェーブOTHレーダーの覆域はおよそ925キロメートルから3330キロメートルであったとされる[17]。OTH、偵察衛星などを組み合わせた監視能力は中国本土周辺で87万5000平方マイルの範囲に及び、海上・航空目標の（ほぼリアルタイムな）識別能力を有していると推測されている[18]。

このようにPLAの領域拒否戦略は1990年代末から本書執筆時点までの約20年間において飛躍的に近代化してきた。その領域は黄海、渤海といった中国の沿岸部だけでなく東シナ海、南シナ海の大半の海域に大きな影響をおよぼしており、さらに西太平洋の一部にまで及びつつあると考えられる。

3　南シナ海の制海と戦力投射能力の拡大（2010～2017年）

ここまでPLAの海洋領域における軍事力の発展を領域拒否の観点から分析した。その進展はきわめて急速であったが、アセットの就役・配備状況からみた場合、2010年前後から領域拒否に関する能力的進展のペースが落ち着き、一方で制海さらに戦力投射に対する資源配分の割合が増していると考えられる。2015年の中国国防白書「中国軍事戦略」には中国海軍に関し、「従来の近海防御（offshore water defense）から、近海防御と外洋作戦能力（open seas protection）のコンビネーションへと徐々にシフトする。そのために複合・多機能かつ効率的な洋上戦力構造を構築する。中国海軍は戦略的抑止、反撃能力、洋上機動、海上統合作戦、包括的防御能力／後方支援能力を向上させる」という記

17　Ibid., pp. 157-158.
18　U.S. Office of Naval Intelligence, *The PLA Navy*, p. 24. ただし、OTHレーダーはその方位・距離分解能に限界があり、それのみによって特定のターゲットをリアルタイムで探知、追尾するほどの精度は期待できないと見なすべきである。
19　The State Council Information Office of the People's Republic of China, White Papers: China's Military Strategy, May15, 2015, Chapter IV "Building and Development of China's Armed Forces."

述がみられ[19]，外洋展開能力の拡充に向けた意図を明らかにしている。

　成長する中国の経済が，マラッカ海峡をチョークポイントとする海上交通路を経た海上貿易に依存する度合いは非常に高い。中国にとりマラッカ海峡を経てインド洋そして中東の産油国に至る海上交通路の保全は死活的に重要なのである。それゆえに中国本土からマラッカ海峡へのアプローチである南シナ海は中国にとり「米国のカリブ海と同様の存在」である[20]。そしてシンガポールに米海軍の沿岸戦闘艦艇が配備されていることからも明らかなとおり，中国の領域拒否領域の外は引き続き米国の軍事力が支配的な力を維持している。

　このため，中国海軍は21世紀に入ってから艦艇部隊による海外への親善訪問などを契機として，外洋展開の経験を重ねて能力向上を図ってきた。とくに2008年末以降，アデン湾における海賊対処活動に対する艦艇部隊の派遣を継続するとともに，米国が主催する環太平洋合同演習（RIMPAC）など多国間演習などへの参加実績も重ねており（2018年は除外），さらにはフィリピン海において継続的に演習を実施するなど，長期外洋展開能力は着実に向上しつつあると見積もられる[21]。またロシアから導入したSTOBAR空母（遼寧〔Liaoning〕）の戦力化，ならびに晋（Jin：ジン）級戦略原潜の戦略パトロールが近未来に開始される可能性が高いとし，米海軍情報部は中国海軍が沿岸防備海軍から外洋で多様な任務を遂行可能な海軍へ急速に変革を進めている，と結論する[22]。

　このような中国海軍の制海あるいは戦力投射に対する資源配分については，近代化開始以降の主要艦艇の就役ペースからみても明らかである。表3-9は1994年から2016年までの主要艦艇の就役数について，おおよそ5年ごとに区切って示したものである。ロシアからのキロ級導入を契機に開始した通常型潜水艦の更新は宋（Song：ソン）級，元（Yuan：ユアン）級の国産と並行する形で急速に進められたが，これは2012年までにユアンⅡ（Yuan Ⅱ）級を12隻就役させた後，本書執筆時点で追加建造は確認されていない[23]。また，近代化以前に大量に保有していたミサイル艇も典型的な領域拒否アセットであるが，こ

20　James Holmes and Toshi Yoshihara, *Chinese Naval Strategy in the 21st Century*, p. 52.
21　U. S. Office of Naval Intelligence, *The PLA Navy*, pp. 27-29.
22　Ibid, p. 5.
23　旧式のミン級は1997年から2002年の間に再び7隻建造され，また2014年の段階でまだ相当数（16隻）在籍しており，近代化更新が完了したとは見なせない。

表3-9　中国海軍の主要艦艇就役ペース

艦　種	1994-1998	1999-2003	2004-2008	2009-2013	2014-2016
攻撃原潜	−	−	2	−	1
通常型潜水艦	3	13	17	11	−
空　母	−	−	−	1	−
大型水上戦闘艦艇	2	3	14	14	14
ミサイル艇	−	−	60（2004-2009年）	−	−
大型揚陸艦	−	−	1	2	−

出典：Stephen Saunders ed., *IHS Jane's Fighting Ships 2014-2015*, pp. 127-156 より著者作成

れらの後継として2004年から2009年にかけてホウベイ（Houbei）級高速ミサイル艇を60隻まとめて就役させた後，追加建造は確認されていない[24]。

このように2010年ころまでに領域拒否アセットの更新・近代化を急速に進めたあと，2013年ころからフェーズドアレイレーダーを装備した近代的なミサイル駆逐艦ルーヤンⅡ／Ⅲ（LuyangⅡ／Ⅲ級）などの就役数が急激に増加している。また，満載排水量2000トン程度であったフリゲート（ジャンフ〔Jianghu〕級，ジャンウェイ〔Jiangwei〕級など）の後継として満載排水量3000トンを超えるジャンカイⅠ／Ⅱ（JiangkaiⅠ／Ⅱ）級を大量に建造しており，大型水上戦闘艦の増加による長期洋上展開能力，すなわち制海の向上に力を傾注していることが明らかである。さらに2007年以降，中国海軍としては初めてエアクッション揚陸艇を搭載した大型揚陸艦（ユチャオ〔Yuzhao〕級）を建造し，強襲揚陸能力すなわち戦力投射についても徐々に向上していると評価すべきである[25]。

このような傾向について，PLAは現状の領域拒否が米国を十分に拒否できるだけのものであると満足したために制海を重視する方向へと方針転換した，などといった意図が明らかにされているわけではない。しかしながら戦力組成の観点から，中国海軍がおおむね2010年前後を境に領域拒否に偏りつつあった戦略的方向性を修正し，南シナ海など自身が威力圏に収めつつある海域にお

24　Stephen Saunders ed., *IHS Jane's Fighting Ships 2014-2015*, p. 154.
25　満載排水量18500トンのユチャオ（Yuzhao）級は2007年以降2016年までの間に4隻が就役したが，従来の主力揚陸艦であったユティン（Yuting）級（満載排水量約4900トン）と比較して飛躍的に輸送能力が向上している。IISS, *The Military Balance 2017*, February 2017, p. 282.

いて制海を発揮するとともに，戦力投射についても能力向上を意図していると考えられる。この推論はあくまで本書執筆時点である 2018 年におけるものであるが，中国の海洋領域における軍事戦略目標の優先事項が米国に対する領域拒否であり，同時に経済活動と資源輸入の多くを海上交通路に頼らざるを得ない以上，領域拒否と同時並行して制海への投資も要求される，という戦略環境は今後も大きく変化することはないと見なすべきである。

4　米国との比較

　ここまで PLA の近代化と能力の拡大について論じてきた。その領域拒否は中国沿岸部から西太平洋の一部で米軍の作戦行動を拒否し，局地的な優位を獲得することが現実化し得るレベルに達しつつあると見積もられる。その一方で戦力全般を比較した場合，米軍と PLA の間にはいまだ質量ともに大きな格差があると考えられている。たとえば制海について，中国海軍の保有する空母がカタパルトによる発艦が可能な CTOL ではなく，スキー・ジャンプ方式による STOBAR 空母であり，攻撃機の弾薬・燃料搭載量あるいは運用に制限があること，また艦載早期警戒機を運用できないといったことに代表されるとおり，米海軍の空母打撃群と正面から対抗できるレベルにはない。また戦力投射についても各種の長距離巡航ミサイル等を開発する一方で，大規模な渡洋爆撃が実施可能な，ロシアにおけるバックファイアのような超音速爆撃機，もしくは Tu-95 ベア（Bear）のような大型戦略爆撃機を保有しているわけでもない。

　つまり中国海軍の制海は外洋における長期展開能力を急速に向上させているとはいえ，中国本土から離れた外洋で米軍と高烈度の通常戦争を遂行するための能力は質量両面において不足している。表 3-10 は米中間の軍事的優劣関係に関する，ランド研究所の評価である。

　この評価に沿った場合，中国海軍の戦力は近未来にわたり周辺諸国との低烈度の紛争において政治的にも大きな影響力を示すことは可能であるが，日米に対して作戦行動をとるとしても，あくまで地上配備航空戦力のエアカバーの圏内において防空作戦の一部を担う程度ということになる。表 3-10 に従えば2017 年の段階において，台湾有事に際して周辺航空基地に対する攻撃，ある

第Ⅲ部　大陸国家の海洋戦略を読み解く

表 3-10　米中間の軍事的優劣関係に関する評価

スコアカード	台湾有事				スプラトリー諸島での紛争発生時			
	1996	2003	2010	2017	1996	2003	2010	2017
1. 中国による航空基地攻撃能力								
2. 米中間の航空優勢								
3. 米国の航空突破力								
4. 米国による航空基地攻撃能力								
5. 中国の対水上戦能力								
6. 米国の対水上戦能力								
7. 米国の対宇宙戦能力								
8. 中国の対宇宙戦能力								
9. 米中国のサイバー戦								

スコアカードの意味

米国	中国
大きく優位	大きく不利
優位	不利
互角	互角
不利	優位
大きく不利	大きく優位

出典：Eric Heginbotham et al., *The U. S.-China Military Scorecard: Forces, Geography, and the Evolving Balance of Power 1996-2017*, RAND Corporation, 2015, p. 318.

いは米台水上部隊に対する攻撃に関して PLA が優位にあると見積もられるが、それ以外の作戦領域に関して引き続き米軍が広範囲にわたって優位を保持しているということになる。とはいえ台湾有事のケースでは、中国の沿岸部近傍における航空優勢に関しては米中がほぼ互角（parity）であり、スプラトリー諸島を巡る南シナ海における紛争に関しても米国の相対的優位は薄れつつあると見積もっていることがわかる。また、米軍の縦深攻撃（penetration）についても同様である。その一方で米軍による対艦攻撃能力は優位を維持していると見積もられる。また、表 3-10 に記載がないが、中国海軍の対潜戦能力は他の能力と比較して初歩的段階にとどまると見なされており、水中領域における優位は引き続き米側にある[26]。

このように PLA はその領域拒否戦略によって自国沿岸部で米軍に対し一部

26　Friedberg, *Beyond Air-Sea Battle*, pp. 124-125.

第 8 章　中国：領域拒否から制海と戦力投射へ

表 3-11　中国の評価

	軍事力近代化開始前 （1980 〜 1992 年）	A2/AD 戦略の発展 （1993 〜 2009 年）	海洋における局地的優越の確立 （2010 〜 2017 年）
領域拒否	2	3	3 ⇒ 4
制海	1	2	3
戦力投射	1	1	2

出典：著者作成

優位に立つレベルにあるが，その一方で制海に関しては外洋で米軍に対抗するレベルにはなく，ある程度自己完結的な作戦能力を構築する段階にあり，また戦力投射について，航空攻撃能力は限定的である一方で，領土主権を巡る問題などを念頭に置いた地上戦力の投射について能力を拡大しつつあると考えられる。

ここまでの分析を通じた，中国に関する評価は表 3-11 のとおりである。

結 論

海洋戦略をめぐる因果推論

　結論では最初に、第Ⅱ部および第Ⅲ部のケーススタディを通じて導出した分析結果の要点を示す。次いで分析対象とした6カ国が領域拒否、制海、戦力投射のどこに優先順位を置くのか、あるいはどのような要因で軍事戦略目標が変化したのかという点に着目し、4つのパターンに分類する。この際、米国、英国、ロシアは本書の分析対象期間内において軍事戦略目標がおおむね一貫しているという分析結果が得られたため、単一のケースとして示すことになる。一方で日本、インド、中国については1980年から2017年までの分析対象期間において軍事戦略目標などで大きな変化が起こっているため、これら3カ国はそれぞれ2つのケースに分類され、合計6つのケースが成立する。したがってこのパターン化のプロセスに用いられるのは米国、英国、ロシアの各1ケースと、日本、インド、中国の各2ケース、計9ケースである。
　さらに後半ではこれら9つのケースを用いて海洋軍事戦略のモデル化を行う。これは9つのケースのうち、米国を独立変数とし、米国を除く計8つのケースを従属変数として因果推論モデルを提示するというものである。その際単一のモデルを構築するのではなく、「米国の海洋領域における軍事的優越を受容するのか否か」という点を独立変数の1つに設定した因果推論モデルによって説明することで、複雑多岐な要素が絡まりあった結果である主要国の海洋軍事戦略について、相応にシンプルかつ明快な因果推論が成立することを示す。
　本書における最も重要な主張の1つは、現代の海洋領域における軍事戦略を理解する最適の分析枠組みとは、領域拒否、制海、戦力投射の3つによるもの

である，ということであった．これは従来の考察と比較した場合，海洋領域における各国の軍事戦略を正確に理解するために有効な手法である．一方で本書の主張はさまざまな戦略理論から戦術レベル，あるいは技術的側面に至る，軍事力に関する幅広い知見を含む．本書が第Ⅱ部および第Ⅲ部でケーススタディを行う前に第Ⅰ部で本書の分析枠組みの妥当性を主張し，その分析構造を示したが，それはシンプルな対立構図や二元論によっているわけではない．また，ケーススタディを通じて得られた6カ国の分析結果は多様性に富んでおり，各国の軍事戦略を理解するためには慎重かつ正確な分析が必要なことは明らかである．

繰り返し述べるが，特定国家を指して「シーパワーかランドパワーのいずれなのか」を問う議論は，結局のところ厳密な概念整理が困難であるために論じる者の主観を完全に排除することはできない．とくに21世紀以降グローバル化がいっそう進行し，物資，資金，情報そして人が世界規模で流動性を高める中，大半の国家はグローバル経済に国益を見出しているのであるから，このような観念的な議論はむしろ各国の軍事戦略を正確に分析する際の障害となる．そのため，本書においてはシーパワーを「軍事戦略目標を達成する際，積極的に海洋領域を利用することを企図する国家」，同様にランドパワーを「軍事戦略目標を達成する際，積極的に海洋領域を利用することを企図せず，地上領域を主たる軍事的活動領域とする国家」と暫定的に規定した上で議論を展開してきた．

この規定に従うと，本書が取り上げた6カ国の中で，分析対象期間を通じ一貫して「ランドパワー」であると評価できるのはロシアのみである．しかしロシアはそれゆえ海洋から到来する脅威を拒否することを主眼とするユニークな海洋軍事力を有するのであり，海洋領域における軍事戦略に関して言及に値しないということではない．そしてロシア以外の5カ国はいずれも海洋領域に重要な国益を有し，結果的に分析対象となる6カ国はさまざまな形態で海洋領域における軍事戦略を発展させている．このため「シーパワーが地上領域に対して戦力投射を実施し，ランドパワーがこれに領域拒否で対抗する」といった「シーパワー／ランドパワー二元論」のような視点は，第1章で示したマッキンダーの著作などしばしばみられるものであるが，本書の示す3つの前提仮定

を踏まえると，現代の海洋領域における軍事戦略を理解するためには適切とはいえない。

　このような点を踏まえると，海洋領域における軍事戦略を実証的に進めるためには，領域拒否，制海，戦力投射という分析枠組みに沿ってそれぞれの地理的条件，政治情勢あるいは歴史的経緯などに関する詳細な考察が必要であり，またそれぞれ固有の説明を付す必要が生じる。このため，本書は分析枠組みの導出過程，見出された分析枠組み，そしてそれを用いた分析結果のいずれをとってもいささか複雑な構成となる。

　一方，本書はこのような複雑性をありのままに記述することにとどめ，因果推論あるいはモデル化，パターン化といった社会科学に求められる考察を放棄するものではない。本書の目的は分析対象とした6カ国の海洋領域における軍事戦略について事実関係を叙述的に説明すること自体においているわけではない。したがって，この結論ではここまで見出された分析結果はできるだけシンプルないくつかのパターンを導き，その上で米国を除く5カ国を1つの因果推論モデルに集約することで，分析対象期間における各国の海洋領域における軍事戦略を正確に，かつできるだけ明快に説明するとともに，近い将来に対する若干の有効な予測をなすツールを提示する。

1　6カ国の個別評価

　まずケーススタディを通じて見出した，分析対象6カ国の海洋領域における領域拒否，制海，戦力投射という分析枠組みに基づく軍事戦略目標の優先順位，あるいは高烈度通常戦争の遂行能力に関する評価を示す。分析対象期間を通じ米国は海洋領域における軍事的優越を維持してきたと考えられるが，冷戦末期のソ連あるいは2010年頃以降の中国など制海における挑戦者が出現すると，戦力投射に比べ制海を重視するようになった。英国は一貫して米国の海洋領域における軍事的優越の下でこれを補完しつつ，自国の影響力維持，拡大を企図してきた。日本は冷戦末期のソ連あるいは2010年頃以降の中国といった強力な軍事力が自国周辺に存在する場合，米国制海を補完するとともに自身の領域拒否を重視するが，顕著な軍事的脅威が近傍に存在しない場合は制海を優先し，

表 4-1　評価尺度（表 2-2 再掲）

5	高烈度通常戦争において卓越しており、他のあらゆる国家の軍事的挑戦を排除する力を有する。
4	高烈度通常戦争において高い能力を有し、強力な他国と軍事的優越を争奪する状況にある。
3	高烈度通常戦争にある程度対応可能であるが、地理的に限定的であるか、他の同盟国の持つ当該能力を補完する程度にとどまる。
2	当該能力に関して限定的で低烈度の紛争などに対応するレベルであり、高烈度通常戦争を遂行することはできない。
1	当該能力をほとんど有しない。

出典：著者作成

米国の軍事的優越のもとで国益に関わる地域に対し影響力の拡大を図るようになった。

　ロシアは冷戦末期のソ連時代から原則として海洋領域における軍事戦略は一貫している。それは戦略核戦力を最重要視し、とくに核抑止における第二撃能力の根幹となる戦略原潜の活動海域の保全、すなわち自国周辺海域の領域拒否を重視する。インドは冷戦末期まで米国と潜在的対立関係にあったために領域拒否を重視してきたが、その後自身の経済成長とともにインド洋の戦略的価値が高まったため、制海への投資比率を高めている。中国の海洋領域における軍事活動は A2/AD と呼ばれる領域拒否として説明される場合が多いが、2010 年頃には領域拒否に傾斜した戦力組成が変化し、その後制海への比率を高めている。表 4-2 から表 4-7 は第Ⅱ部および第Ⅲ部のケーススタディを通じて導いた分析結果の要旨及び高烈度通常戦争の遂行能力に関する評価はケーススタディ中の再掲である。この評価尺度についても表 4-1 のとおり再掲する。

　なお、評価尺度は 1 から 5 の 5 段階で示されるが、一部の項目において評価の移行期にあると考えられ、単一の数字で示すことが困難な場合については「2⇒3」と表記する場合がある。

①米　国
　原則として制海の世界的優越を保持し、これを前提とする戦力投射によって自身の軍事的優越を確保してきた。しかし大部分の外洋において基本的に制海

表 4-2　米国の評価（表 2-5 再掲）

	冷戦末期 （1980 〜 1989 年）	ポスト冷戦期テロとの戦い （1990 〜 2009 年）	中国の海洋進出 （2010 〜 2017 年）
領域拒否	3	3	3
制海	4	5	4
戦力投射	5	5	5

出典：著者作成

表 4-3　英国の評価（表 2-11 再掲）

	冷戦末期（1980 〜 1989 年）	冷戦終結以降（1990 〜 2017 年）
領域拒否	3	2
制海	3	3⇒2
戦力投射	2	2

出典：著者作成

を継続的に維持する一方，冷戦末期のソ連，21 世紀以降のアジア太平洋戦域における中国の領域拒否は米国の戦力投射行使の前提である制海を阻害する。この際に米国が自身の作戦行動の自由が阻害されるレベルに達したと認識した場合は戦力投射に対して制海の優先度が上昇する。距離の専制とコストの観点を考慮した場合，米国領土からの直接的な戦力展開は効率的ではなく，アジア太平洋戦域では前方展開拠点である日本の領域拒否に依存する必要がある。

②英　国

　1968 年の「スエズ以東からの撤退」以降，ほぼ一貫して戦力を縮小させつつあるが，冷戦末期は制海，戦力投射に加えてソ連海軍の進出を考慮した一定程度の領域拒否を保持してきた。冷戦後は財政的に可能な範囲で限定的な戦力投射ならびに局地的制海を保持してきたが，それは平時から低烈度の紛争などといった条件において有効なレベルであり，現代の高烈度通常戦争に対抗できるレベルではない。

　一方で下記評価尺度からは除外するが，2015 年頃以降，再び大型空母を戦力化する計画などが進んでおり，今後制海能力をある程度回復すると考えられる。

表 4-4　日本の評価（表 2-15 再掲）

	冷戦末期 （1980 〜 1989 年）	ポスト冷戦期国際貢献と影響力拡大 （1990 〜 2009 年）	中国の海洋進出 （2010 〜 2017 年）
領域拒否	3	3	3
制海	2⇒3	3	3
戦力投射	1	1	1

出典：著者作成

表 4-5　ロシアの評価（表 3-3 再掲）

	冷戦末期 （1980 〜 1989 年）	ポスト冷戦期経済的窮乏 （1990 〜 2009 年）	2010 年ころ以降の軍事力再構築 （2010 〜 2017 年）
領域拒否	4	3	3
制海	4	2	2⇒3
戦力投射	3	2	3

出典：著者作成

③日　本

　冷戦末期，増大するソ連海空戦力に対応するため，制海において同盟国である米国をある程度補完しつつ，防空戦および対潜戦能力といった領域拒否に重点投資してきた。一方で冷戦後は国益拡大の手段として制海の拡大に努めてきた。

　21 世紀に入り中国の海洋進出に対応するため，再び制海と領域拒否との間で資源配分を実施する必要に迫られている。これは日本自身の領域拒否が中国の領域拒否を相殺するとともに，同盟国（米国）の戦力投射拠点を維持することを目的とする。

④ロシア

　冷戦末期は海空戦力による領域拒否を中心とした戦力を増強し，コントロール可能な海域を自国沿岸から大きく拡大させた。ソ連崩壊後は深刻な財政難に伴い通常戦力全般にわたる著しい減勢，老朽化が進行する状況下で攻撃原潜，長距離攻撃機といった領域拒否能力の維持を優先してきた。ソ連崩壊後，戦力投射はほぼ核戦力に特化してきたが，2015 年以降，中東で宗教過激派に対する巡航ミサイル攻撃など，限定的であるが通常戦力による戦力投射を有する。一方で海洋領域において制海を巡り米国に対抗しようという意図がみられず，

表 4-6　インドの評価（表 3-7 再掲）

	冷戦末期経済発展以前 （1980 〜 1989 年）	冷戦終結前後における 経済発展と軍の近代化 （1990 〜 2009 年）	対米関係の好転 中国の海洋進出 （2010 〜 2017 年）
領域拒否	1	3	3⇒2
制海	2	2	3
戦力投射	1	1	2

出典：著者作成

表 4-7　中国の評価（表 3-11 再掲）

	軍事力近代化開始前 （1980 〜 1992 年）	A2/AD 戦略の発展 （1993 〜 2009 年）	海洋における局地的優越の確立 （2010 〜 2017 年）
領域拒否	2	3	3⇒4
制海	1	2	3
戦力投射	1	1	2

出典：著者作成

制海については能力を再構築する段階に至っていない。

⑤インド

　1970 年代以降，第三次印パ紛争における米国の介入などを契機として潜水艦戦力の整備に資源を投資する等，米空母機動部隊の介入を念頭においた領域拒否に重心を置いてきた。冷戦後，対米関係が好転してからはインド洋圏内での優越を確保するため，大型水上戦闘艦艇，空母を中心とした，戦域レベルでの制海強化を重視している。戦力投射に関してはほぼ一貫して地上戦の補助的な役割を与えているとみられる。

　インド洋を越えて制海及び戦力投射を行使する意図と能力はなく，またインド洋内においても分析対象期間内に大規模な戦力投射を発揮する意図はみられなかった。一方で中国の制海拡大を警戒しており，これを抑制するために ASEAN 諸国への能力構築支援，とくに支援対象国の領域拒否強化に積極的である。

⑥中　国

　20 世紀末までは近代化の遅れから海洋領域での軍事力は能力的に限定され

ており，地上軍の後方支援と沿岸防備を目的としていた。その後急速な経済発展を背景に，優勢な米国の戦力投射を拒否するための領域拒否を推進し，2010年前後までは領域拒否の強化を最優先してきた。

その後日米と対峙する東シナ海では引き続き領域拒否の強化を進め，また南シナ海を自らの影響圏内として囲い込みつつある。さらに領域拒否圏の確立及び拡大に伴い，自国沿岸からマラッカ海峡を越えて進出するための制海を発展させている。また，能力は限定的であるが，台湾問題への対応と南シナ海などにおける島嶼への進出を目的とする戦力投射について投資を進めている。

2　戦略目標の優先順位をパターン化する

領域拒否，制海，戦力投射という分析枠組みに基づいて，分析対象6ヵ国の軍事戦略目標を変遷させる要因を確認してゆくと，これらは相互に影響を与え合うとともに複雑な関係性を有することが明らかになる。つまり，これらの観察を通じて見出される事象は国ごとに個別具体的な方法によってのみ説明可能であるというわけではなく，そこには各国に共通な，いくつかの類似性を持つケースがみられる。それらは分析対象国すべてに共通する，単一のモデルもしくは分析パターンをもって説明する「一般理論」のようなものではないが，領域拒否，制海，戦力投射の3要素のうち，どれに対して資源配分を重視しているのか，という点を追っていくことでいくつかのパターンに分類することは可能である。

まず一貫して制海とこれを前提とした戦力投射を重視し，海洋領域における軍事的優越を原則的に保持してきた米国は，制海と戦力投射のいずれを重視するのか，という点に着目すると他の5カ国とは異なるパターンとなる。

次に英国，ポスト冷戦期の日本，あるいは対米関係が好転するとともにインド洋の戦略的価値を見出した2001年頃以降のインドという3ケースを見てみよう。すると3国とも自国周辺に強力な軍事的脅威が存在しなかったこと，ならびに米国の海洋領域における軍事的優越を受容していることによって領域拒否の重要性が相対的に低く，海外での国益確保あるいは影響力の拡大を企図した制海，もしくは戦力投射に対する投資を高めることができた，というパター

結論　海洋戦略をめぐる因果推論

表 4-8　分析結果から導かれた 4 つのパターン

パターン	適用ケース	概　要
1	①米国	・制海を前提とする戦力投射を重視 ・制海が阻害されたと認識した場合，制海の優先度が上昇
2	②英国 ③日本（ポスト冷戦期） ④インド（2001 年頃以降）	・米国の海洋領域における軍事的優越を受容 　自国周辺に強力な軍事的脅威がない ・領域拒否の重要性が相対的に低いため，国益確保，影響力拡大を企図した制海と，場合により戦力投射を重視
3	⑤日本（冷戦末期及び 2010 年頃以降） ⑥中国（2010 年頃以降）	・自国周辺に強力な軍事的脅威が存在し，領域拒否への投資が必要 ・海上交通路への依存度が高く，領域拒否と同時に制海への投資も必要
4	⑦ロシア ⑧インド（2000 年頃まで） ⑨中国（2009 年頃まで）	・米国の海洋領域における軍事的優越を受容しない ・米国の制海を前提とする戦力投射を拒否するため，領域拒否を最重要視

出典：著者作成

ンを形成していることがわかる。

　そして中国の海洋進出が顕著となった 2010 年頃以降，日本は制海だけでなく，冷戦末期のソ連と対峙した時期と同様に，領域拒否への投資が必要となる。逆に中国は米国に対する領域拒否とあわせ，自身が経済的にその多くを依存する海上交通路の安定的な確保のため，制海を強化する必要が出てくる。この 2 ケースは領域拒否と制海に同時に投資することが必要となるパターンである。

　最後に，米国の海洋領域における軍事的優越を受容せず，一義的に対立を選択すれば，当該国家は米国の制海を前提とした戦力投射を拒否するため，必然的に領域拒否を最重視することとなる。このパターンに該当するのがロシア，冷戦末期から 21 世紀初頭までのインド，あるいは対米領域拒否を最重視した 2010 年頃までの中国という 3 ケースである。これらの議論をまとめると，米国，英国，ロシアについてはそれぞれ 1 ケースと，日本，インド，中国に関する各 2 ケースという計 9 ケースが存在し，これらは表 4-8 のとおり 4 つのパターンに整理できる[1]。

1　インドと中国は分析対象期間内に軍事的近代化を開始する以前の状況を含むが，これは C4ISR など先進的な軍事技術を有している，という本書の前提仮定を満たしていないため，9 つの分析対象ケースに含めない。

パターン1：制海を前提とする戦力投射を重視
　パターン1は米国のみを取り上げるものである。米国は原則的に制海を前提とする戦力投射を重視するが，挑戦者によって制海が阻害される状況にあると認識した場合，制海の優先度が上昇する。

ケース①：米国（分析対象の全期間）
　　米国は第二次世界大戦以降，英国から海洋領域における軍事的優越を委譲される形をとり，70年以上の間海洋領域において最も強力なパワーであり続けてきた。冷戦期においてはソ連あるいはワルシャワ条約機構に対する軍事的優越を示すことで長期競争における優位を維持するとともに，同盟国に対しては拡大抑止の信頼性を担保するためには制海における優位が必須であり，これによって海洋領域における優越を確保し，その結果海洋から地上領域に向けた戦力投射を発揮する能力が求められた。本書の分析対象期間外であるが，ケネディ政権時の柔軟反応戦略は「2＋1/2」正面[2]，すなわちソ連，中国というイデオロギー対立を伴うグローバルな敵対国に対応しつつ，くわえて他の1つ以上の地域紛争に対しても対応し得る戦力の保持を目標とした。
　　冷戦終結までの間，米国は同盟国への拡大抑止の信頼性を維持するため，東側陣営からの干渉あるいは脅迫にさらされた同盟国に対するコミットメントを保ち続ける必要があった。そのためのツールが核戦力であり，通常戦力における戦力投射であった。
　　冷戦終結後，米国自身の国益を拡大することと，経済自由主義と民主主義，あるいは法秩序といった規範的価値を維持することは表裏一体であった。その際，海洋領域は経済活動における自由主義のため航行の自由が維持されなければならない。米国の制海に関する圧倒的優位，すなわち海洋における優越を前提とした戦力投射は関与と介入というポスト冷戦期の民主主義的価値の拡大を実現するために最も重要な道具であったといえる。その後21世紀に入ると，中国が海洋領域における挑戦者として海洋領域における軍事力を拡大しており，米国は戦力投射よりも，戦力投射を発揮する前提としての制

2　U.S. Department of Defense, *Statement of Secretary of Defense Melvin R. Laird on the FY 1972-76 Defense Program and the 1972 Defense Budget*, p. 157.

結論　海洋戦略をめぐる因果推論

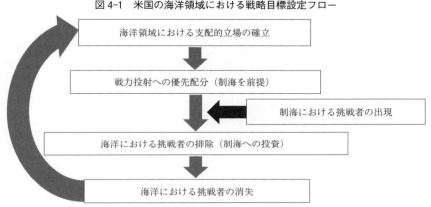

図 4-1　米国の海洋領域における戦略目標設定フロー

出典：著者作成

海を重視する必要が生じていると理解することができる。ここまでの議論を図式化したのが図 4-1 である。

歴史上米国は自身の近傍に強力な敵対国が出現したことがなく，領域拒否の必要性が低い。そして冷戦期においては西側陣営のリーダーとして，冷戦後についてはグローバル化が進む世界経済システムにおいて支配的立場を維持するため，制海を維持した上で政治的影響力もしくは軍事力を投射するためには戦力投射を保持することが非常に重要である。したがって今後グローバル化が引き続き進行し，米国が引き続きそこに死活的な国益を見出すかぎり，米国が海洋における優越を維持するべく制海の優位を他者に委譲することは考えられない。また米国はこの制海を前提とした上で，海洋から地上領域に向けた戦力投射を発揮することを引き続き企図すると見なすことができる。そして制海における挑戦者が出現した場合，米国は一義的に制海を優先して挑戦者を排除しようとすると考えられる。

パターン 2：制海と，状況により戦力投射を重視し，領域拒否を相対的に軽視

パターン 2 は，原則として自国近傍の海洋領域に重大な脅威が存在しないケースが該当する。本書の分析対象期間においては，一義的に米国が海洋領域における軍事的優越を維持してきたため，このパターンに該当するケースとは，

197

必然的に米国の海洋における優越を受容する米国の同盟国あるいは友好国に関して当てはまることとなる。

　このような国家は米国の制海を補完するとともに自国海上交通路の安定を図り，場合によっては安定した海洋を使用できる環境のもと，海洋を越えて自国の影響力を他の地上領域へと行使することが可能となる。このパターン2は以下に示す②から④までの3つのケースが該当する。英国，日本と比較した場合，インドは一見して軍事戦略環境が大きく異なるようにみえる。しかし本書の分析枠組みを通じてみた場合，インドは自国周辺に大きな脅威が存在しないため領域拒否に投資する必要性に乏しく，制海に重点投資できる。そのため，2017年の時点で英国と類似した軍事戦略環境にあると考えられるのは，日本よりもむしろインドということになる。

ケース②：英国（分析対象の全期間）
　一貫して米国の制海を補完するとともに，NATOの主要構成国として地理的，能力的に限定されたレベルの制海と戦力投射能力を同盟国に提供してきた。冷戦末期，地上戦が主体となる欧州戦域において英国は自国周辺海域にそれほど深刻な脅威を認識することはなかったが，冷戦後についても深刻な脅威が存在しないといって過言ではない。したがって領域拒否にあまり大きなリソースを振り向ける必要がなく，分析対象期間を通じてパターン2に該当する。

ケース③：日本（ポスト冷戦期）
　冷戦終結後から21世紀初頭にかけた時期における，言い換えればソ連崩壊によって大きな脅威が消失したのち，軍事力を近代化させた中国による海洋領域の進出が深刻化するまでの期間において，国際社会に対する役割分担といった文脈で海外における活動領域を拡大してきた。これは米国の海洋における優越と，そこからもたらされる海洋領域の安定に依存しつつ，日本自身の制海を発展させることによって国益を拡大するという意味をあわせ持つと見なすことができる。

ケース④：インド（おおむね 2001 年頃以降）

　テロとの戦いにおいて協調姿勢をとり，またインド自身が急速な経済発展を遂げるとともに，米国からみて中国の海洋進出への牽制を期待できるという戦略的な位置にあることから，対米関係が好転した冷戦終結以降徐々に海洋領域への関心を高めている。2001 年ころ以降 2017 年までの期間について該当する。

パターン 3：領域拒否と制海の両面を追求

　パターン 3 は自国近傍の海洋領域において一定規模以上の脅威が存在するために領域拒否を重視するとともに，資源確保もしくは海上貿易などに依存するため制海への投資が同時に必要となるケースである。これは米国と対立関係にあり，米国の制海あるいは戦力投射に挑戦するために領域拒否を強化する場合と，これと逆に米国に対する強力な挑戦者が自国の近傍に存在するため，その脅威を相殺するために領域拒否への投資が要求される場合の両方が該当する。

　このパターン 3 は以下の日本と中国からなる⑤と⑥の 2 ケースから構成される。2017 年の時点において，日本と中国はともに海上交通路に対する依存度が高く，また現代の軍事力，とりわけ先進的 C4ISR 能力を持つ両国からみて狭隘な海域といえる東シナ海を挟んで向き合っているため，領域拒否と制海の両方を向上させる必要があり，海洋領域において類似した戦略目標を有することになる。

ケース⑤：日本（冷戦末期と 2010 年頃以降）

　冷戦末期のソ連あるいは 2010 年頃以降の中国はともに強力な軍事力をもって海洋進出を拡大し，日本本土ならびに周辺海域がその影響圏内に収められることとなった。したがって領域拒否に対応する必要が強く生じるが，一方でこの状況を打開するためには相対的に優位を喪失しつつある米国の制海を補完するとともに自身の国益追求のため制海への資源配分も求められることとなる。

ケース⑥：中国（2010年頃以降）

　1990年代以降，中国はA2/AD戦略という典型的な領域拒否能力を急速に拡大し，2010年ころまでに黄海，渤海などの自国沿岸海域に加えて東シナ海，南シナ海などの一部においても戦時における局地的優位を獲得することが見込めるレベルに達しつつある。その一方で急成長する中国の経済は海外輸出入への依存度を高めており，とりわけ南シナ海からマラッカ海峡を経て中東に至るインド洋にかけた海域に国益の多くを依存するが，この海域をコントロールしているのが米国ならびに米国と戦略的利害関係を一致させたインドである。そのためこの状況を将来的に払拭するために制海に対する投資の度合いを高めている。

パターン4：領域拒否のみを重視

　このパターンに包含されるのは，米国の海洋領域における軍事的優越を受容せず，その制海と戦力投射を拒否することが海洋における軍事戦略において最優先の戦略目標となるケースである。そして同時に当該国家が海上交通路を介した資源輸入や経済活動にあまり依存していないか，あるいは米国に対する領域拒否以外に振り向けるリソースが十分ではなく，自身の制海と戦力投射を発展させるだけの余力を持たないがために領域拒否に偏重するというケースが該当する。

　ここに該当するのは下記⑦から⑨の3ケースである。第Ⅲ部で取り上げたロシア，インド，中国はいずれも領域拒否を最重要視した時期があることから，海洋領域について，それを自身が権益を拡大する領域ではなく脅威が到来する領域であると位置づけてきた時期がある。このため，この3カ国がランドパワーと見なされるということについては一定の説得力があることは確かである。

　一方でインドと中国はその後海洋領域に対する軍事戦略上のアプローチを大きく変えたため，特定国の軍事戦略を指してランドパワーなのか，シーパワーなのか，と断定的に議論を展開することに意味はないこともまた明らかである。

ケース⑦：ロシア（分析対象の全期間）

　1980年代のソ連海空軍の主要アセットは数的に見て非常に強力であり，

結論　海洋戦略をめぐる因果推論

米国の海洋における優越に挑戦し，領域拒否を主体とする能力によって自国沿岸海域などにおける局地的な優位を獲得した。この上でイデオロギー対立における東側陣営の拡大を企図し，海洋領域において影響力拡大を図ったが，外洋における制海は米国に正面から挑戦するレベルにはなかった。

そしてソ連／ロシアが海洋領域において最も重要視するのは，自身が大国としてのよりどころとして依存する核戦力のうち，とりわけ第二撃能力の中核に位置づけられる戦略原潜と，その搭載弾道ミサイルであることは一貫している。この点はソ連崩壊の前後，そして本書の分析対象期間内を通じ不変である。

ソ連崩壊後ロシアは深刻な経済停滞期を迎え，通常戦力は大幅に低下するとともに老朽化が深刻化したが，その後 21 世紀に入ると資源輸出を背景に経済状況が改善したため，徐々に通常戦力の再建を進めている。ただし通常戦力に配分可能なリソースは限定されており，原則的に領域拒否を重視し，海洋を経て到来する脅威を排除することを主眼としている。分析対象期間内において大型水上艦艇の老朽更新が十分に進んでいないため，巡航ミサイル攻撃能力など限定的な戦力投射を有するものの，自国の領域拒否圏外で高烈度通常戦争を遂行するレベルにはない。

ケース⑧：インド（冷戦末期）

第三次印パ戦争などの影響により，冷戦後期のインドは冷戦構造のもとパキスタンへの軍事協力を進める米国と潜在的に対立関係にあった。そしてインドの経済発展はまだ始まったところであり，くわえてパキスタン，中国あるいはバングラデシュと地上領域における係争を抱えていたため，海洋領域に十分なリソースを回すことが困難であった。このため，一義的に米海軍の空母戦闘群などを拒否することを優先し，潜水艦部隊の増強を優先した。

ケース⑨：中国（1990 年代末から 2009 年頃まで）

1991 年の湾岸戦争，あるいは 1996 年の第三次台湾海峡危機などを通じ，米国の戦力投射を拒否することを目標として進めた近代化は A2/AD 戦略と呼ばれ，「ハイテク環境下における局地戦争」に勝利することを目的として

いた。この時期の中国は大型水上戦闘艦艇などではなく，潜水艦戦力，長距離攻撃機，巡航ミサイル，あるいは防空ミサイル網などの近代化に重点を置いていた。

以上，領域拒否，制海，戦力投射の分析枠組みから分析対象である6カ国について，分析対象期間内に大きな軍事戦略目標が変化した日本，インド，中国についてそれぞれ2つのケースに分けた上で，計9つのケースについて4つのパターンに類型化した。

この類型化を通じ，分析対象6カ国の軍事戦略目標について，本書の分析枠組みに基づく領域拒否，制海，戦力投射のいずれに軸足を置いているのかを見出すこととなった。また一見して地理的，政治的に大きく環境が異なる国家であっても，状況によってかなり近似した軍事戦略目標を有するため，ランドパワーかシーパワーか，といった従来では一般的な，観念的な議論とは異なる文脈で説明され得ることも明らかである。すなわち，各国の海洋領域の軍事戦略は本書の提示する分析枠組みを通じてより正確に分析し，理解することが可能となったのである。

3　現代海洋戦略の因果推論モデル

本節ではここまでの分析結果を一度分解し，因果推論モデルとして再構成する。それによって，分析対象期において，海洋領域における軍事戦略には限定的ながらも因果推論が成立することを示す。

具体的には，本書における3つの前提仮定，すなわち「①各アクターが一定レベルで合理的行為者である，②核抑止が原則的に機能している，③各アクターがC4ISR，長距離精密攻撃力など，先進軍事技術を保有している」という条件下で，米国を除く主要国の海洋領域における軍事戦略を決定するのは一義的に「米国の制海と戦力投射に関する優先度」であり，これが最初の独立変数となる。そして「米国の海洋領域における軍事的優越を受容するのか否か」という因子が2つ目の独立変数を構成するとともに，この差異に基づく2パターンの因果推論モデルが構成される。

そして，このうち１つ目のパターンでは「米国の制海と戦力投射に関する優先度」及び「米国の海洋領域における軍事的優越を受容する」に加えて「自国周辺に強力な軍事的脅威が存在する」という３点が因子となる。２つ目のパターンにおいては「米国の制海と戦力投射に関する優先度」及び「米国の海洋領域における軍事的優越を受容しない」，そして「海洋領域において自国の権益拡大を企図する」という３点が従属変数を決定する因子となる。

　つまり米国の軍事的優越を独立変数とするが，これを単一のフローに収束させるというものではなく，米国の軍事的優越を受容するのか否か，という国家政策レベルでの違いがモデル化の出発点となる。したがって米国の海洋領域における軍事的優越を受容するケースと，これを受容しないケースで分ける２パターンを集約し，１つの因果推論モデル図4-2として示すこととなる。

　まず米国の軍事的優越を受容する国家について，近隣に脅威となり得る有力な国家が存在しない場合と，有力な他国から軍事的脅威を受ける国家によって従属変数は可変的である。したがって「近隣に脅威となり得る有力な国家が存在するか否か」という変数は従属変数にバリエーションをもたらす影響因子である。

　同様に米国の軍事的優越を受容しない国家についても，従属変数には自国領域の保全を優先し，海洋において米国に挑戦しないケースと，米国に対抗して海洋における影響力を拡大しようとするケースの２通りが考えられる。このバリエーションをもたらすものとして「海洋領域において自国の権益拡大を図るのか，もしくは領域拒否に特化して自国領土，領域の保全に専念するのか」という影響因子を示すことが適当である。

　そして従属変数とは米国以外の５カ国の軍事戦略であるが，これら５カ国のうち日本，インド，中国は前節で整理したとおり，分析対象期間中に軍事戦略目標を変化させているためにそれぞれ２つのケースに分けられるため，計８パターンに分類される。したがって本書が導いた因果推論モデルとは，３つの前提仮定，２つの独立変数及び２つの影響因子から８つの従属変数を導くというものである。

　このモデルからは以下の点が明らかになる。すなわち，３つの前提仮定を満たす国家が米国の制海と戦力投射における優越と軍事戦略目標の変化を受容す

図4-2　海洋戦略の因果推論モデル

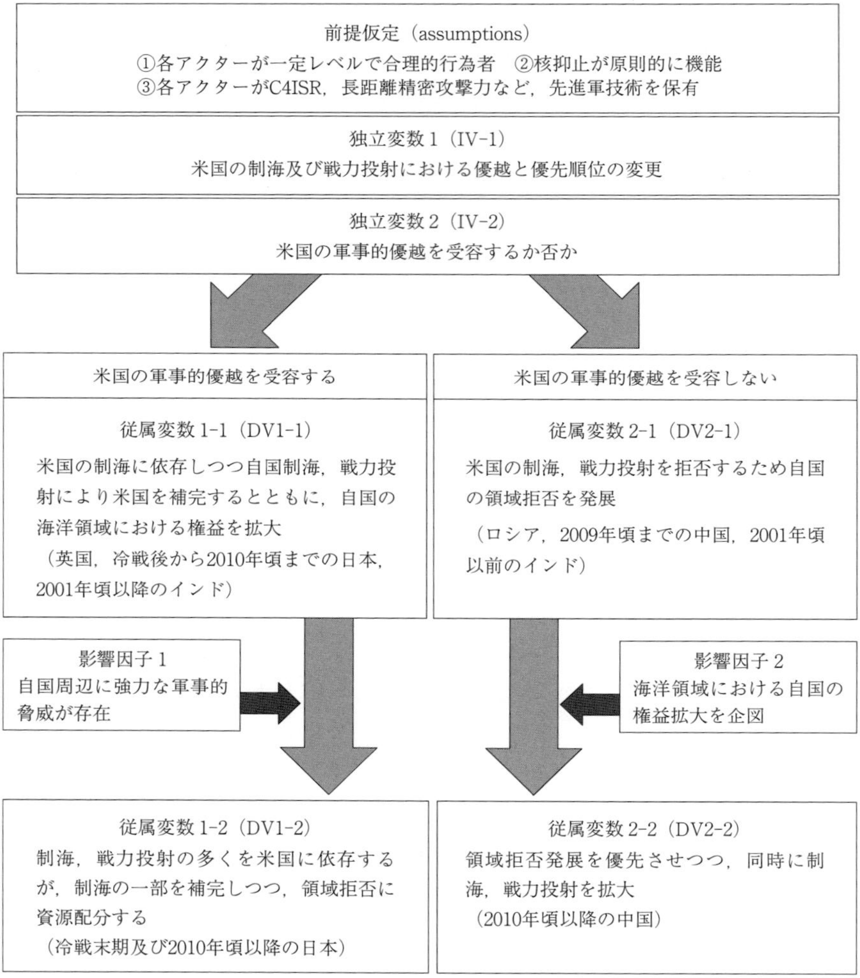

前提仮定（assumptions）
①各アクターが一定レベルで合理的行為者　②核抑止が原則的に機能 ③各アクターがC4ISR，長距離精密攻撃力など，先進軍技術を保有

独立変数1（IV-1）
米国の制海及び戦力投射における優越と優先順位の変更

独立変数2（IV-2）
米国の軍事的優越を受容するか否か

米国の軍事的優越を受容する

従属変数1-1（DV1-1）
米国の制海に依存しつつ自国制海，戦力投射により米国を補完するとともに，自国の海洋領域における権益を拡大
（英国，冷戦後から2010年頃までの日本，2001年頃以降のインド）

米国の軍事的優越を受容しない

従属変数2-1（DV2-1）
米国の制海，戦力投射を拒否するため自国の領域拒否を発展
（ロシア，2009年頃までの中国，2001年頃以前のインド）

影響因子1
自国周辺に強力な軍事的脅威が存在

影響因子2
海洋領域における自国の権益拡大を企図

従属変数1-2（DV1-2）
制海，戦力投射の多くを米国に依存するが，制海の一部を補完しつつ，領域拒否に資源配分する
（冷戦末期及び2010年頃以降の日本）

従属変数2-2（DV2-2）
領域拒否発展を優先させつつ，同時に制海，戦力投射を拡大
（2010年頃以降の中国）

出典：著者作成

る場合，当該国家は米国の海洋領域における軍事的優越に守られるという利得が得られるため，「DV1-1 自国の制海あるいは戦力投射に対する投資が進み，これをもって自国の海洋領域における権益あるいは影響力の拡大を図ることができる」。しかし，近傍に強力な軍事的脅威が出現した場合，当該国家は「DV1-2 制海もしくは戦力投射だけでなく，脅威を拒否するための領域拒否に関しても資源配分する必要が生じる」という因果関係が生じる。

同様に，3つの前提仮定を満たす国家が米国の制海と戦力投射における優越と軍事戦略目標の変化を受容しない場合，当該国家は原則として「DV2-1 米国の制海もしくは戦力投射を拒否するため，自国の領域拒否向上を重視する」ことになる。一方で当該国家が海上交通路に経済的繁栄の多くを依存し，これを放棄できないと認識する場合，「DV2-2 領域拒否の発展と同時に制海もしくは戦力投射に投資する必要がある」ということになる。

このような因果推論モデルを構築することにより，たとえば本書の分析対象となっていない他国の海洋領域における軍事戦略の分析が比較的容易かつ正確に実施可能となる。また，前提仮定が同一であるとすれば，近未来の海洋領域における主要国の軍事戦略をある程度の精度を伴って予測する際の指針となり得る。

ここで，この因果推論モデルが因果推論の説明として適当であるのか否かについて検証する必要がある。久米郁男は高根正昭の著書を引用しつつ，因果関係が成立するために下記の3条件が必要である，とする[3]。

①独立変数と従属変数の間に共変関係がある。
②独立変数の変化は従属変数の変化の前に生じている。
③他の変数をコントロールしても共変関係が観察される。

まず①「共変関係」についてであるが，冷戦初期から中期にかけて米国が海洋領域において明白に優越していたところを，本書の分析対象期間である1980年までにソ連の領域拒否，制海が相当程度向上し，一部の海域において米国の制海ならびに戦力投射を阻害し得る状況となった。その結果，米国は

3　久米郁男『原因を推論する――政治分析方法論のすすめ』有斐閣，2013年，15頁。

「ほぼ同等の競争相手」との間で制海の優位を争奪することとなり，これを優先する必要があった。その後，冷戦終結に伴い米国の軍事力が圧倒的な優勢を示し，湾岸戦争などを通じ，とりわけ通常戦力における長距離精密打撃力及びC4ISR などからなる戦力投射の優越を実証し，これが従属変数に示す他国の反応を引き起こしたのである。したがって「独立変数，従属変数とも冷戦末期以降に変化している」と見なすことができる。

また，②「時間的先行」について，本書で設定した諸変数に関し「前提仮定と独立変数は従属変数に先行している」こともここまでの議論から明らかである。

さらに③「変数の制御」であるが，分析対象 6 カ国は経済力ならびに軍事費の規模が世界上位 10 位以内であるという特徴が共通する一方，従属変数はそれぞれ異なる値を示している。また，前提仮定は分析対象 6 カ国に共通であり，従属変数を決定する決定的な要因は独立変数以外に存在しない，と見なすことができる。なお，6 カ国中日本のみが非核保有国であるが，日本は米国の同盟国として米国が提供する拡大抑止の中にあることから，核抑止のメカニズムの中に含まれていると見なされる。したがって本書が通常戦力に関して分析するものである以上，このことは決定的な問題とはならない。

以上の議論から，本書が示す因果推論モデルは上記の 3 条件を原則として満たすものであるから，因果推論の成立要件を一定程度満たすものである，といえる。また，この因果推論モデルは比較的少数の前提仮定と独立変数から従属変数を説明するものであり，前提仮定を満たす限りにおいて他の主要国の海洋領域における軍事戦略を分析する際にも援用が可能である。したがってさらに近未来の状況を予測することにも有用であると考えられる。

なお，この点については若干の補足が必要となる。近現代の海洋領域は英国そして米国という特定の一国が支配的な位置を占めてきた。これに対し冷戦末期にはソ連，そして 2010 年頃以降中国がアジア太平洋戦域において米国に挑戦する状況にある。しかしながら冷戦末期のソ連は自身の領域拒否圏外で米国と制海を互角に争うだけの能力を有していたわけではない。そして 2017 年時点の中国を米国との相対戦力比という点から見た場合，中国は質量ともに米国を凌駕するレベルには遠く及ばない。

結局のところ本書の分析対象期間を含め，第二次世界大戦以降外洋の制海を含めて米国と対等以上の能力を有する国家は出現したことがない。それゆえ現時点では提示した3つの前提仮定のもと，米国の海洋領域における軍事的優越と制海もしくは戦力投射への優先度を独立変数に置くという本書の因果推論が成立している。しかしながらこの因果推論における独立変数は，米国という特定の国家が海洋領域において軍事的に優越するという条件下においてのみ成立するというわけではない。仮に米国以外のいずれかの国家がとって代わり，海洋領域において支配的なポジションを占めた場合についても，前提仮定が維持されるかぎりにおいて本書の導いた分析結果は原則的に維持されると推測できる。

　しかしながら米国とその挑戦者がほぼ互角のパワーを有し，海洋領域の優越を争奪する場合，その過程でどのような状況が生起し，他の主要国がどのような海洋軍事戦略を選択するのか，という点について説得力のある推論を展開することは現時点では非常に困難であるといわざるを得ない。パワー・トランジションの期間において本書の主張がどこまで適用し得るのか，という点については今後も観察する必要がある。

4　補論：将来の技術革新は本書を否定し得るのか

　以上で分析を終えることとなるが，最後に補論として本書の分析の前提となる3つの前提仮定を変化させる因子について触れておきたい。これは本書を今後修正する必要性の有無を判断する際に有益である。

　しかしながら3つの前提仮定のうち以下の2点に関連する事項，すなわち「軍事戦略における主要アクターである主権国家は，今後も大量破壊や殺戮といった行為を回避し，合理的行為者であり続けるのか」，あるいは「今後も多極化世界で核抑止が機能するのか否か」といった問題は，具体的な事例に基づいた実証的な議論がきわめて困難な領域であり，また観念的な議論に終始することとなる。この2点については第1章で述べたこと以外で，ここでさらに議論を付する必要性は低い。

　一方で前提仮定の3点目である「各アクターがC4ISR，長距離精密攻撃力

など，先進軍事技術を保有する」という項目に関連する技術的情勢については本書執筆時点における最新の状況を確認しておく必要がある。なぜならば一部の情勢はC4ISRなどの捜索，探知，識別ネットワークと長距離精密打撃力に基づく先制攻撃有利，という本書が分析を展開する原則に関わるものであり，理論レベルの分析において見出された，「領域拒否の発展に伴う戦力投射の難易度上昇」とこれに伴う「相互領域拒否」あるいは「海洋領域における，高烈度通常戦争レベルにおける手詰まり」といった論点を変化させる可能性を伴っているからである。

　本書の主要な前提仮定である先進的軍事技術は，主としてC4ISRと呼ばれる捜索，探知，識別に関わるシステム，ネットワークおよびこれから得られたターゲットに対する長距離精密打撃力の2点からなる。冷戦末期以降，米国では軍事戦略におけるさまざまなトレンドと，コンセプトを表す用語がたびたび取り上げられてきたが，それらは多様な語彙として表現される。しかし概念としてはおおむねこの2点に集約できる。

　冷戦末期のエアランド・バトル構想，戦略防衛構想（SDI：スターウォーズ構想）では航空領域もしくは宇宙領域における早期警戒，捜索，探知アセットの強化と，航空機動力あるいは宇宙領域からの長距離精密攻撃がその根幹をなしていた。1980年代初頭の時点において，ミアシャイマーも欧州戦域において優勢なワルシャワ条約機構の地上戦力に対する拒否的抑止を強化するのは精密誘導兵器であると述べた[4]。

　その後ポスト冷戦期にはIT化あるいはネットワーク化が軍事力に大きな影響力をもたらした。米海軍作戦副部長であったオーウェンス（William Owens）大将は，「システムを統合するシステム」（system of systems）による戦場空間認識（battlespace awareness），先進的C4I（Advanced C4I），精密攻撃力（precision force use）の統合が新たな軍事革命と将来統合軍事作戦の核心をなす，と主張した[5]。

　その後オーウェンスの提唱した概念はセブロウスキーらによってネットワー

4　Mearsheimer, *Conventional Deterrence*, pp. 14-15, pp. 200-201.
5　William Owens, "The Emerging System of Systems," *Proceedings* Volume 121/5/1, 107, U.S. Naval Institute, May 1995, p. 37.

ク中心戦（network centric warfare: NCW）へと発展し，21世紀初頭における米海軍の中心的な作戦概念となった。これは各種捜索アセットなどをネットワーク化することで1つのアーキテクチャーを構成するものである。情報優位（information superiority）を確保した上で広域指揮統制システム（global command and control system: GCCS），戦術データリンク（Link 11/16）などによるアセット間でのリアルタイム情報共有，そして共同交戦能力（cooperative engagement capability: CEC）というグローバルレベル，戦術レベル，そして各アセット間の連携までを含む複数の次元でネットワークを構成するものである。プラットフォーム（個々のアセット）レベルでの能力的な優劣ではなく，ネットワーク全体として遠距離で迅速かつ正確に相手を捕捉し，効率的に打撃することを目的としている[6]。

このような通常戦力における遠距離精密探知，精密誘導打撃力をもって軍事的優位を達成しようというアイデアは，基本的に現在においても共有されており，中国のA2/AD戦略とこれに対応するエアシーバトル，あるいは「第3の相殺戦略」などにおいて言及される軍事的優越はこの点に帰着するといって問題はない。つまりこれらのアイデアは海上，海中，航空など作戦領域を問わず，「相手よりも早く探知し，遠距離から正確に攻撃する」ことで優位を確保するというものである。端的に述べれば，それは作戦，戦術レベルでの先制攻撃能力の優位を約束するものである。

しかし，今後の技術的発展はこのC4ISRと長距離精密打撃力に基づく先制攻撃有利の原則を覆す可能性がある。本書の中で潜水艦は各国ごとさまざまな用法があると述べてきたが，最も一般的にはその隠密性を活かして相手の水上艦部隊に接近し，撃沈するという領域拒否のために利用される。それは戦略レベルでは領土，領域の防衛であるが，戦術レベルでは敵水上部隊に対する積極的な攻撃を意味する。

しかし現在米海軍あるいは海上自衛隊は従来少数の水上戦闘艦艇と哨戒機によって，せいぜい半径数キロから数十キロメートル程度以内の作戦区域で遂行されてきた近接対潜戦（anti-submarine warfare: ASW）ではなく，作戦区域を

---

6 Arthur Cebrowski and John Garstka, "Network-Centric Warfare: Its Origin and Future," *Proceedings* Volume 124/1/1, 139, U. S. Naval Institute, January 1998, pp. 30–31, 33.

戦域レベルに拡大した広域対潜戦（theater ASW）能力を発展させている。これは長期間をかけて収集された対潜海洋情報データベースをもとにした解析ソフトウェアなどを通じ，多様なアセットの組み合わせと配置を最適化した捜索ネットワークデザインなどから構築されている。

　空中の電波伝搬と異なり，海中の音波の伝達パターンはきわめて複雑であり，海流や海底地形などの影響により，大出力ソーナーであっても海中の潜水艦を確実に探知することは容易ではない。それゆえに潜水艦は隠密性を維持し，奇襲攻撃を作為することができる。しかしこの広域対潜戦が遂行可能な海域では，潜水艦の装備する長魚雷あるいは対艦ミサイルの射程外から海中の潜水艦を捕捉し，攻撃することが可能となるため，潜水艦の奇襲攻撃能力は著しく減衰する。つまり海中領域の海上領域に対する本質的な優位が覆されるケースが出てくる。このため戦力投射を構成する水上戦闘艦艇部隊の潜水艦に対する脆弱性は相当に軽減する可能性があるということになる。

　同様に長距離攻撃機，あるいは地上基地から発射される長距離巡航ミサイルは領域拒否の根幹となるアセットである。遠距離から突入するミサイルを迎撃するためには，探知からごく限られた時間で対応しなくてはならず，また砲であれ対空ミサイルであれ，防空システムは敵ミサイルの飛翔パターンと速度，高度などの複雑な計算結果に基づき，未来位置を算出した上で迎撃しなければならない。しかし対艦ミサイルの多くは海面近くの低高度を飛行するため命中直前まで探知できないものが多く，さらには突入直前で高度を上げるタイプや，左右に蛇行して未来位置の算出を妨げるものなどがある。このようなミサイルによって複数同時に攻撃を受けた場合，水上戦闘艦艇の防空システムは飽和する[7]。

　しかし米海軍が現在開発を進めているレーザー武器システム（laser weapon system: LaWS）は[8]，飛来するミサイルの現在位置に対して直接照準した上で

　7　これらのミサイルはそれぞれシー・スキマー（sea skimming），ハイ・ダイブ（high dive），スネーキング（snaking）といったタイプに分類される。対艦ミサイルの探知距離およびリアクションタイムについては第4章注20参照。

　8　指向性エネルギー兵器（directed energy weapon: DEW）とも呼ばれる。U.S. Navy Warfare Development Command, *Next: Advancing Electromagnetic Maneuver Warfare*, Volume 3, Number 2, Summer/Fall 2015, pp. 12-15.

レーザー攻撃するものであり，未来位置の計算や弾薬の再装塡といった作業を必要とすることなく，また迎撃に要する費消時もきわめて少ない。このような兵器が実用化された場合，戦力投射を目的とする水上戦闘艦艇は敵の経空攻撃に対する残存性がきわめて高くなると見込まれる。著者が執筆した海上自衛隊の将来戦略に関する試論においてもこれは「ゲームチェンジャーとしての可能性を持つ」と位置づけた[9]。米連邦議会調査局による海軍関連の将来軍事技術に関するレポートは半導体レーザー（solid state lasers），電磁レールガン（electromagnetic railgun），超高速飛翔体（hypervelocity projectile）の3種をとくに重要視しており，これらのうち1つでも実用化すればそれは「ゲームチェンジャー」となり，2つ以上を実用化した場合，「革命的」であると評価する[10]。

　もちろんこのような対潜戦，対空戦などの戦闘（warfare）レベルにおけるイノベーションが実際にどの程度実現し，また主要国の軍事戦略にどこまで影響を及ぼすのか，という点については明らかではない。また，具体例として示した広域対潜戦能力あるいはレーザー武器システムについても，領域拒否を行使するアクター，制海の強化を推し進めるアクター，さらには戦力投射を企図するアクターなど，いずれがこのような能力を有するのか，という点によって作戦様相は大きく変化する。さらには関連するすべてのアクターがこのような技術を有したとき，本書の分析枠組みにどのような影響を及ぼすのかという点については想像の域を出ることはなく，現時点で実証的な分析はできない。

　しかし，いずれにせよこうした技術的な革新が将来の海洋領域における戦闘様相を大きく変化させる可能性がある。とりわけ，第1章の末尾で示した，理論分析レベルで見出された論点のうちのいくつか，「戦力投射の難易度上昇」という点に大きな影響を及ぼす可能性がある。その場合，「領域拒否に対し距離の専制による影響を局限しつつ戦力投射を効率的に実施するため，戦力投射を発揮するための基盤を相手の領域拒否圏内に確保するために自身も領域拒否を強化する必要がある」という「相互領域拒否」についても見直しが必要となる。そして領域拒否の優位が低下し，作戦行動の自由を確保しつつ戦力投射を

9　後瀉「海上自衛隊の戦略的方向性とその課題」41頁。
10　Ronald O'Rouke, *Navy Lasers, Railgun, and Hypervelocity Projectile: Background and Issues for Congress*, Congressional Research Service Report, August 14, 2017, p. 1.

行使することが容易になるということにつながれば，その結果として高烈度通常戦争のレベルでの「海洋領域における軍事的な手詰まり」が打開される可能性は排除できない。今後本書に対する批判あるいは修正を加える際には，こうした技術的動向を注意深く見極める必要がある。

あとがき（ごく私的な謝辞）

　本書は従来実証的研究が十分であったとはいえない，海洋領域における軍事戦略研究においてできるだけ有益な分析枠組みを提示することを目的としている。そしてこの枠組みに沿って主要国の海洋軍事戦略目標などを明らかにするとともに，結論ではこれらに一定レベルの因果推論が成立することについても示した。まえがきでも多少触れたとおり，本書は価値・規範的な要素を極力捨象し，実証的な分析と説明に重きを置いている。

　現代の海洋領域における実証的な戦略研究を記すという本書の目的は結論までに記したことがすべてであり，ことさらあとがきにおいて補足する必要はないと考えている。本文を通じ読者の方々に何らかの示唆を与え，戦略研究や研究手法に関する発展的なアイデアについていくばくか議論の材料を提供することができれば，それで充分である。

　ところで，本書は以下に示すある種奇妙な偶然やめぐりあわせ，そして多くの人々からの助力がなければ決して世に出ることはなかった。したがってここでは著者のわがままとして，「あとがき」の場を借りて私的な謝辞を記すことをお許しいただきたい。この「あとがき」はここまでの書きぶりとは打って変わって個人的なエッセイのようなものに近く，読者の方々には奇異に感じられるかもしれない。しかし本書が形になるまでの過程で，ここに記す方々に対する「研究成果を通じていささかでも報いたい」という個人的な感情がきわめて大きなモチベーションとなったのであり，またここに記す紆余曲折があって初めて本書は世に出た，ということは間違いのない事実である。

　謝辞を述べるにあたっては，あまり一般的ではないかもしれないが，本書が出版される時点からさかのぼっていく体裁で記す。まず，本書の出版にあたって勁草書房の上原正信氏には書名の検討から細部の校正に至るまで，著者の悪

い癖である一文が長く読みづらい文章をできるだけシンプルに修正すべく大変な労力をとっていただいた。脚注あるいは参考文献のとおり，本書は社会科学方法論，国際政治学あるいは戦略研究の各分野における名著・大著を数多く引用しているが，そのうちの相当数は勁草書房から翻訳が刊行されている。博士論文の出版にあたってまず私の頭に思い浮かんだのは「勁草書房から出したい」ということであり，快くお引き受けいただいた上原氏には心からお礼を申し上げたい。

次いでこの約5年間，本格的に研究領域で研鑽する過程で出会った先生方にお礼を申し述べたい。博士論文の執筆にあたっては政策研究大学院大学（GRIPS）安全保障・国際問題プログラムを通じ，多くの先生方から素晴らしいディシプリンと助言をいただいた。私の師匠，すなわち博士課程における主指導教員の労をとっていただいた道下徳成教授には，研究計画の素案段階から的確な助言と指導をいただいた。それは研究計画の枠組みに関するものから，個々の引用文献に至る広範なものであった。

博士課程学生の2年目，博士論文執筆資格を得るための準備段階において，私は研究計画の最終修正に苦慮していた。従来のシーパワー論あるいは地政学的視点にとらわれ，「制海／戦力投射と領域拒否」あるいは「ランドパワーとシーパワー」といった二元論的な議論と，本書の3つの分析枠組の間の整理の仕方について明快な方向性を見いだせずにいた。そのときに道下先生からいただいた「領域拒否・制海・戦力投射という3つの分析枠組みをそのまま各国のケーススタディに当てはめていけばよいのではないか」，というアドバイスが本書の分析枠組みの根幹となっている。本文中で繰り返し述べた「ランドパワーとシーパワーという固定観念にとらわれるな」という主張は，実際のところ著者自身を叱咤したものでもある。

同じくGRIPS博士課程で指導していただいた北岡伸一教授からは近現代日本の外交・安全保障政策とともに「ニュートラルで実証的な主張，あるいは学術的態度とは何か」ということについて深い示唆をいただいた。戦後日本外交史のコースワークにおいて，太平洋戦争の戦後賠償，慰安婦問題といったきわめてデリケートで政治的な課題について，当事国からの留学生も含めた多くの国々の学生を前に，エビデンスに基づいた冷静な議論を展開する北岡先生の姿

あとがき（ごく私的な謝辞）

勢は括目すべきものがあった。

　もう一人の指導教員である岩間陽子教授には，大著を次々と読み解いていく中で国際政治学の主要な理論について叩き込んでいただいた。本書は国際システムの理解などへの示唆を含むことができたと自負するが，それは岩間先生のコースワークを通じ学び取ったカー，モーゲンソー，ウォルツ，ミアシャイマー，ナイ，コヘインさらにはウェント，ブザンなど国際関係論の主要理論に関する理解がなければ不可能であった。

　また，博士論文の指導教員ではなかったにもかかわらず，社会科学方法論に関して一から鍛えていただき，またコースワーク以外に何度も時間を割いて適切なアドバイスをいただいたのはGRIPSの飯尾潤教授である。博士論文最終審査において外部審査委員となっていただいた中央大学総合政策学部の泉川泰博教授には方法論的妥当性の説明，そして因果推論モデルの修正について非常に有益なアドバイスをいただいた。両先生のご助言なくしては本書が社会科学研究としての厳密性を維持することはできなかったであろう。

　40歳を目前に研究職域に転じ，国際政治学，安全保障論，戦略研究などに関する幅広い理論や歴史的事実を比較的短期間で習得する過程で，2011年夏から2018年春まで所属した海上自衛隊幹部学校で出会った人々は安全保障研究に関する素晴らしい手ほどきと，他をもって代えがたい重要な知見をもたらしてくれた。その人々とは，順不同に中村進元海将補，八木直人2等海佐，石原敬浩2等海佐，平山茂敏1等海佐，山本勝也1等海佐，北川敬三1等海佐（階級はすべて2018年12月時点）をはじめとする，研究職域における先輩達である。「この研究領域の参考になる，いい論文とかないですかねぇ」と尋ねると，（どういうわけかほとんどの場合関西弁なのだが）すぐに「うしろがた～，それならこの本を読んだらええんとちがう～？」という返事があり，さまざまなテーマについていつでも議論を交わせる，そのような恵まれた環境があってはじめて私の研究は形をなして世に出ることができた。

　また，奥山真司氏が海上自衛隊幹部学校で客員研究員となられたことをきっかけに，グレイやルトワックをはじめとする戦略家に関する示唆に富む議論をする機会をたびたび得た。同じ防衛省職員であり，共にGRIPS安全保障・国際問題プログラムで学んだ松原治吉郎氏は博士課程学生として苦闘する過程で，

社会科学方法論や引用文献の収集などについて何度も議論に付き合っていただいた。現テレビ朝日ワシントン支局長の布施哲氏は米国の軍事戦略に関して卓越した知見を提供してくれた。また，防衛大学校国際関係学科の同期であり，現防衛大学校准教授の佐久間一修2等空佐からは私にとり未知であった米国の空軍戦略について適切な資料や文献を教示いただいた。防衛研究所の前田祐司氏とはお互いの研究を題材に方法論から戦略研究分野における個々の文献の是非など，幅広い議論に付き合っていただいた。こうした人々との交流がなければ，本書の説得力は著しく減じることとなったであろう。

　ここまで思いが至ったとき，次は10年前の2008年2月に起こった「あたご・清徳丸衝突事故」の事故に係る刑事裁判を支え，私が再び前を向いて歩きだすきっかけを与えてくれた方々に対して礼を述べなくてはならない。私を研究職域にいざない，ここまでの道筋を拓くきっかけを与えてくれたのは当時の海上自衛隊幹部学校長　吉田正紀海将であった。2011年5月，私は控訴審を抱えたまま刑事休職から復職したものの海上自衛官として将来への展望もモチベーションもなく，裁判が決着したら速やかに海上自衛隊を去るつもりでいた。その一方で「辞めたところで糊口を凌ぐ以上の何ができるのか，自分は辞めて何がしたいのか。やりたいことがあったとして，その能力があるのか」と自問する日々であった。

　同年8月，海上自衛隊幹部学校に私を受け入れた吉田海将がある日学校長室に私を呼び，「防衛省・海上自衛隊に批判的であるのならば，それでもいい。組織の利益や論理に縛られずに論理的思考を高め，発信することがひるがえって日本の安全保障，防衛戦略への貢献になる。研究職域へ本格的に進んでみないか」と口説いてくれたこと，そしてそれを聞いて「わかりました，辞めるのをやめます」と答えたことが私にとって人生の一大転機をもたらした。

　そもそも私が現在においても海上自衛官として存在し，その後GRIPSなどで素晴らしい経験を積むことができたのは，刑事裁判の場に引き出された私が検察官の主張を覆し，無罪判決を得たからである。組織から切り離されたわれわれを支えるため，横浜地裁での原審から東京高裁の控訴審判決までの約4年2カ月という長期にわたり，ほとんど手弁当で40回以上の公判ならびに公判

あとがき（ごく私的な謝辞）

前整理手続き，このための膨大な準備作業に力を貸していただいたのは弁護団の峰隆男弁護士，手塚明弁護士，そして中学高校の同級生である髙島志郎弁護士，伴城宏弁護士，田中崇公弁護士，弁護団同様にご助力いただいた元高等海難審判庁長官 故宮田義憲氏，そして最後まで共に法廷で闘った長岩友久2等海佐であった。

それだけではない。弁護団はじめ，共に裁判を闘った方々からは，「批判的な相手をどのように説得するのか」，「エビデンスに基づいた論理的な主張とは何か」，といったことについて重要な示唆をいただいた。この「相手を論理的に説得すること」へのこだわりが，その後私が研究職域に意味を見出し，実証研究にあたる大きなきっかけともなっている。

そして，苦境にあって精神的・経済的に絶大な支援をくれた灘中・高等学校の同級生，また防衛大学校・海上自衛隊の先輩，同期，後輩をはじめとする数多くの方々の助力がなければ，私は本書を執筆するどころか学術研究を志すこともなく，そもそも海上自衛官として今ここにはいなかった。彼らに対しては本当に感謝の言葉が見つからない。博士論文を書き上げる佳境において何度も心に去来したのは「支えてくれた人々の期待に応えて，何とかやり遂げなければ」という思いであった。

以上がこの10年間，目まぐるしく境遇が変転する私を支え，前に歩みを進めさせてくれた人々への謝辞である。さらにその前を回顧したとき，私が本書というひとまずの研究成果を挙げることができたのは，それまでに受けた薫陶であり，生まれ育った環境によるところもまた大きいと感じる。

いまをさかのぼること四半世紀前の1993年，私は防衛大学校第2学年で国際関係学科に進み，国際関係論の手ほどきを受けるとともに卒業研究では政治思想を選んだ。冷戦後，主権国家主体の国際システムはどのように変化するのか。軍事力の役割は冷戦終結によってどう変わるのか。そうした大きく，かつ根源的な問いについて若輩の私に向き合い，多くの時間を割いて議論に付き合ってくれたのは防衛大学校人文社会学群の有賀誠講師（1997年当時。現防衛大学校総合安全保障研究科長）であった。「まえがき」に記したアドルノとホルクハイマーの「啓蒙による文明と野蛮の創出」という逆説，そして第1章冒

頭で取り上げたフランシス・フクヤマの「リベラル・デモクラシーの勝利」という言説は，1997年の防衛大学校国際関係学科での卒業論文「規範と分析」の序論で示したものでもある。いささか大げさではあるが，この文脈において本書は私自身の四半世紀にわたる知的冒険の決算でもある。

　このように私は水上艦艇乗りや刑事裁判での当事者など，紆余曲折を経て学術研究へと身の置き場を移してきた。「なぜここに落ち着いたのかな」，と思い返すとき，自分の生まれ育った環境の影響というものを感じずにはおれない。物心ついたとき，私は万年筆やタイプライター，そして無数の書籍や文献に囲まれていた。ものを読み，考え，議論することに対する親和性はドイツ文学者であった父雅生，母敦子，妹祥子という生まれ育った家庭環境によるものであろう。得がたい文化資産を与えてくれた家族に感謝したい。

　そして最後に，先の見えない不安な日々を共に過ごし，その後自ら進んで研究職域へと身を転じて苦闘したこの10年余，つねに明るく苦楽を共にしてくれた妻妙子と，日々の成長を通じ，ともすれば折れそうになる私の心を支えてくれた長男慎太郎に心から感謝し，本書の結びとしたい。

2018年12月　横浜市内の自宅にて
後瀉 桂太郎

引用・参考文献一覧

公文書（米国）

"Address by Secretary of Defense McNamara at the Ministerial Meeting of the North Atlantic Council," U. S. Department of State Bulletin, July 9, 1962.

Air-Sea Battle Office, *Air-Sea Battle: Service Collaboration to Address Anti-Access & Area-Denial Challenges*, May 2013.

Commander, Naval Surface Forces, U. S. Navy, *Surface Force Strategy: Return to Sea Control*, January 2017.

HQ U. S. Air Force/XPXC Future Concepts and Transformation Division, *The U. S. Air Force Transformation Flight Plan*, November 2003.

The U. S. Air Force Enterprise Capability Collaboration Team, *Air Superiority 2030 Flight Plan*, May 2016.

U. S. Department of Defense, *Deterrence Operations Joint Operating Concept Version 2.0*, December 2006.

U. S. Department of Defense, *Quadrennial Defense Review Report 2006*, February 6, 2006.

U. S. Department of Defense, *Quadrennial Defense Review Report 2014*, March 4, 2014.

U. S. Department of Defense, *Statement of Secretary of Defense Melvin R. Laird on the FY 1972-76 Defense Program and the 1972 Defense Budget*, March 9, 1971.

U. S. Department of Defense, *Sustaining U. S. Global Leadership: Priorities for 21st Century Defense*, January 2012.

U. S. Department of the Air Force, *A White Paper, The Air Force and U.S. National Security: Global Reach-Global Power*, June 1990.

U. S. Department of the Navy, *A Cooperative Strategy for the 21st Century Seapower*, March 2015.

U. S. Department of the Navy, *...Forward from the sea*, 1994.

U. S. Navy Warfare Development Command, *Next-Advancing Electromagnetic Maneuver Warfare*, Volume 3, Number 2, Summer/Fall 2015.

U. S. Office of Naval Intelligence, *The PLA Navy: New Capabilities and Missions for the 21st Century*, 2015.

U. S. Office of Naval Intelligence, *The Russian Navy: A Historic Transition*, December 2015.

U. S. Office of the Secretary of Defense, *Annual Report to Congress: Military and Security Developments Involving the People's Republic of China*, 2010.

U. S. Secretary of Defense Chuck Hagel, *The Defense Innovation Initiative*, November 15, 2014.

U. S. Secretary of Defense Donald Rumsfeld, "Nuclear Posture Review Foreword," January 8, 2002.

US Department of Defense, *Soviet Military Power: Prospect for Change, 1989*, US Government Printing Office, 1989.

公文書（英国）

The Government of United Kingdom, *National Security Strategy and Strategic Defence and Security Review 2015: A Secure and Prosperous United Kingdom*, November 2015.

UK Ministry of Defence, *Joint Doctrine Publication 0-10: British Maritime Doctrine*, 2011.

UK Secretary of State for Defence, *Strategic Defence Review*, July 1998.

公文書（日本）

『国家安全保障戦略』，平成25年12月17日国家安全保障会議決定，同日閣議決定。

『中期防衛力整備計画（平成31年度〜平成35年度）について』，平成30年12月18日国家安全保障会議決定，同日閣議決定。

「日米防衛協力のための指針」，2015年4月27日。

『平成17年度以降に係る防衛計画の大綱について』，平成16年12月10日安全保障会議決定，同日閣議決定。

『平成23年度以降に係る防衛計画の大綱について』，平成22年12月17日安全保障会議決定，同日閣議決定。

『平成26年度以降に係る防衛計画の大綱』，平成25年12月17日国家安全保障会議決定，同日閣議決定。

『平成31年度以降に係る防衛計画の大綱について』，平成30年12月18日国家安全保障会議決定，同日閣議決定。

『防衛計画の大綱』，昭和51年10月29日国防会議決定，同日閣議決定。

防衛省防衛研究所編『東アジア戦略概観 2015』，平成27年3月31日。

防衛庁編『昭和61年版 防衛白書』，大蔵省印刷局，1986年8月。

防衛庁編『昭和62年版 防衛白書』，大蔵省印刷局，1987年9月。

防衛庁編『昭和63年版 防衛白書』，大蔵省印刷局，1988年9月。

公文書（ロシア）

"Russian National Security Strategy," approved by Russian Federation Presidential Edict

引用・参考文献一覧

No. 683, December 31, 2015. 本文書はロシア語で記されているが，本論ではスペイン国防省内「スペイン戦略研究所」(the Spanish Institute for Strategic Studies (IEEE))ウェブサイト掲載された英語翻訳を使用した。http://www.ieee.es/Galerias/fichero/OtrasPublicaciones/Internacional/2016/Russian-National-Security-Strategy-31Dec2015.pdf, accessed on April 28, 2017.

"Russia's National Security Strategy to 2020," approved by Decree of the President of the Russian Federation,No. 537, May 12, 2009. 本文書はロシア語で記されているが，本論では下記サイトの英語翻訳を使用した。http://rustrans.wikidot.com/russia-s-national-security-strategy-to-2020, accessed on April 28, 2017.

"The Military Doctrine of the Russian Federation," approved by Russian Federation on December 25, 2014, No. 2976, 2014. 本文書はロシア語で記されているが，本論では下記サイトの英語翻訳を使用した。https://www.theatrum-belli.com/the-military-doctrine-of-the-russian-federation/, accessed on April 28, 2017.

"The Military Doctrine of the Russian Federation," approved by Russian Federation Presidential Edict on 5 February, 2010. 本文書はロシア語で記されているが，本論では米シンクタンク「カーネギー国際平和基金」ウェブサイトに掲載された英語翻訳を使用した。http://carnegieendowment.org/files/2010russia_military_doctrine.pdf, accessed on April 28, 2017

公文書（インド）

Indian Integrated Headquarters Ministry of Defence (Navy), *Freedom to Use the Seas: India's Maritime Military Strategy*, May 2007

公文書（中国）

The State Council Information Office of the People's Republic of China, White Papers: China's Military Strategy, May15, 2015.

書籍・レポート（英語）

Allison, Graham, *Destined for War: Can America and China Escape Thucydides's Trap?*, Houghton Mifflin Harcourt, 2017.

Allison, Graham, and Philip Zelikow, *Essence of Decision: Explaining the Cuban Missile Crisis, Second Edition*, Longman, 1999.

Barnett, Roger, "Soviet Maritime Strategy," Colin Gray and Roger Barnett eds., *Seapower and Strategy*, US Naval Institute Press, 1989.

Booth, Ken, *Navies and Foreign Policy*, Routledge, 2014. (First published by Croom Helm in 1977.)

Brewster, David, *India as an Asia Pacific Power*, Routledge, 2012.

Brewster, David, *India's Ocean: The Story of India's Bid for Regional Leadership*, Routledge, 2013

Brodie, Bernard, "The Absolute Weapons," Thomas Mahnken and Joseph Maiolo eds., *Strategic Studies: A Reader*, Routledge, 2014. (First published by Yale Institute of International Studies in 1946.)

Brodie, Bernard, *Strategy in the Missile Age*, Princeton University Press, 1959.

Bull, Hedley, *The Anarchical Society: A Study of Order in World Politics*, Macmillan, 1977.

Chin, Warren, "Operations in a war zone: The Royal Navy in the Persian Gulf in the 1980s," Ian Speller ed., *The Royal Navy and Maritime Power in the Twentieth Century*, Frank Cass, 2005.

Cliff, Roger, Mark Burles, Michael Chase, Derek Eaton, and Kevin L. Pollpeter, *Entering Dragon's Lair: Chinese Antiaccess Strategies and Their Implications for the United States*, RAND, 2007.

Colby, Elbridge, *Nuclear Weapons in the Third Offset Strategy: Avoiding a Nuclear Blind Spot in the Pentagon's New Initiative*, Center for A New American Security, 2015.

Corbett, Julian, *Principles of Maritime Strategy*, Dover Publications, 2004. (Republication of *Some Principles of Maritime Strategy*, by Longmans, 1911.)（ジュリアン・スタフォード・コーベット『海洋戦略の諸原則』エリック・グロウ編，矢吹啓訳，原書房，2016年。）

Dorman, Andrew, "From Peacekeeping to Peace Enforcement: The Royal Navy and Peace Support Operations," Ian Speller ed., *The Royal Navy and Maritime Power in the Twentieth Century*, Frank Cass, 2005.

Elleman, Bruce and S.C.M. Paine eds., *Naval Power and Expeditionary Warfare: Peripheral Campaigns and New Theatres of Naval Warfare*, Routledge, 2011.

Freedman, Lawrence, *Britain and Nuclear Weapons*, The Royal Institute of International Affairs, 1980.

Freedman, Lawrence, *Deterrence*, Polity Press, 2004.

Freedman, Lawrence, "The First Two Generations of Nuclear Strategists," Peter Paret ed., *Makers of Modern Strategy*, Princeton University Press, 1986.

Friedberg, Aaron, *A Contest for Supremacy: China, America, and the Struggle for Mastery in Asia*, W.W. Norton & Company, 2011.（アーロン・フリードバーグ『支配への競争――米中対立の構図とアジアの将来』佐橋亮監訳，日本評論社，2013年。）

Friedberg, Aaron, *Beyond Air-Sea Battle: The Debate over US Military Strategy in Asia*, Routledge, 2014.（アーロン・フリードバーグ『アメリカの対中軍事戦略――エアシー・バトルの先にあるもの』平山茂敏監訳，芙蓉書房出版，2016年。）

Friedberg, Aaron, *The Weary Titan: Britain and the Experience of Relative Decline 1895-1905*, Princeton University Press, 1988.

Fukuyama, Francis, *The End of History and the Last Man*, The Free Press, 1992.（フランシス・フクヤマ『歴史の終わり』渡部昇一訳，三笠書房，1992年。）

Gaddis, John Lewis, *Strategies of Containment: A Critical Appraisal of Postwar American National Security Policy*, Oxford University Press, 1982.

Gaddis, John Lewis, *The Long Peace: Inquiring into the History of the Cold War*, Oxford University Press, 1987.（ジョン・ギャディス『ロング・ピース──冷戦史の証言「核・緊張・平和」』五味俊樹ほか訳，芦書房，2002年。）

George, Alexander, "Coercive Diplomacy: Definition and Characteristics," Alexander George and William Simons eds., *The Limits of Coercive Diplomacy, Second Edition*, Westview Press, 1994.

Gray, Colin, *Modern Strategy*, Oxford University Press, 1999.（コリン・グレイ『現代の戦略』奥山真司訳，中央公論新社，2015年。）

Hattendorf, John and Peter Swartz eds., "The Maritime Strategy, 1984," *U.S. Naval Strategy in the 1980s: Selected Documents*, U.S. Naval War College Newport Papers 33, 2008.

Heginbotham, Eric et al., *The U.S.-China Military Scorecard: Forces, Geography, and the Evolving Balance of Power 1996-2017*, RAND Corporation, 2015.

Holmes, James and Toshi Yoshihara, *Chinese Naval Strategy in the 21st Century: Turn to Mahan*, Routledge, 2008.

Holmes, James Andrew Winner and Toshi Yoshihara, *Indian Naval Strategy in the Twenty-first Century*, Routledge, 2009.

Howard, Michael and Peter Paret eds., Carl Von Clausewitz, *On War*, (Indexed Edition), Princeton University Press, 1976.

Huntington, Samuel, *The Clash of Civilizations and the Remaking of World Order*, Touchstone, 1997.（サミュエル・ハンチントン『文明の衝突』鈴木主税訳，集英社，1998年。）

Kahn, Herman, *On Escalation: Metaphors and Scenarios*, Frederick A. Praeger, 1965.

Kaplan, Robert, *Monsoon: The Indian Ocean and the Future of American Power*, Random House, 2010.（ロバート・カプラン『インド洋圏が世界を動かす──モンスーンが結ぶ躍進国家群はどこへ向かうのか』奥山真司・関根光宏訳，インターシフト，2012年。）

Kennedy, Paul, *The Rise and Fall of British Naval Mastery, The Third Edition*, Fontana Press, 1991.

Kerr, Pauline, *Eyeball to Eyeball: US & Soviet Naval & Air Operations in the North Pacific, 1981-1990*, Peace Research Centre, Research School of Pacific Studies,

Australian National University, 1991.

Krepinevich, Andrew and Barry Watts, *The Last Warrior: Andrew Marshall and the Shaping of Modern American Defense Strategy*, Basic Books, 2015.（アンドリュー・クレピネヴィッチ，バリー・ワッツ『帝国の参謀――アンドリュー・マーシャルと米国の軍事戦略』北川知子訳，日経BP社，2016年。）

Krepinevich, Andrew, *Why AirSea Battle?*, CSBA, 2010.

Luttwak, Edward, *Strategy: The Logic of War and Peace, Revised and Enlarged Edition*, The Belknap Press of Harvard University Press, 2001.

Luttwak, Edward, *The Political Uses of Sea Power*, The Johns Hopkins University Press, 1974.

Mackinder, Halford, *Democratic Ideals and Realty*, Henry Holt and Company, 1942.（ハルフォード・マッキンダー『マッキンダーの地政学――デモクラシーの理想と現実』曽村保信訳，原書房，2008年。）

Mahnken, Thomas ed., *Competitive Strategies for the 21st Century*, Stanford University Press, 2012.

Manning, Robert, *The Future of US Extended Deterrence in Asia to 2025*, Atlantic Council, Brent Scowcroft Center on International Security, October 2014.

Martinage, Robert, *Toward A New Offset Strategy: Exploiting U.S. Long-Term Advantages to Restore U.S. Global Power Projection Capability*, Center for Strategic and Budgetary Assessments, 2014.

Mayall, James, *World Politics: Progress and its Limits*, Polity Press, 2000.（ジェームズ・メイヨール『世界政治――進歩と限界』田所昌幸訳，勁草書房，2009年。）

MccGwire, Michael, *Military Objectives in Soviet Foreign Policy*, The Brookings Institution, 1987.

Mearsheimer, John, *Conventional Deterrence*, Cornell University Press, 1983.

Mearsheimer, John, *The Tragedy of Great Power Politics, Updated Edition*, W.W. Norton and Company, 2014.（ジョン・ミアシャイマー『大国政治の悲劇』奥山真司訳，五月書房，2015年。）

Nye, Joseph, *Understanding International Conflicts: An Introduction to Theory and History, Seventh Edition*, Longman, 2009.

O'Hanlon, Michael, "Restructuring U.S. Forces and Bases in Japan," Mike Mochizuki ed., *Toward A True Alliance*, Brookings Institution Press, 1997.

O'Rouke, Ronald, *Navy Lasers, Railgun, and Hypervelocity Projectile: Background and Issues for Congress*, Congressional Research Service Report, August 14, 2017.

Patalano, Alessio, *Post-war Japan as a Sea Power: Imperial Legacy, Wartime Experience and the Making of a Navy*, Bloomsbury Academic, 2016.

Pillsbury, Michael, *The Hundred-Year Marathon: China's Secret Strategy to Replace America as the Global Superpower*, Henry Holt and Company, 2015.

Posen, Barry, *Restraint: A New Foundation for U.S. Grand Strategy*, Cornell University Press, 2014.

Rosecrance, Richard, *Defense of the Realm: British Strategy in the Nuclear Epoch*, Columbia University Press, 1968.

Sagan, Scott and Kenneth Waltz, *The Spread of Nuclear Weapons: A Debate Renewed*, W.W. Norton & Company, 2003.

Saunders, Phillip et al. eds., *The Chinese Navy: Expanding Capabilities, Evolving Roles*, National Defense University Press, 2011.

Schelling, Thomas, *Arms and Influence*, Yale University Press, 1966.

Schelling, Thomas, *Arms and Influence: With a New Preface and Afterword*, New Heaven and London Yale University Press, 2008.

Schelling, Thomas, *The Strategy of Conflict: With A New Preface by the author*, Harvard University Press, 1980.（トーマス・シェリング『紛争の戦略──ゲーム理論のエッセンス』河野勝監訳, 勁草書房, 2008年。）

Sloan, Elinor, *Modern Military Strategy: An Introduction*, Routledge, 2012.（エリノア・スローン『現代の軍事戦略入門──陸海空からサイバー, 核, 宇宙まで』奥山真司・関根大助訳, 芙蓉書房出版, 2015年。）

Slusser, Robert, "The Berlin Crises of 1958-59 and 1961," Barry Blechman et al., *Force without War: U.S. Armed Forces as a Political Instrument*, The Brookings Institution, 1978.

Smith, Rupert, *The Utility of Force: The Art of War in the Modern World*, Penguin Books, 2006.（ルパート・スミス『軍事力の効用──新時代「戦争論」』山口昇監訳, 佐藤友紀訳, 原書房, 2014年。）

Snyder, Glenn, "The Balance of Power and the Balance of Terror," Paul Seabury ed., *Balance of Power*, Chandler Publishing Company, 1965.

Snyder, Glenn, *Deterrence and Defense: Toward A Theory of National Security*, Princeton University Press, 1961.

Speller, Ian, *Understanding Naval Warfare*, Routledge, 2014.

Stavridis, James, *Sea Power: The History and Geopolitics of the World's Oceans*, Penguin Press, 2017.

Swartz, Peter with Karin Duggan, *U.S. Navy Capstone Strategies and Concepts (1970-2010): A Brief Summary*, Center for Naval Analysis (CNA), December 2011.

Tangredi, Sam, *Anti-Access Warfare: Countering A2/AD Strategies*, Naval Institute Press, 2013.

Tellis, Ashley, *Dogfight!: India's Medium Multi-Role Combat Aircraft Decision*, Carnegie Endowment for International Peace, 2011.
Till, Geoffrey, *Seapower: A Guide for the Twenty-First Century, Revised and Updated Third Edition*, Routledge, 2013.
Tol, Jan Van, Mark Gunzinger, Andrew Krepinevich, and Jim Thomas, *AirSea Battle: A Point-of-Departure Operational Concept*, CSBA, May 2010.
Van Evera, Stephen *Guide to Methods for Students of Political Science*, Cornell University Press, 1997.（スティーヴン・ヴァン・エヴェラ『政治学のリサーチ・メソッド』野口和彦・渡辺紫乃訳，勁草書房，2009年。）
Waltz, Kenneth, *Man, the State and War: A Theoretical Analysis*, Columbia University Press, 1954.（ケネス・ウォルツ『人間・国家・戦争――国際政治の3つのイメージ』渡邉昭夫・岡垣知子訳，勁草書房，2013年。）
Waltz, Kenneth, *Theory of International Politics*, Waveland Press, 2010.（Original edition was published by McGraw-Hill in 1979.）（ケネス・ウォルツ『国際政治の理論』河野勝・岡垣知子訳，勁草書房，2010年。）
Zakaria, Fareed, *The Post-American World: with A New Preface*, W. W. Norton & Company, 2009.

書籍・レポート（日本語）
五百旗頭真編『戦後日本外交史（第3版）』有斐閣，2010年。
池田久克・志摩篤『イギリス国防体制と軍隊』教育社，1979年。
石津朋之『大戦略の哲人たち』日本経済新聞出版社，2013年。
梅本哲也『アメリカの世界戦略と国際秩序』ミネルヴァ書房，2010年。
北岡伸一・久保文明監修，世界平和研究所編『希望の日米同盟――アジア太平洋の海洋安全保障』中央公論新社，2016年。
キング，G，R・O・コヘイン，S・ヴァーバ『社会科学のリサーチ・デザイン――定性的研究における科学的推論』真渕勝監訳，勁草書房，2004年。(Gary King, Robert O. Keohane, Sidney Verba, *Designing Social Inquiry: Scientific Inference in Qualitative Research*, Princeton University Press, 1994.)
久保文明・高畑昭男・東京財団「現代アメリカ」プロジェクト編著『アジア回帰するアメリカ――外交安全保障政策の検証』NTT出版，2013年。
久米郁男『原因を推論する――政治分析方法論のすすめ』有斐閣，2013年。
高坂正堯『海洋国家日本の構想』中公クラシックス，2008年。
高坂正堯・桃井真編『多極化時代の戦略』上・下巻，日本国際問題研究所，昭和48年3月25日。
コリンズ，ジョン『大戦略入門――現代アメリカの戦略構想』久住忠男監訳，佐藤孝之助訳，

原書房，1982 年。(John Collins, *Grand Strategy: Principles and Practices*, Naval Institute Press, 1973.)

ゴルシコフ，セルゲイ『ゴルシコフ ロシア・ソ連海軍戦略』宮内邦子訳，原書房，2010 年。

近藤三千男『抑止戦略――戦争抑止理論の実際』原書房，昭和 54 年 2 月。

佐伯胖『「きめ方」の論理――社会的決定理論への招待』東京大学出版会，1980 年。

サミュエルズ，リチャード『日本防衛の大戦略――富国強兵からゴルディロックス・コンセンサスまで』白石隆監訳，中西真雄美訳，日本経済新聞出版社，2009 年。(Richard Samuels, *Securing Japan*, Cornell University Press, 2007.)

ジョージ，アレキサンダー，アンドリュー・ベネット『社会科学のケーススタディ――理論形成のための定性的手法』泉川泰博訳，勁草書房，2013 年。(Alexander George and Andrew Bennett, *Case Studies and Theory Development in the Social Sciences*, MIT Press, 2005.)

曽村保信『海の政治学――海はだれのものか』中公新書，昭和 63 年 3 月。

立川京一・石津朋之・道下徳成・塚本勝也編著『シー・パワー――その理論と実践』芙蓉書房出版，2008 年。

土山實男『安全保障の国際政治学』有斐閣，2004 年。

長尾賢『検証 インドの軍事戦略――緊張する周辺国とのパワーバランス』ミネルヴァ書房，2015 年。

中島信吾『戦後日本の防衛政策――「吉田路線」をめぐる政治・外交・軍事』慶應義塾大学出版会，2006 年。

日本国際政治学会編，李鍾元・田中孝彦・細谷雄一責任編集『日本の国際政治学 4――歴史の中の国際政治』有斐閣，2009 年。

布施哲『米軍と人民解放軍――米国防総省の対中戦略』講談社現代新書，2014 年。

ブレイディ，ヘンリー，デヴィッド・コリアー編『社会科学の方法論争――多様な分析道具と共通の基準〔原著第 2 版〕』泉川泰博・宮下明聡訳，勁草書房，2014 年。(Henry Brady and David Collier eds., *Rethinking Social Inquiry: Diverse Tools, Shared Standards, Second Edition*, Rowman & Littlefield Publishers, 2010.)

堀元美『海戦 フォークランド』原書房，1983 年。

ホルクハイマー，マックス，テオドール・アドルノ『啓蒙の弁証法』徳永恂訳，岩波書店，1990 年。(Max Horkheimer and Theodor Adorno, *Dialektik der Aufklarung: Philosophische Fragmente*, Querido Verlag, Amsterdam, 1947.)

マハン，アルフレッド『海上権力史論』北村謙一訳，原書房，1982 年。(Alfred Mahan, *Seapower upon History: 1660-1783*, Little Brown, 1890.)

マハン，アルフレッド『マハン海軍戦略』井伊順彦訳，戸高一成監訳，中央公論新社，2005 年。(Alfred Mahan, *Naval Strategy*, Little Brown, 1911.)

道下徳成・石津朋之・長尾雄一郎・加藤朗『現代戦略論――戦争は政治の手段か』勁草書房，

2000 年。

山添博史『国際兵器市場とロシア』ユーラシアブックレット No. 195, 2014 年。

リデルハート,B. H.『リデルハート戦略論――間接的アプローチ』上・下巻,市川良一訳,原書房,2010 年。(Basil Liddel Hart, *Strategy*, Faber & Faber, 1967.)

レイン,クリストファー『幻想の平和――1940 年から現在までのアメリカの大戦略』奥山真司訳,五月書房,2011 年。(Christopher Layne, *The Peace of Illusions: American Grand Strategy from 1940 to the Present*, Cornell University Press, 2006.)

論文（英語）

Art, Robert, "To What Ends Military Power?," *International Security*, Vol. 4, No. 4, Spring 1980.

Cebrowski, Arthur and John Garstka, "Network-Centric Warfare: Its Origin and Future," *Proceedings* Volume 124/1/1, 139, U. S. Naval Institute, January 1998.

Chase, Michael and Cristina Garafola, "China's Search for a 'Strategic Air Force," *Journal of Strategic Studies*, Vol. 39, No. 1, 2016.

Cheng, Dean, "Chinese Views on Deterrence," *Joint Force Quarterly*, Issue 60, 1st Quarter, 2011.

Fukuda, Junichi, "Denial and Cost Imposition: Long-Term Strategies for Competition with China," *Asia Pacific Review*, Vol. 22, No. 1, May 2015.

Green, Michael and Zack Cooper, "Revitalizing the Rebalance: How to Keep U. S. Forces on Asia," *The Washington Quarterly*, Vol. 37, No. 3, Fall 2014.

Holmes, James and Toshi Yoshihara, "China's Navy: A Turn to Corbett?," U. S. Naval Institute, *Proceedings*, Vol. 135, No. 12, December 2010.

Johnson, Michael and Terrence Kelly, "Tailored Deterrence: Strategic Context to Guide Joint Force 2020," *Joint Force Quarterly*, Issue 74, 3rd Quarter, 2014.

Kaplan, Robert, "Eurasia's Coming Anarchy," *Foreign Affairs*, March/April 2016.

Kline, Jeffrey and Wayne Hughes, Jr, "Between Peace and the Air-Sea Battle: A War at Sea Strategy," *U. S. Naval War College Review*, Vol. 65, No. 4, Autumn 2012.

Krepinevich, Andrew, "Cavalry to Computer: The Pattern of Military Revolutions," *The National Interest*, No. 37, Fall 1994.

Kroenig, Mattew and Barry Pavel, "How to Deter Terrorism," *The Washington Quarterly*, Spring 2012

Mahnken, Thomas, "Weapons: The Growth & Spread of the Precision-Strike Regime," *Daedalus*, Volume 140, Issue 3, 2011.

Michishita, Narushige, Peter Swartz, and David Winkler, "Lessons of the Cold War in the Pacific: U. S. Maritime Strategy, Crisis Prevention, and Japan's Role," Wilson Center

Asia Program, 2016.
Mohan, Raja, "India: Between "Strategic Autonomy" and "Geopolitical Opportunity"," *Asia Policy*, No. 15, January 2013.
Owens, William, "The Emerging System of Systems," *Proceedings* Volume 121/5/1, 107, U. S. Naval Institute, May 1995.
Posen, Barry, "Pull Back: The Case for a Less Activist Foreign Policy," *Foreign Affairs*, January/February 2013.
Riqiang, Wu, "Issues in Sino-US Nuclear Relations: Survivability, Coercion and Escalation," U.K Government Foreign and Commonwealth Office Website, 2013.
Scott, David, "India's "Grand Strategy" for the Indian Ocean: Mahanian Visions," *Asia-Pacific Review*, Vol. 13, No. 2, 2006
Simón, Luis, "The 'Third' US Offset Strategy and Europe's 'Anti-access' Challenge," *The Journal of Strategic Studies*, 2016, Vol. 39, No. 3, 2016.
Tokarev, Maskim, "Kamikazes: The Soviet Legacy," *US Naval War College Review*, Winter 2014, Vol. 67, No. 1, 2014.
Turner, Stansfield, "Missions of the U. S. Navy," *US Naval War College Review*, Vol. XXVI, Number 5, March-April 1974, 1974.
Van Evera, Stephen, "Offense, Defense, and Causes of War," Michael Brown et al. eds., *Theories of War and Peace*, The MIT Press, 1998. (First published in *International Security*, Vol. 22, No. 4 (Spring 1998).)
Waldenstrom, Christofer, "Sea Control through the Eyes of the Person who does it," *U. S. Naval War College Review*, Vol. 66, No. 1, Winter 2013.
Wendt, Alexander, "Anarchy is what States Make of it: The Social Construction of Power Politics," *International Organization*, Vol. 46, No. 2, Spring 1992.

論文（日本語）
後瀉桂太郎「海上自衛隊の戦略的方向性とその課題」『海幹校戦略研究』特別号（通巻第12号），2016年11月。
梅本哲也「米中間における戦略的安定」『国際関係・比較文化研究』（静岡県立大学国際関係学部）第3巻第1号，2014年9月。
栗田真広「同盟と抑止――集団的自衛権議論の前提として」『レファレンス』2015年3月。
島田征夫「19世紀における領海の幅員問題について」『早稲田法学』第83巻第3号, 2008年。
武居智久「海洋新時代における海上自衛隊」『波濤』通巻第199号，2008年11月。
西村繁樹「日本の防衛戦略を考える――グローバル・アプローチによる北方前方防衛論」『新防衛論集』第12巻第1号，1984年。
西村繁樹「陸上自衛隊の役割の変化と新防衛戦略の提言」『新防衛論集』第26巻第2号，

1998 年。

福田毅「抑止理論における「第 4 の波」と冷戦後の米国の抑止政策」，日本国際政治学会 2012 年度研究大会　部会 13「地域抑止」の現状と課題，2012 年 10 月 21 日。

吉田真吾「「51 大綱」下の防衛力整備──シーレーン防衛を中心に，1977-1987 年」『国際安全保障』第 44 巻第 3 号，2016 年 12 月。

データベース，年鑑など

Blacker, Raymond ed., *Jane's Fighting Ships 1955-56*, Jane's Fighting Ships Publishing CO., 1956.

IISS, *The Military Balance 1984-1985*, Autumn 1984.

IISS, *The Military Balance 1985-1986*, Autumn 1985.

IISS, *The Military Balance 1990-1991*, Autumn 1990.

IISS, *The Military Balance 1994-1995*, October 1994.

IISS, *The Military Balance 1995-1996*, October 1995.

IISS, *The Military Balance 2000-2001*, October 2000.

IISS, *The Military Balance 2004-2005*, October 2004.

IISS, *The Military Balance 2005-2006*, October 2005.

IISS, *The Military Balance 2010*, February 2010.

IISS, *The Military Balance 2014*, February 2014.

IISS, *The Military Balance 2015*, February 2015.

IISS, *The Military Balance 2017*, February 2017.

Lennox, Duncan ed., *Jane's Strategic Weapon Systems*, Jane's Information Group, January 1999.

Perlo-Freeman, Sam, Aaude Fleurant, Pieter Wezeman and Ssiemon Wezeman, "Trends in World Military Expenditure, 2015," *SIPRI Fact Sheet*, Stockholm International Peace Research Institute (SIPRI), April 2016.

Saunders, Stephen ed., *Jane's Fighting Ships 2004-2005*, Jane's Information Group, 2004.

Saunders, Stephen ed., *Jane's Fighting Ships 2014-2015*, IHS (Global), 2014.

Sharpe, Richard ed., *Jane's Fighting Ships 1994-1995*, Jane's Information Group, 1994.

The International Institute for Strategic Studies (IISS), *The Military Balance 1980-1981*, Autumn 1980.

World Bank, "World Development Indicators database," April 11, 2016.

事項索引

アルファベット

A2/AD　8, 43-49, 59, 77, 86, 94, 95, 103, 141, 152, 172, 176, 190, 200, 201, 209
C4I　21, 95, 171, 208
C4Iシステム　34
C4Iネットワーク　20
C4ISR　9, 10, 16, 20, 23, 33, 43, 77, 82, 141, 165, 199, 202, 204, 206-209
GIUKライン　38, 105
ISR　65, 68

あ行

アクセス阻止・エリア拒否　→　A2/AD
アトランティック・カウンシル　62
アルミラ・パトロール　113, 122
安定 - 不安定のパラドクス　78
因果関係　205
因果推論　ii, 15, 18-21, 25, 187, 202, 205-207, 213
因果推論モデル　i, ii, 18, 19, 22, 82, 187, 189, 202-206, 215
「インド海洋軍事戦略」　158, 165
エアシーバトル　20, 44, 48, 98, 209
エアパワー　107
エアランド・バトル　75, 93, 208
影響因子　ii, 203, 204
「英国海洋ドクトリン」　12, 13, 57, 120, 122
エスカレーションラダー　12, 78, 79, 89, 134
遠距離海上封鎖　48
遠征打撃群（ESG）　10, 44, 99

か行

海上交通路（SLOC）　i, 31, 36, 40, 54, 82, 89, 127, 131, 140, 145, 160, 181, 183, 195, 205
海上通商路　113
海洋拒否　13, 35-37, 47-49, 51, 91, 131, 161
海洋状況把握（MDA）　165
「海洋戦略」（米国）　37, 89-91, 118, 147
海洋要塞戦略（ソ連）　35, 37, 38, 41, 42, 47, 77, 84, 89, 144-146
海洋利用の自由　7-9, 38, 84, 165
核態勢見直し（NPR2001）　67
拡大抑止　40, 57, 62, 79, 111, 206
核抑止　iii, 2, 5, 6, 14-18, 29, 33, 34, 36, 57, 61, 63, 68, 72, 73, 77, 78, 87, 89, 101, 111, 122, 140, 147, 154, 156, 190, 202, 204, 206, 207
過度の戦略的拡張　107
環太平洋合同演習（RIMPAC）　181
北大西洋条約機構（NATO）　6, 7, 25, 38, 65, 66, 70, 75, 105, 108, 109, 111, 112, 122, 123, 151-153, 155, 156, 198
共同交戦能力（CEC）　209
恐怖の均衡　111
共変関係　205
拒否の抑止　63, 65, 67

距離の専制　　iii, 26, 29, 42, 46, 71, 73, 77, 82, 99, 191
近海防御　　174, 180
空母戦闘群（CVBG）　　40, 41, 51, 90, 93, 100, 101, 105, 146, 153, 161, 201
空母打撃群（CSG）　　10, 43, 44, 48, 73, 80, 83, 99, 124, 134, 168, 176
「グローバル・リーチ」（米国）　　102
軍事における革命（RMA）　　8, 34
軍事力使用のハードル　　iii, 29, 68, 70, 71
「航空優勢2030年飛行計画」（米国）　　103
合理的行為者　　ii, iii, 16, 61, 70, 202, 207
高烈度通常戦争（戦闘・紛争）　　2, 6, 8, 10, 23, 29, 61, 78, 79, 85, 90, 100, 114, 125, 130, 134, 146, 151, 163, 183, 189-191, 201, 208, 212
「国防戦略指針」（DSG）（米国）　　69, 97
国連平和維持活動（PKO）　　8, 129

さ　行

作戦領域　　2, 4, 13, 16, 20, 209
シーパワー（海洋国家）　　i, ii, 2, 3, 11, 14, 15, 26-32, 35, 37, 49-54, 56-58, 61, 79, 82, 108, 140, 188, 214
「シー・プラン2000」（米国）　　89
シー・ベーシング　　8, 93, 125, 134
シーレーン　　40, 127
時間的先行　　206
従属変数　　15, 19, 22, 187, 203-206
柔軟反応戦略　　62-64, 196
真珠の首飾り　　168
人道支援・災害派遣（救援）（HA/DR）　　12, 13, 94, 125, 129, 130
「水上部隊戦略」（米国）　　99
ステルス　　14, 60
ストックホルム国際平和研究所（SIPRI）　　24
政治的プレゼンス　　7, 12-14, 60, 144
前提仮定　　ii, 2, 14-16, 20, 23, 61, 76, 79, 188, 202-208
戦闘航空哨戒（CAP）　　116
「戦略防衛見直し」（SDR1998）（英国）　　66, 119, 120, 122
「（2015年版）戦略防衛見直し」（SDSR）（英国）　　120, 121
戦略予算評価センター（CSBA）　　46, 176, 177
相互確証破壊　　5, 34, 145, 156
相殺戦略　　65, 96

た　行

第3の相殺戦略　　20, 96, 97, 209
第二撃能力　　36, 89, 140, 145, 190, 201
対兵力使用　　16
大量破壊兵器（WMD）　　68
地政学　　3, 27
「中国軍事戦略」　　180
中国人民解放軍（PLA）　　43, 45, 47, 94, 95, 100, 131, 171-180, 182-184
中範囲理論　　23
懲罰的抑止（力）　　5, 36, 62, 63, 67, 72
低烈度の対立・紛争　　2, 4, 8, 29, 57, 61, 78, 79, 85, 114, 122, 151, 190, 191
搭載量（ペイロード）　　72, 73
独立変数　　15, 19, 21, 187, 202-207

な　行

ニクソン戦略（ニクソン・ドクトリン）　　40, 63, 64
「21世紀のシーパワーのための協力戦略」（CS21）（米国）　　94
「21世紀のシーパワーのための協力戦略

（2015 年改訂版）」（CS21Revised）（米国）　59, 95
日米防衛協力のための指針（日米ガイドライン）　62
ニュールック戦略　63, 64
ネットワーク中心戦（NCW）　208

は 行

フォークランド紛争　110, 112, 114, 119, 121, 122
「フォワード・フロム・ザ・シー」（米国）　92
プレゼンス　59, 88, 89
「プロジェクト 60」（米国）　88, 89
分散化した決定力　99
米海軍　118, 147
「米海軍戦略概念」　89
米海軍大学　31, 88
米国防省ネットアセスメント局　44
平和維持活動（PKO）　125
「変革にむけた飛行計画」（米国）　102
変数の制御　206
「防衛革新構想」（DII）（米国）　96
「防衛計画の大綱」（日本）　132, 134
「51 防衛大綱」　40, 126, 132
「07 防衛大綱」　132
「16 防衛大綱」　129, 132
「22 防衛大綱」　126, 132
「25 防衛大綱」　132
防衛大綱別表　126, 132

ま 行

マラッカ海峡　26, 27

や 行

抑止理論　ii, 5, 14, 15, 66
「4 年ごとの国防見直し 2014 年」（QDR2014）（米国）　97

ら 行

ランド研究所　43, 45, 173, 176, 177, 183
ランドパワー（大陸国家）　i, 2, 3, 11, 14, 26-28, 79, 107, 140-143, 159, 188, 214
リベラル・デモクラシー　6
「ロシア軍事ドクトリン」　155
「（2020 年までの）ロシア連邦国家安全保障戦略」　154

わ 行

ワルシャワ条約機構（WTO）　6, 65, 66, 109, 196, 208

人名索引

あ 行

アドルノ（Theodor Adorno）　iii, 217
ウォルツ（Kenneth Waltz）　17, 22, 23, 76, 215
オーウェンス（William Owens）　208
オバマ（Barack Obama）　69
オハンロン（Michael O'Hanlon）　73

か 行

カプラン（Robert Kaplan）　159
北村謙一　50, 52
ギャディス（John Lewis Gaddis）　33
久米郁男　205
クラウゼヴィッツ（Carl Clausewitz）　53, 69
クルラック（Charles Krulak）　30
グレイ（Colin Gray）　20, 53, 54, 215
クレピネヴィッチ（Andrew Krepinevich）　34
クロール（Philip Crowl）　27
ケネディ（Paul Kennedy）　106, 107
江沢民（Jiang Zemin）　175
コーベット（Julian Corbett）　10-14, 30-32, 35, 54-56, 58, 120
ゴルシコフ（Sergei Gorshkov）　36, 144, 146

さ 行

シェリング（Thomas Schelling）　16
シュウォーツ（Peter Swartz）　88, 89
ジョージ（Alexander George）　23, 76
スナイダー（Glenn Snyder）　63, 78, 111
スミス（Rupert Smith）　68-70
ズムウォルト（Elmo Zumwalt）　88
スローン（Elinor Sloan）　30, 54, 56, 67
セーガン（Scott Sagan）　17
セブロウスキー（Arthur Cebrowski）　30, 208

た 行

ターナー（Turner, Stansfield）　58, 59, 88
高根正昭　205
武居智久　129-131
鄧小平（Deng Xiaoping）　174
トカレフ（Maskim Tokarev）　147

な 行

長尾賢　157, 162, 165

は 行

バーネット（Roger Barnett）　145
ハンチントン（Samuel Huntington）　7

人名索引

ブース（Ken Booth）　57, 58, 120
フクヤマ（Francis Fukuyama）　6, 218
ブラウン（Harold Brown）　65
フリードバーグ（Aaron Friedberg）　45, 48, 95
フリードマン（Lawrence Freedman）　66
ブリュースター（David Brewster）　157, 165
ベネット（Andrew Bennett）　23, 76
ポーゼン（Barry Posen）　98
ホームズ（James Holmes）　31
ホルクハイマー（Max Horkheimer）　iii, 217

ま　行

マクグワイヤ（Michael MccGwire）　144, 145
マッキンダー（Halford Mackinder）　27, 188
マハン（Alfred Mahan）　10-14, 27, 30-32, 35, 49, 50, 52-56, 58, 79, 120
マレン（Michael Mullen）　30

ミアシャイマー（John Mearsheimer）　64, 65, 208, 215
ミル（John Stuart Mill）　24
メイヨール（James Mayall）　91

や　行

ヨシハラ（Toshi Yoshihara）　31

ら　行

劉華清（Liu Huaqing）　174
ルトワック（Edward Luttwak）　53, 58, 60, 69, 70, 215
レーマン（John Lehman）　100
ローズクランス（Richard Rosecrance）　108, 109
ロバートソン（George Robertson）　120

わ　行

ワーク（Robert Work）　30

235

著者紹介

後瀉 桂太郎（うしろがた けいたろう）

2等海佐，防衛省海上幕僚監部防衛課勤務（内閣府総合海洋政策推進事務局出向）。

練習艦隊司令部，護衛艦みねゆき航海長，護衛艦あたご航海長，護衛艦隊司令部，海上自衛隊幹部学校研究部員／戦略研究室教官などを経て2018年4月より現職。

1997年に防衛大学校国際関係学科卒。2017年に政策研究大学院大学安全保障・国際問題プログラム博士課程修了，博士（国際関係論）取得。2018年にはオーストラリア海軍シーパワーセンター／オーストラリア・ニューサウスウェールズ大学キャンベラ校客員研究員を務めた。

海洋戦略論　大国は海でどのように戦うのか

2019年2月20日　第1版第1刷発行
2019年4月20日　第1版第2刷発行

著　者　後瀉　桂太郎
　　　　うしろ　がた　けい　たろう

発行者　井　村　寿　人

発行所　株式会社　勁草書房
　　　　　　　　　けい　そう

112-0005 東京都文京区水道2-1-1　振替 00150-2-175253
　（編集）電話 03-3815-5277／FAX 03-3814-6968
　（営業）電話 03-3814-6861／FAX 03-3814-6854
本文組版 プログレス・精興社・牧製本

©USHIROGATA Keitaro　2019

ISBN978-4-326-30275-8　　Printed in Japan

JCOPY ＜出版者著作権管理機構 委託出版物＞
本書の無断複製は著作権法上での例外を除き禁じられています。複製される場合は，そのつど事前に，出版者著作権管理機構（電話 03-5244-5088，FAX 03-5244-5089，e-mail: info@jcopy.or.jp）の許諾を得てください。

＊落丁本・乱丁本はお取替いたします。

http://www.keisoshobo.co.jp

―――― 勁草書房の本 ――――

戦略論
現代世界の軍事と戦争
ジョン・ベイリスほか編　石津朋之 監訳

戦争の原因や地政学，インテリジェンスなどの要点を解説する標準テキスト。キーポイント，問題，文献ガイドも充実。　2800 円

紛争の戦略
ゲーム理論のエッセンス
トーマス・シェリング　河野勝 監訳

ゲーム理論を学ぶうえでの必読文献。身近な問題から核戦略まで，戦略的意思決定に関するさまざまな問題を解き明かす。　3800 円

軍備と影響力
核兵器と駆け引きの論理
トーマス・シェリング　斎藤剛 訳

核兵器で国家の駆け引きはどう変わるのか？ そのカラクリをダイナミックかつ緻密に浮かび上がらせる。　4200 円

核兵器の拡散
終わりなき論争
S. セーガン & K. ウォルツ　川上高司 監訳　斎藤剛 訳

核兵器の拡散は良いことなのか？ 悪いことなのか？ 二大巨頭がついに激突。論争の火蓋が切って落とされる。　3500 円

表示価格は 2019 年 4 月現在。
消費税は含まれておりません。